지능 기계요소 설계

오상엽 지음

GS인터비전

머리말

기계요소 설계는 기계 계열 학부과정에서 기본 3개 역학(재료역학, 열역학, 유체역학)을 학습한 후, 최종적으로 학습하게 된다. 즉, 엔지니어가 설계를 하기 위해 반드시 배워야 하는 개념 설계, 구체 설계 및 상세 설계 등 설계의 모든 단계에서 필요한 지식, 도구 및 방법을 익히는 매우 중요한 교과목 중에 하나이다. 설계에 있어서 기계 기술적인 부분만 고려해서는 매우 부족하고, 설계 제품에 대한 경제성, 심미성, 환경 영향 및 윤리성 등 기술영역 이외에서도 고려할 필요가 있다. 특히 기계요소 설계에서는 수학을 바탕으로 하기 때문에 문제에 대한 해답이 유일할 것으로 생각하고 있으나, 실제로는 설계에 대한 유일한 정답은 없다. 즉, 재료역학에서 선형 거동을 가정하고 역학 문제의 해를 구할 수 있었으나, 실제로는 비선형 거동을 하기 때문에 엄밀한 해를 구할 수 없는 경우가 대부분이다. 이런 경우에 아주 편리하게 적용해온 허용응력 또는 안전계수를 도입해서 이 문제를 해결하고 있다. 따라서 설계자가 안전계수를 결정하는 방법에 있어서 많은 설계 경험치를 활용하고 있다. 즉, 동일한 기계요소 제품을 설계하는데 있어서, 여러 설계자의 경험 및 판단에 따라서 설계한 값이 매번 다르다는 것이다. 따라서 설계 문제는 유일한 정답이 없으며, 여러 학문의 융합과 창의적 사고를 통해 참신한 설계 제품이 나올 수 있도록 부단한 노력을 할 필요가 있다.

근래에 와서 대학교재인 경우, 내용은 매우 훌륭하고 우수하나 시대 환경의 영향 등으로 절판되는 경우가 많아, 매 학기 교재로 선택하기가 어려운 실정이다. 또한 기존 교재의 내용이 너무 방대해서, 한 학기 15주 동안에 전체를 공부하기에는 시간이 부족한 실정이다. 수강생들에게 취업 및 자격증 시험 등에 필요한 역학 공식을 암기해서 문제 풀이에만 집중하게 된 문제점이 있다.

따라서 본 교재는 이러한 문제점을 해소하기 위하여, 방대한 분량의 내용 중에서 핵심이 되는 내용을 선별해서 기본 설계 역학원리를 가능한 간편히 이해하는 방향으로 집필했으며, 이전에 학습한 공학자들도 단시간에 기계요소 설계의 기본 설계 및 역학 이론을 회고하는데 도움이 되었으면 한다.

끝으로 본 교재의 출판에 도움을 주신 GS인터비전 출판사 관계자분들께 진심으로 감사드린다.

2024년 4월

오 상 엽

목차

Chapter 1

서론

1.1 본 교재의 개요 및 활용

기계요소 설계는 다른 역학 분야와 서로 연계되어 있으며, 독립적으로 존재할 수 없다. 결국 기본 3개 역학(재료역학, 열역학, 유체역학)은 그 관심 대상의 물체가 고체, 액체 및 기체에 해당하는 의도적으로 구분한 것에 불과하며, 에너지 관점에서 보면 기본 3개 역학은 하나의 유사한 역학이며, 각종 기계요소의 이론적 설계에 기초가 된다.

특히 기계요소 설계 교과목의 내용에는 3개 역학 중에서 재료역학(고체역학)이 큰 비중을 차지하고 있다. 고체역학에서 취급하는 구조물에 각종 외력이 작용할 때, 재료의 손상(damage) 또는 파손(failure)이 되기까지 재료 내부의 변형 저항 상태를 연구하는 응용역학의 한 분야이다. 따라서 외력에 의한 고체(유연체)의 변형 및 내력을 해석하기 위해서 응력(stress) 및 변형률(strain) 개념이 도입되었고, 이를 체계화시킨 것이 후크의 법칙(Hooke's law)이다. 전기전자공학에서 가장 기본적이고 중요한 전압-전류-저항의 관계인 옴의 법칙(Ohm's law)이 있듯이, 고체역학에서는 응력-변형률 관계인 후크의 법칙이 가장 기본 법칙이고, 중요한 법칙이다.

그리고 기계요소 설계 교과목은 기본 3개 역학 등을 활용한 다양한 산업 전반에 걸쳐 응용되는 필수 응용역학이다. 따라서 여러 공학 분야에서 기본 교육과정에 포함되어 있으며, 각종 국가 자격증 시험 및 취업 시험 등에서 기계공작법 과목과 함께 필수 수험 교과목이기도 하다.

그러나 기존 국내외 기계요소 설계 관련 우수한 교재가 많았지만, 그 내용 및 분량이 매우 방대하여 실제 한 학기(15주) 대학강의로는 절대적인 시간이 부족하다. 따라서 그 교재의 절반을 나누어 2개 학기로 나누어 강의를 하는 경우와, 그 교재의 전반부만 강의하고 후반부는 학생들에게 과제 또는 스스로 학습하도록 남겨두고 있는 현실이다.

한편 최근 대학 신입생의 경우, 고교 교육과정 등에서 이공학 분야의 필수 과목인 수학 및 물리학 과목의 선택 없이 진학하는 경우가 상당히 많은 실정이다. 결과적으로 대학에서 기계요소 설계 등의 응용역학을 강의하는데 있어서 미분 및 적분 개념 없이 강의를 해야 하는 현실이다. 아울러 수강생들도 학습하고 이해하는데 무척 힘들어 하고, 중도에 수강을 포기하는 경우도 많다.

따라서 본 교재를 집필하게 된 배경은 현재 대학 신입생의 주변 환경 및 여건에 따라 학생 수준에 적합한 교육 방법의 전환이 필요한 시점이다. 결국 미분 및 적분, 미분방정식 등의 어려운 수학의 기초지식이 없이도 강의를 할 수 있는 방법이 필요하고, 또한 기존의 방대한 교육내용을 최대한 줄여서 핵심 내용만이라도 축약해서 한 학기에 전체적인 이해를 할 수 있도록 강의할 수 있는 교재가 필요할 것이다.

기존에는 주로 학생이 졸업 후, 취업이 우선이다 보니, 짧은 시간에 문제 풀이에만 관심을 두고 기본 공식의 이해에는 관심이 없었다. 결국 기본 공식의 이해를 등한시한 결과로 문제가 조금만 변경되면, 응용해서 문제를 해결하는 능력이 절대적으로 부족하다.

따라서 본 교재는 최대한 분량을 축약하고, 대학의 한 학기 동안에 설계에 응용 및 적용할 수 있는 역학 이론을 쉽게 배우고, 오랫동안 기억할 수 있도록 집필하였다. 특히 한 학기 동안 본 교재를 사용하면, 간단하고 핵심되는 설계 이론을 공부하게 되며, 기본 역학 이론을 처음으로 접하는 수강생에게도 학습 효과가 좋을 것으로 기대한다. 아울러 졸업 후 또는 산업 현장 기술자들에게도 짧은 시간에 기계요소 설계 이론을 기억하는데 도움이 되었으면 한다.

1.2 기본 역학 단위계

공학역학에서 사용하는 물리량의 단위(unit)는 매우 다양하다. 예로서 미국에서는 길이 단위로 in, ft, 무게 단위로 lb, oz 등의 US 단위계를 사용하며, 국내에서는 길이 단위로 자, 척, mm, 무게 단위로 근, 관, 돈 및 kg 등의 단위계를 사용하고 있다. 결국 역학 계산된 물리량의 단위는 매우 중요하지만, 사용하는 단위계가 다르면 매우 혼란스럽고 호환성에 문제가 발생할 수 있다.

따라서 국제협약에 따라 국제표준화기구에서 국제단위계(SI, international system of unit)가 만들어졌으며, 전 세계적으로 SI 단위계로 통일해서 사용하고 있다. 그러나 아직도 미국에서는 US 단위계가 동시에 사용되고 있다.

표 1.1~표 1.2에서 보인 바와 같이, SI 단위계는 7개의 기본단위와 2개의 보조단위로 구성되어 있으며, 2개 이상의 기본단위가 조합된 조립단위 그리고 고유명칭으로 사용하는 단위가 있다. 참고로 US 단위도 병기되어 있다.

표 1.1에는 7개의 SI 단위인 길이, 질량, 시간, 전류, 온도, 물질량 및 광도를 나타낸다. 그리고 표 1.2에는 2개의 SI 보조단위인 평면각, 입체각을 나타낸다. 여기서 특히, kg은 질량 단위이지만 일반적으로 무게 단위로 사용되고 있는 것이 현실이다. 따라서 역학 계산에서 단위 통일에 주의할 필요가 있다.

[표 1.1] 7개 SI 기본단위

물리량	SI 단위		US 단위	
	기호	명칭	기호	명칭
길이	m	미터	ft	피트
질량	kg	킬로그램	slug	슬러그
시간	s	초	s	세컨드
전류	A	암페어	A	암페어
온도	K	켈빈	°F	화씨 도
물질량	mol	몰	mol	몰
광도	cd	칸델라	cd	칸델라

그러나 표 1.3에는 SI 단위와 병용해서 많이 사용하는 단위를 나타낸다. 특히 주목할 사항으로, 시간 단위로 s 또는 sec를 병용하고 있으며, 온도 단위로는 K 보다는 ℃ 단위를 더 많이 사용하고 있다.

표 1.4에는 고유명칭으로 사용하는 SI 조립단위를 나타낸다.

[표 1.2] 2개 SI 보조단위

물리량	SI 단위		US 단위	
	기호	명칭	기호	명칭
평면각	rad	라디안	rad	radian
입체각	sr	스테라디안	sr	steradian

[표 1.3] SI 단위와 병용하는 단위

물리량	SI 단위		US 단위	
	기호	명칭	기호	명칭
시간	sec	초	sec	초
평면각	°	도	°	도
부피	L	리터	gal	겔런
온도	℃	섭씨 도	°F	화씨 도

[표 1.4] 고유명칭으로 사용하는 SI 조립단위

물리량	SI 단위		조립단위 정의	
	기호	명칭	정의	조립
힘	N	뉴턴	$kg\ m/s^2$	mg
압력	Pa	파스칼	N/m^2	N/A
에너지	J	줄	Nm	Fx
동력	W	와트	J/s	Fx/s
주파수	Hz	헤르츠	$1/s$	

[표 1.5] 기본 SI 조립단위

물리량	SI 단위기호	물리량	SI 단위기호
면적	m^2	밀도	kg/m^3
체적	m^3	체적	m^3
속도	m/s	선운동량	$kg\ m/s$
가속도	m/s^2	각운동량	$kg\ m^2/s$
각가속도	rad/s^2	표면장력	N/m

표 1.5에는 기본 SI 조립단위를 나타낸다.

한편 물리량을 계산한 결과 값이 매우 크거나 작으면 표기하는데 자릿수 표기가 길어져서 상당히 불편하다. 따라서 자릿수 표기를 줄이기 위해서 표 1.6에 보인 바와 같이, 가능한 SI 단위 앞에 접두어를 붙여 편리하게 사용할 필요가 있다.

[표 1.6] SI 접두어

물리량 배수	기호	명칭	물리량 배수	기호	명칭
10^{15}	P	페타(peta)	10^{-1}	d	데시(deci)
10^{12}	T	테라(tera)	10^{-2}	c	센티(centi)
10^{9}	G	기가(giga)	10^{-3}	m	밀리(mili)
10^{6}	M	메가(mega)	10^{-6}	μ	마이크로(micro)
10^{3}	k	킬로(kilo)	10^{-9}	n	나노(mano)
10^{2}	h	헥토(hecto)	10^{-12}	p	피코(pico)
10^{1}	da	데카(deka)	10^{-15}	f	펨토(femto)

1.3 단위계의 종류

1.3.1 절대단위계

기준 물리량으로서 질량(M), 길이(L) 및 시간(T)를 기준으로 나타낸 단위를 절대단위계(MLT)라고 한다.

1.3.2 중력단위계

물리량으로서 힘(F), 길이(L) 및 시간(T)를 기준으로 나타낸 단위를 중력단위계(FLT)라고 한다. 그리고 절대단위계를 중력단위계로 변환이 가능하다. 한 예로서, 응력 σ를 단위계 변환을 하면 다음 식(1.1) 및 식(1.2)와 같다.

$$\sigma = \frac{F}{A}, \qquad F = [m][a] = MLT^{-2} \tag{1.1}$$

$$\sigma = \frac{MLT^{-2}}{L^2} = ML^{-1}T^{-2} \tag{1.2}$$

예로서 밀도 ρ, 속도 v, 가속도 a에 대한 차원을 나타내면, 다음 식(1.3)과 같다.

$$\begin{aligned} \rho &= \left(\frac{\text{질량}}{\text{부피}}\right) = \frac{M}{L^3} = ML^{-3}, \\ v &= \left(\frac{\text{거리}}{\text{시간}}\right) = \frac{L}{T} = LT^{-1}, \\ a &= \left(\frac{\text{속도}}{\text{시간}}\right) = \frac{L/T}{T} = LT^{-2}p \end{aligned} \tag{1.3}$$

1.3.3 mks 단위계

물리량으로서 길이(m), 질량(kg), 시간(s)를 기본단위로 한다. 한 예로서 에너지 J, 압력 Pa은 다음 식(1.4)와 같다.

$$\begin{aligned} &1\,J = 1\,N\,m \\ &1\,Pa = N/m^2 \end{aligned} \tag{1.4}$$

1.3.4 cgs 단위계

물리량으로서 길이(cm) 및 질량(g), 시간(s)를 기본단위로 한다. 예로서 힘 dyne, 일 erg 는 다음 식(1.5)와 같다.

$$\begin{aligned} &1\,dyne = 1\,g\;cm/s^2 \\ &1\,erg = 1\,dyne\,cm \end{aligned} \tag{1.5}$$

1.4 단위 환산

1.4.1 힘

힘 1 N은 질량 1 kg의 물체가 가속도 1 m/s^2 로 움직일 수 있도록 가해지는 물리량이며, 뉴턴의 법칙으로부터 다음 식(1.6)과 같다.

$$F = ma \ : \ 1\,N = 1\,kg\,m/s^2 \tag{1.6}$$

보통 힘의 단위가 N이지만, kg_f 또는 kg중 단위를 많이 사용하고 있다. 즉 1 kg_f 는 중력장 영향으로부터 다음 식(1.7)과 같다.

$$W = mg \ : \ 1\,kg_f = 1\,kg \times 9.81\,m/s^2 = 9.81\,N \tag{1.7}$$

1.4.2 응력(압력)

물체에 작용하는 응력 σ는 단위 면적당 작용하는 수직 힘으로 정의하며, 다음 식(1.8)과 같다. 물체가 액체일 경우에는 압력이라고 한다.

$$\sigma = \frac{F}{A} \ : \ 1\,Pa = 1\,N/m^2 \tag{1.8}$$

[예제 1.1] 각속도 ω=70 rad/s 를 원운동 N rpm 단위로 환산하시오.

[풀이 1.1] rpm 단위는 (rpm : revolution per minute) 분당 회전수이다. 따라서 다음과 같이 단위 환산을 할 수 있다.

$$N = \frac{60}{2\pi}\omega = \frac{60}{2\pi}(70) = 668.5\,rpm$$

[예제 1.2] 응력 σ=20 kg_f/mm^2 를 SI 단위로 환산하시오.

[풀이 1.2] 응력은 $\sigma = \frac{P}{A}$ 으로서 SI 단위는 N/m^2=Pa 이다. 따라서 다음과 같이 단위 환산을 할 수 있다.

$$\sigma = 20\,\frac{kg_f}{mm^2} = 20\frac{9.81\,N}{(10^{-3}m)^2} = 196.2\times10^6\,N/m^2 = 196.2\,MPa$$

1.4.3 일(모멘트)

일은 힘이 작용해서 이동한 거리인 힘×이동거리로 정의한다. 모멘트의 단위와 같으며, 다음 식(1.9)와 같다.

$$Work = Fs \quad : \quad 1\,J = 1\,Nm \tag{1.9}$$

1.4.4 각속도

각속도(회전속도) ω와 분당 회전수 N(rpm: revolution per minute)의 관계는 다음 식(1.10)과 같다.

$$\omega\,[rad/s] = \frac{2\pi}{60}N[rpm] \tag{1.10}$$

1.4.5 원주속도

원주속도는 단위 시간당 움직인 변위로 정의하며, 원운동인 경우에는 다음 식(1.11)과 같다.

$$v\,[m/s] = r\omega = \frac{D}{2}[m]\frac{2\pi N}{60}[rpm] \tag{1.11}$$

1.4.6 동력(일률)

동력은 단위 시간당 한 일로 정의하며, 다음 식(1.12)와 같다.

$$\begin{aligned} &H = \frac{dU}{dt} = Fv = T\omega = I(\text{전류}) \times E(\text{전압}) \\ &1\,W = 1\,J/s = 1\,Nm/s = 1\,[Amp\ Volt] = 1\,A\,V \end{aligned} \tag{1.12}$$

또한 동력의 다른 단위로서 PS(프랑스) 단위와 HP(미국, 영국) 단위를 사용하고 있으며, 각각 다음 식(1.13)과 식(1.14)와 같다. 그러나 국내에서는 주로 PS 단위를 사용한다.

$$\begin{aligned} H[PS] &= 75\,kg_f m/s \\ &= 75\,(9.81)Nm/s = 735.5\,W = 0.7355\,kW \end{aligned} \tag{1.13}$$

$$H[HP] = 550\,ft\,lb_f/s \fallingdotseq 746\,W \tag{1.14}$$

[예제 1.3] 동력 30 PS를 W 단위로 환산하시오.

[풀이 1.3] 동력은 단위시간에 한 일이다. $H = \frac{Ps}{t}\left[\frac{Nm}{s}\right]$이다. 따라서 다음과 같이 단위 환산을 할 수 있다.

$$1\,PS = 75\frac{kg_f\,m}{s} = 75(9.81)\frac{Nm}{s} = 735.8\,W$$

$$30\,PS = 30(735.8)\,W = 22074\,W = 22.07\,kW$$

동력을 직선운동하는 힘 x 속도로 나타내면 다음 식(1.15)와 식(1.16)과 같다.

$$H[kW] = \frac{P[N]\,v[m/s]}{1000} = \frac{9.81P[kg_f]\,v[m/s]}{1000} = \frac{P[kg_f]\,v[m/s]}{102} \tag{1.15}$$

$$H[PS] = \frac{P[kg_f]\,v[m/s]}{75} = \frac{P[N]\,v[m/s]}{735.8} \tag{1.16}$$

동력을 원운동하는 토크 x 각속도로 나타내면 다음 식(1.17)과 같다.

$$Pv = P(r\omega) = (\mathrm{P\,r})\omega = T\omega$$

$$\begin{aligned} H[kW] &= \frac{T[Nm]\,\omega[rad/s]}{1000} = \frac{T[Nm]\left(\frac{2\pi}{60}N[rpm]\right)}{1000} \\ &= \frac{T[Nm]\,N[rpm]}{9549} \end{aligned} \tag{1.17}$$

$$\therefore T[Nm] = 9549\frac{H[kW]}{N[rpm]}$$

그리고 식(1.15)는 실제 계산에 잘 사용하는 mm, kg_f 단위를 사용하면 다음 식(1.18)과 같다.

$$H[kW] = \frac{T[kg_f\,mm]\,\omega\,[rad/s]}{1000(102)} = \frac{T[kg_f\,mm]\left(\frac{2\pi}{60}N\right)[rpm]}{1000(102)}$$

$$= \frac{T[kg_f\,mm]\,N[rpm]}{974000} \tag{1.18}$$

$$\therefore T[kg_f\,mm] = 974000\frac{H[kW]}{N[rpm]}$$

그리고 식(1.16)을 실제 계산에 잘 사용하는 mm, kg_f 단위를 사용하면 다음 식(1.19)와 같다.

$$H[PS] = \frac{T[kg_f\,mm]\,\omega\,[rad/s]}{1000(75)} = \frac{T[kg_f\,mm]\left(\frac{2\pi}{60}N\right)[rpm]}{1000(75)}$$

$$= \frac{T[kg_f\,mm]\,N[rpm]}{716200} \tag{1.19}$$

$$\therefore T[kg_f\,mm] = 716200\frac{H[PS]}{N[rpm]}$$

1.5 유효 숫자

정량적인 데이터는 보통 숫자로 표시한다. 아울러 숫자의 정확성 또는 신뢰성은 유효 숫자의 개수로 정해진다.

예로서, 69023와 60.523는 모두 5개의 유효 숫자를 가지고 있다. 숫자가 0으로 시작하거나 끝나는 경우에는 유효 숫자의 개수가 명확하지 않게 된다. 이 경우에는 10의 배수를 사용하는 과학 표기법을 사용할 필요가 있다. 예로서, 43000을 4.3000×10^{4}으로, 0.0043012를 4.3012×10^{-3}으로 표기함으로써 유효 숫자가 모두 5개로 나타냄을 명확하게 할 수 있다.

따라서 본 교재에서는 4개의 유효 숫자를 사용한다.

[예제 1.4] 자동차(질량이 1708 kg)가 힘(15.0 N)으로 가속되고 있을 때, 유효 숫자를 사용해서 자동차의 가속도를 구하시오.

[풀이 1.4] 뉴턴의 운동방정식에서 가속도는 힘을 질량으로 나누어서 구할 수 있다.

$$F = ma,\ \ a = \frac{F}{m} = \frac{15.0}{1708} = 0.0087822014\ m/s^2$$

여기서, 가장 작은 유효 숫자인 힘의 유효 숫자(15.0)가 3개이므로 가속도(a)는

$0.00878\ m/s^2$ 또는 $8.78\times10^{-3}\ m/s^2$이다.

Chapter 2

하중, 응력 및 변형률

2.1 서론

각종 기계 시스템은 여러 종류의 기계요소인 다양한 기계 부품들로 구성되어 있다. 이 교재의 주된 목적은 각종 기계요소에 대한 설계와 안전 해석을 하는데 있다.

특히 기계요소 설계는 사용중 외부로부터 가해지는 부하를 받기 때문에 이 부하 하중에 대한 구조물의 안전성 해석이 반드시 필요하다. 또한 기계요소의 선택은 기계요소의 사용중에 발생하는 내부 응력과 변형을 계산하고, 사용 재료의 주어진 임계응력(critical stress)과 임계변형(critical deformation) 이하가 되도록 적절한 크기를 선택하는 문제라고 볼 수 있다.

따라서 본 장에서는 기계요소의 응력과 변형을 계산하는 과정에서 외부에서 가해지는 하중을 결정하고, 모든 형태의 하중에 대한 응력 및 변형률을 계산하고자 한다.

2.2 임계 단면

기계요소가 외부 하중을 받게 되면, 이 기계요소의 내력 중에서 최대 내력 즉, 최대 응력(주응력)과 그 작용 방향(주응력 방향)이 결정되고, 이 면을 임계 단면(critical section)으로 정의한다. 따라서 기계요소에는 외부 하중에 의한 임계 단면이 결정되고, 이 임계 단면에서 파손될 가능성이 높다. 그러나 이 임계 단면을 쉽게 확인할 수 없는 문제가 있다.

일반적으로 임계 단면과 임계 하중을 구하는 과정은 다음과 같다.

① 기계시스템에 가해지는 외력을 결정한다.
② 기계시스템의 내부 요소에서 형성되는 반력(응력)을 결정한다.
③ 기계 요소 내의 임계 단면을 결정한다.
④ 임계 단면에서 하중(최대 하중, 주응력 및 접촉응력 등)을 결정한다.

①, ② 과정은 시스템 설계에서 결정할 수 있다. 그러나 ③ 과정은 매우 어렵고, 임계 단면을 구하기 위해 많은 수의 위치와 파손 모드에 따른 해석이 필요하게 된다. 예로서, 집중하중과 분포하중을 받는 외팔보의 처짐은 여러 위치에서 허용값을 초과할 수 있으며, 여러 곳에

대한 또는 전체 구조물의 처짐곡선 등을 구할 필요가 있다.

일반적으로 임계 단면은 축의 지름 등이 변하는 기하학적으로 균일하지 않은 위치 또는 서로 다른 재료의 접합면 등과 같은 곳에서 발생하게 된다. 그리고 외부 하중이 가해지는 또는 전달되는 위치도 임계 단면이 되는 경우가 많다. 결국 기하학적 형상의 변화가 크거나 형상이 중요한 위치가 임계 단면이 될 확률이 높게 될 수 있다.

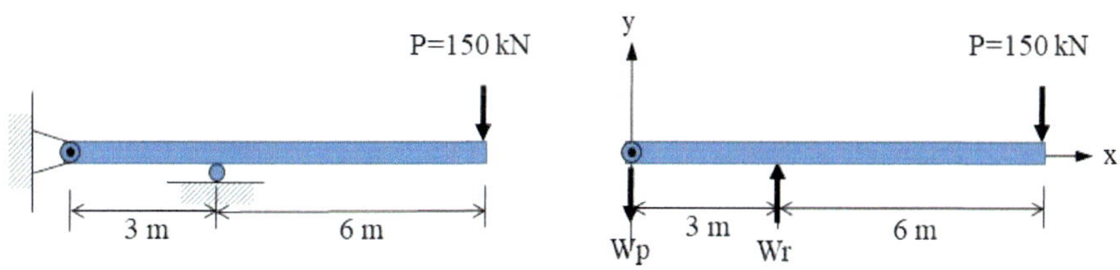

(a) 조립도 (b) 자유물체도

[그림 2.1] 예제 2.1

[예제 2.1] 그림 2.1(a)와 같이 보, 핀 및 롤러로 구성된 구조물이 있다. 자유단에 150 kN의 수직하중이 작용하고, 반대편 보의 끝에는 핀으로 연결되어 있다. 설계조건은 핀과 롤러에 걸리는 하중이 200 kN을 넘으면 안된다. 이때 임계 단면의 위치를 구하시오?

[풀이 2.1] 그림 2.1(b)와 같이 자유물체도에서 힘의 평형조건식을 사용하면 다음과 같다.

$$\Sigma M = 0\,;\ 150\,(9) = W_r\,(3) \quad \therefore\ W_r = 450\,kN$$
$$\Sigma F_y = 0\,;\ -W_p + W_r - P = 0 \quad \therefore\ W_p = 300\,kN$$

여기서, $W_r > W_p$ 이어서 임의 단면의 위치는 롤러에 있으며, 허용 하중(200 kN)보다 크기($W_r > W_a$) 때문에 이 구조물은 파손될 것이다.

2.3 하중의 종류

보통 기계시스템에 작용하는 외부의 힘을 하중(load)이라고 한다. 그리고 구조물의 재료는 외력이 작용하면 변형이 되어 어느 한도를 넘어가면 변형이 증가 되어 결국 재료가 손상 또는 파괴가 된다. 따라서 구조물이 하중을 받아도 큰 변형이 되지 않아야 안전하게 사용할 수 있게 된다.

하중은 편의상 다음과 같이 분류할 수 있다.

2.3.1 하중 작용 방식에 따른 분류

그림 2.2와 같이, 하중 작용 방식에 따라 다음과 같이 분류할 수 있다.

(1) 인장하중(tensile load) : 축 하중과 같이 하중의 작용선이 재료의 축선과 일치하며 재료를 양쪽으로 잡아당겨 늘어나는 하중(P)이다.

(2) 압축하중(compressive load) : 축 하중과 같이 하중의 작용선이 재료의 축선과 일치하며 재료를 양쪽에서 압축해서 줄어드는 하중(-P)이다.

(3) 전단하중(shearing load) : 하중의 작용선이 재료의 접선을 따라 자르는 형태의 하중(F)이며, 가위로 절단하는 형태의 하중과 같다.

(4) 굽힘하중(bending load) : 하중의 작용선이 재료의 축선에 수직으로 작용하여 재료가 휘어지게 되는 하중(P)이다. 굽힘하중에 의해 굽힘모멘트(M_b)가 작용하게 된다.

(5) 비틀림 하중(twisting load 또는 torsional load) : 하중이 축 중심에서 회전 반경 r에서 작용할 때, 축이 비틀어지게 되는 하중(P)이다. 비틀림 하중에 의해 축에는 비틀림 모멘트(M_t)가 작용하게 된다. 일반적으로 굽힘모멘트와 구분하기 위해서 비틀림 모멘트를 토크(Torque)라고 한다.

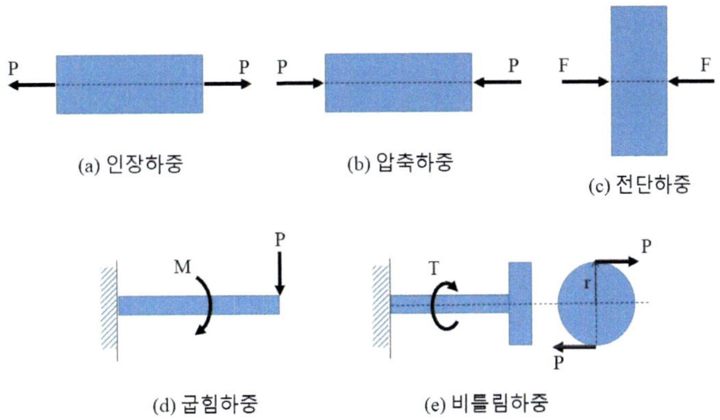

그림 2.2 하중 작용 방식에 따른 하중의 종류

2.3.2 하중 작용 시간에 따른 분류

그림 2.3과 같이, 하중 작용 시간에 따라 다음과 같이 분류할 수 있다.

(1) 정하중(static load) : 정지 상태에서 서서히 하중이 가해져서 시간에 따라 크기가 거의 일정하게 유지되는 하중이다. 정하중은 상대적으로 짧은 시간에 평형상태에 도달하고, 구조물에 동적효과는 없다고 가정한다. 자중과 같이 시간에 따라 하중 크기와 작용 방향이 일정한 경우는 사하중(dead load)이라고 하며, 어떤 크기까지 매우 느리게 증가하는 경우 점가하중(gradually increased load)이라고 한다. 한편 정지 상태에서 서서히 하중이 가해져서 시간에 따라 크기와 방향이 변하는 경우는 동하중(dynamic load)이라고 한다.

(2) 반복하중(repeated load) : 일정한 방향을 가진 하중이 주기적으로 반복되는 하중을 반복하중이라고 한다.

(3) 교번하중(alternative load) : 크기와 방향이 변화하는 하중이 주기적으로 반복되는 하중을 교번하중이라고 한다.

(4) 충격하중(impact load) : 하중이 순간적으로 매우 짧은 시간에 가해지는 하중을 충격하중이라고 한다.

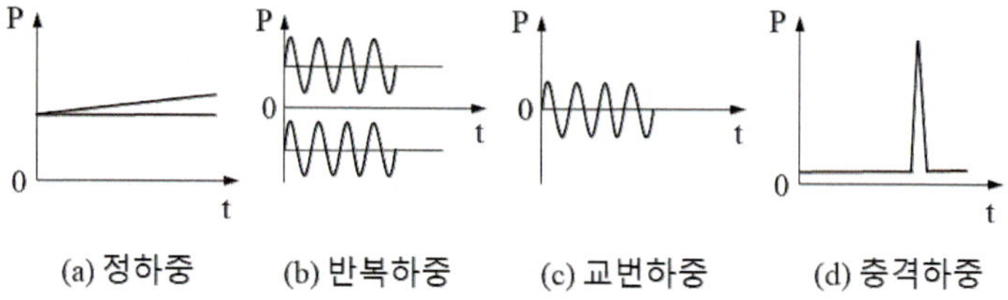

그림 2.3 부하 시간에 따른 분류

2.3.3 하중 작용 영역에 따른 분류

그림 2.4와 같이, 하중 작용 영역에 따라 다음과 같이 분류할 수 있다.

(1) 집중하중(concentrated load) : 하중 접촉면이 매우 작고, 하중이 작용선 상의 한 점에만 작용한다고 가정한 하중을 집중하중이라고 한다. 이때 적용하는 SI 단위는 N이다.

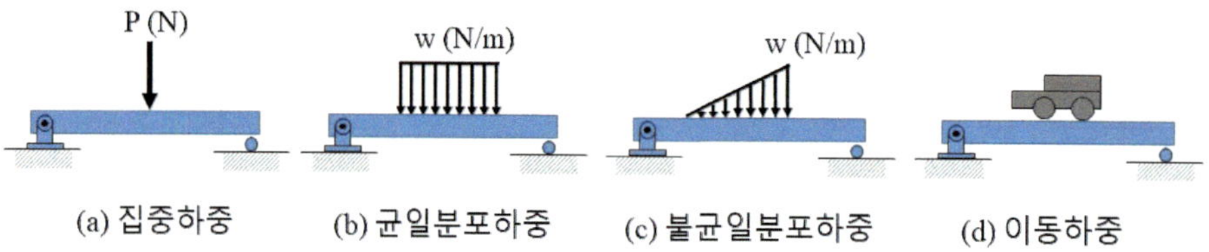

그림 2.4 하중 작용 영역에 다른 분류

(2) 분포하중(distributed load) : 집중하중의 오차를 줄이기 위한 것으로, 하중 접촉면이 크고, 하중이 작용선 상에 분포해서 작용한다고 가정한 하중을 분포하중이라고 한다. 분포하중에는 크기가 일정한 하중을 균일분포하중, 크기가 변하는 하중을 불균일분포 하중이라고 한다. 이때 적용하는 SI 단위는 N/m이다.

(3) 이동하중(movable load) : 하중의 작용점이 시간에 따라 변하는 하중을 이동하중이라고 한다.

2.4 자유물체도

기계역학에서 다루고 있는 대부분의 문제는 어떤 물체에 외부 힘이 작용하여 물체의 운동(동역학) 또는 물체의 운동을 구속하는 지지점에서 반력(정역학)으로 나타난다. 즉 대상 구조물에 작용하는 모든 외력을 알아야만 한다.

따라서 대상 구조물의 원래의 상태로부터 가상으로 분리하여, 그 물체에 작용하는 모든 외력을 백터로 나타낸 것을 자유물체도(FBD : free body diagram)라고 한다.

2.4.1 자유물체도 작성하는 과정 및 가정

대상 구조물의 자유물체도(FBD)를 그리는 과정은 다음과 같다.

(1) 대상 구조물 또는 구조물 결합이 그 주위로부터 분리 또는 가상적으로 절단될 수 있는가를 결정한다.

(2) 대상 구조물을 분리 또는 절단하여 자유물체도의 개략도를 그린다.

(3) 대상 구조물의 경계에 작용하는 모든 힘 또는 분리된 경계에서 상호작용하는 힘을 표시한다.

(4) 자유물체도에 좌표계를 설정하고 주어진 크기, 방향 및 치수를 표시한다.

그림 2.5에는 자유물체도의 예를 나타낸 것이다. 주어진 구조물의 자유물체도를 작성할 때, 다른 구조물에 의하여 대상 구조물에 가해지는 반력을 나타낼 경우에는 보통 다음과 같이 가정한다.

(1) 대상 물체가 힘을 가할 때, 그림 2.5(a)에서 보인 바와 같이, 접촉면의 거칠기(조도)는 무시하고 마찰이 없다고 가정한다. 그리고 대상 구조물에 대한 반력은 접촉면에 수직 방향이다.

(2) 그림 2.5(b)에서 보인 바와 같이, 쉽게 굽혀지는 줄, 로프 등과 같이 굽힘 강성이 작은 물체는 물체의 축 방향으로만 인장 또는 압축될 수 있다.

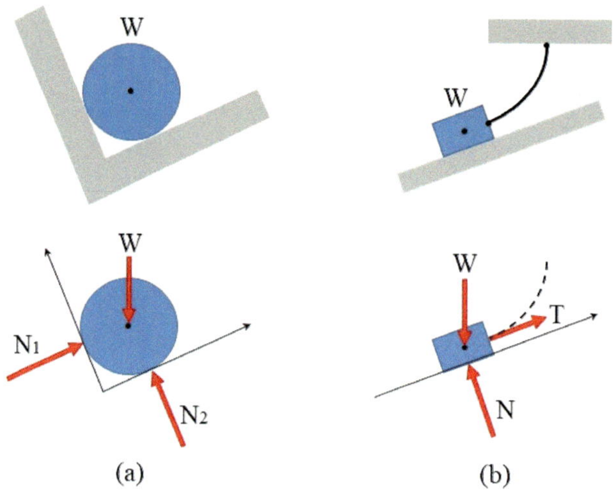

그림 2.5 자유물체도(FBD) 예

2.4.2 2차원 지지부 및 연결부에 대한 자유물체도

자유물체도에는 대상 구조물에 사용되는 연결부와 지지부의 형태, 연결부와 지지부에 작용하는 힘(반력)과 모멘트로 나타낸다. 자유물체도에 힘을 나타내는 방법으로 접촉력(contact force)과 반력(reactive force)을 사용한다. 대상 구조물의 체적력(body force)으로 자중(중력)을 사용한다. 그리고 뉴턴의 제3법칙에 따라 작용과 반작용에 따른 힘을 사용한다.

표 2.1 ~ 표 2.2에는 2차원 자유물체도에 사용되는 대상 구조물의 주요 연결부와 지지부의 형태 및 연결부와 지지부에 작용하는 힘(반력), 모멘트의 종류를 나타낸다. 일반적으로 기계요소설계, 고체역학에서 다루는 문제에서 구조물의 자중 및 접촉면 마찰력은 없다고 가정한다.

표 2.1 자유물체도 : 지지부와 연결부에 대한 반력의 형태(1)

지지부와 연결부에 대한 반력의 형태	참고
1. 중력(자중) 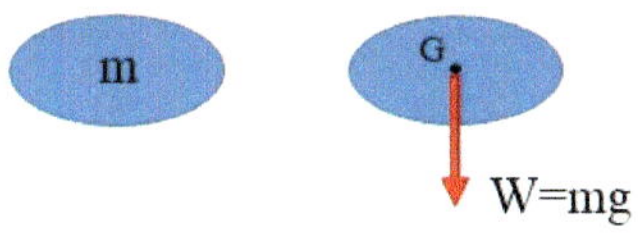 그림 2.6 중력	물체에 작용하는 하중(자중)은 그 물체의 질량과 중력가속도와 관련된 무게(W=mg)와 같다. W의 작용선은 물체의 무게중심을 지나고 지구중심을 향한다.
2. 케이블, 체인, 로프, 강체 링크 등 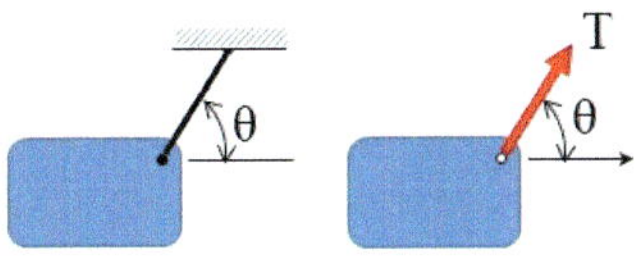 그림 2.7 케이블	케이블, 체인, 로프 등은 물체에 인장력 T만이 작용한다. T의 작용선은 연결점에서 케이블에 접선 방향이다.
3. 볼, 롤러 등 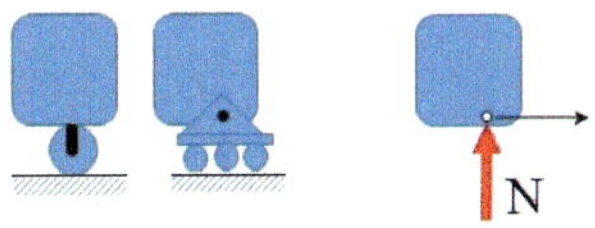 그림 2.8 볼, 롤러	볼, 롤러 등은 물체에 압축력 N이 작용한다. N의 작용선은 롤러를 지지하는 면에 수직 방향이다.
4. 마찰이 없는 표면 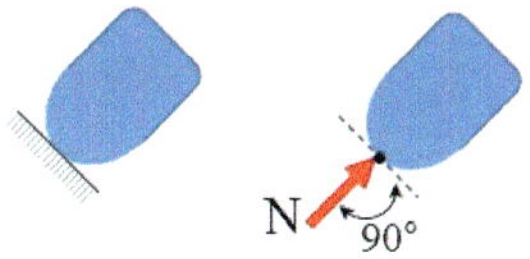 그림 2.9 표면	마찰이 없다고 가정한 면(평면, 곡면)은 물체에 압축력 N이 작용한다. N의 작용선은 표면 접촉점에서 표면에 수직 방향이다. (단, 마찰이 있는 경우는 마찰력을 고려해야 한다.)
5. 마찰이 없는 핀 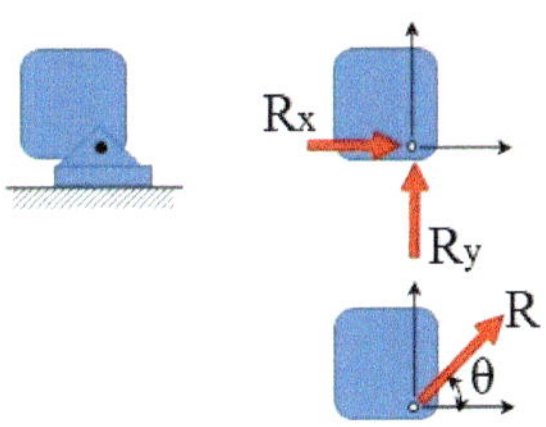 그림 2.10 핀	마찰이 없다고 가정한 핀은 임의 반력 R(임의의 방향 θ)이 작용한다. 또한, R은 직각좌표계 R_x, R_y로 나타낸다. (단, 마찰이 있는 경우는 모멘트를 고려해야 한다.)

표 2.2 자유물체도 : 지지부와 연결부에 대한 반력의 형태(2)

지지부와 연결부에 대한 반력의 형태	참고
6. 마찰이 없는 가이드 핀 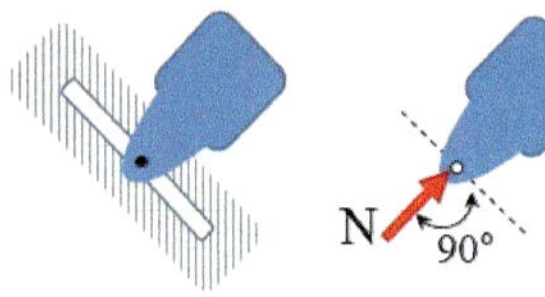 그림 2.11 가이드 핀	마찰이 없다고 가정한 가이드 위의 핀은 가이드 면에 반력 N이 작용한다. N은 작용선은 가이드 면에 수직 방향(부호는 임의 방향으로 설정함)이다. (단, 마찰이 있는 경우는 마찰력을 고려해야 한다.)
7. 마찰이 없는 축상 칼라 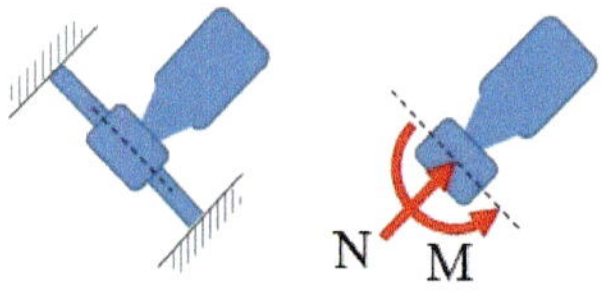 그림 2.12 축상 칼라	마찰이 없다고 가정한 축상의 연결부 고정 칼라(이음고리)는 핀은 반력 N과 모멘트(M)가 동시에 작용한다. N의 작용선은 축에 수직 방향이다. (단, 마찰이 있는 경우는 마찰력을 고려해야 한다.)
8. 고정지지부 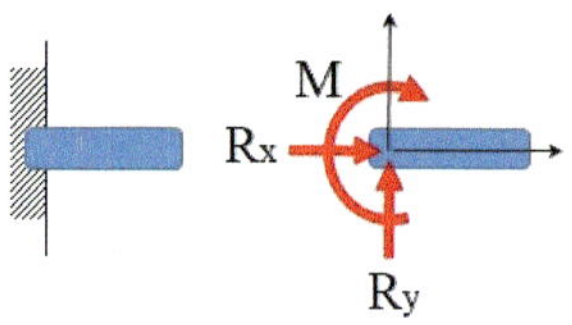 그림 2.13 고정지지부	고정지지된 보는 반력 R과 모멘트 M이 동시에 작용한다. 반력 R은 축방향 하중(R_x)과 전단방향 하중(R_y)이며, M은 굽힘 모멘트와 같다.
9. 마찰이 없는 핀연결 풀리 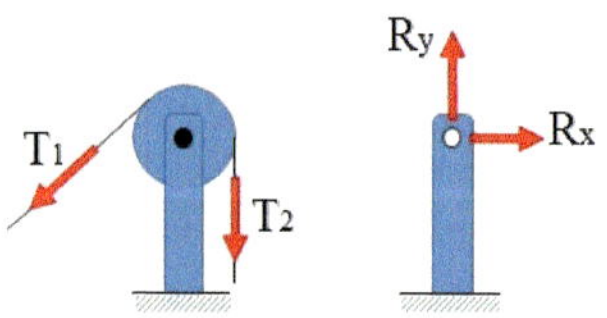 그림 2.14 풀리	핀으로 연결된 풀리는 임의 반력 R(R_x, R_y)이 작용한다. 풀리와 연결된 케이블은 인장력 T가 작용한다.
10. 탄성 스프링 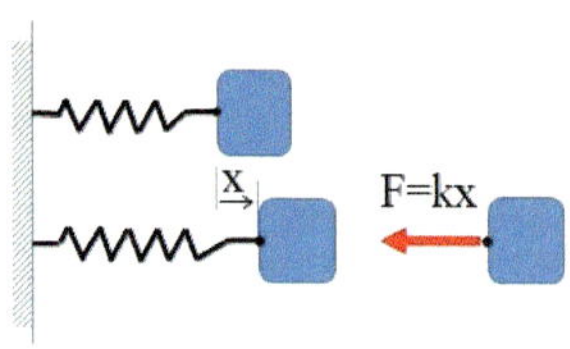 그림 2.15 스프링	탄성 스프링은 스프링의 길이 변화(x)에 따라 힘 F가 물체에 작용한다. F의 작용선은 스프링의 축방향과 같다.

[예제 2.2] 다음 그림 2.16(a)에 나타낸 보가 외력으로 분포하중, 집중하중, 모멘트 및 질량(m)이 와이어로 연결되어 있다. 이 보에 대한 자유물체도를 작성하시오? (단, 보 및 와이어의 무게는 무시한다.)

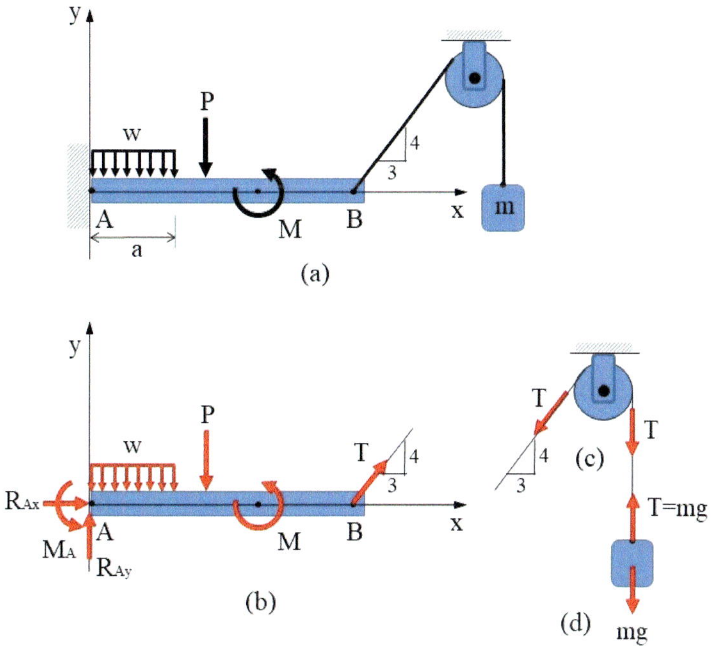

그림 2.16 예제 2.2

[풀이 2.2] 주어진 보에는 외력으로 모멘트(M), 집중하중(P), 왼쪽 끝단으로부터 길이 a 구간에 균일 분포하중(w)가 작용한다.

보의 오른쪽 끝단에는 풀리와 케이블 장치로 물체(질량 m)와 연결되어 장력(T)을 받고 있다. 그림 2.16(b)에 보인 바와 같이, 자유물체도에는 보의 지지점에 대한 반력으로 왼쪽 끝단 A점은 고정되어 있으므로 반력 RAx, RAy, 모멘트 MA를 표시한다. 오른쪽 끝단 B점에는 케이블 연결과 같은 방향으로 장력 T를 표시한다. 그림 2.16(c)에는 도르레에 와이어가 연결되어 장력 T의 방향을 변경시켜주는 자유물체도이다. 그림 2.16(d)에는 질량 m인 물체가 자중(mg)과 동일한 T=mg를 표시한다.

2.5 힘의 정적 평형조건

질점역학에서 질점에 작용하는 합력 R=0을 만족하면 그 질점은 평형 상태에 있다고 가정한다. 실제 구조물은 외력을 받으면 변형을 하게 되는 유연체(flexible body)이지만, 기계요소 설계(고체역학, 정역학 및 동역학 등)에서는 변형이 안되는 강체(rigid body)로 가정해서 힘의 평형 상태를 취급한다.

대상 물체가 강체로 가정한 경우, 실제 동역학에서는 합력 R≠0인 경우 병진 운동(translation)을 하게 되고, 임의점에 대한 모멘트 합 M≠0인 경우 회전 운동(rotation)을 하게 된다.

따라서 물체에 작용하는 하중의 합력 R=0을 만족하고, 모멘트 합력 M=0을 동시에 만족할 경우 정역학적 평형 조건은 식(2.1), 식(2.2)와 같다.

$$R = \Sigma F = \Sigma F_x i + \Sigma F_y j + \Sigma F_z k = 0 \tag{2.1}$$

$$M_o = \Sigma M_o = \Sigma M_x i + \Sigma M_y j + \Sigma M_z k = 0$$

$$\Sigma F_x = 0, \quad \Sigma F_y = 0, \quad \Sigma F_z = 0 \tag{2.2}$$

$$\Sigma M_x = 0, \quad \Sigma M_y = 0, \quad \Sigma M_z = 0$$

실제 대상 물체는 3차원 문제이지만, 일반적으로 2차원 문제는 가해지는 힘이 xy평면 내에 있고, 모든 모멘트가 xy평면에 수직인 문제만을 고려한다. 따라서 식(2.2)는 간단하게 3개의 독립 방향의 하중만 존재하는 식(2.3)과 같이 간단하게 된다.

$$\Sigma F_x = 0, \quad \Sigma F_y = 0, \quad \Sigma M_z = 0 \tag{2.3}$$

[예제 2.3] 다음 그림 2.17(a)과 같은 단순지지보가 외력을 받고 있다. 지지점 A, B에서 반력을 구하시오? (여기서 보의 자중은 무시한다.

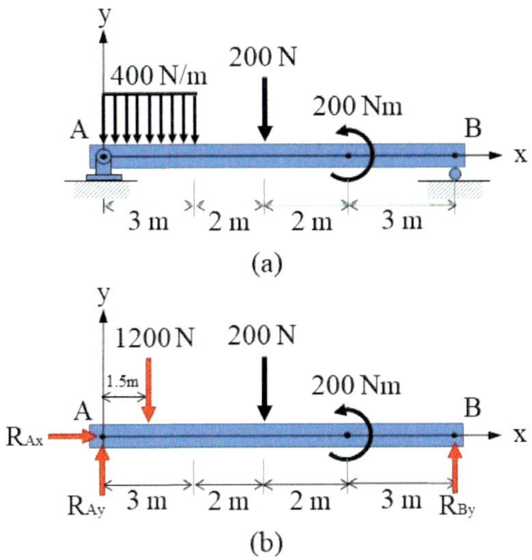

그림 2.17 예제 2.3

[풀이 2.3] 주어진 단순지지 보의 자유물체도는 그림 2.17(b)와 같다.

반력으로 핀지지점 A에서는 힘 성분 R_{Ax}, R_{Ay}, 롤러 지지점 B에서는 힘 성분 R_{By}와 같다. 그리고 분포하중 w=400 N/m는 등가집중하중(R)으로 환산하여 적용한다. 등가집중하중(하중선도의 하부 면적, R) 및 작용점(무게중심점)은 다음과 같다. 지지점에 대한 반력은 힘의 평형조건으로부터 다음과 같다.

$$R = Area = 400(3) = 1200\,N, \quad x_c = 3/2 = 1.5\,m$$

$$\sum F_x = R_{Ax} = 0$$
$$\sum F_y = R_{Ay} - 1200 - 200 + R_{By} = 0$$
$$\sum M_A = -1200(1.5) - 200(5) + 200 + R_{Ay}(10) = 0$$

$$R_{Ay} + R_{By} = 1400$$
$$R_{Ay} = \frac{1200(1.5) + 200(5) - 200}{10} = 260\,N$$
$$\therefore R_{Ax} = 0, \quad R_{Ay} = 260\,N, \quad R_{By} = 1140\,N$$

2.6 도심 및 관성모멘트

실제 기계 구조물의 재질은 3차원적 체적을 갖고 있으며 방향에 따라 균일하지 않다. 그러나 일반적인 공학 문제에서는 간편하게 등방성 및 균일성 재질로 가정한다. 즉, 구조물 전체에 대해 밀도가 일정하다고 가정한다.

대상 구조물에 대한 기계적 특성으로 강도, 강성 및 안정성 등을 파악하기 위해서는 부재 단면의 기하학적 특성을 이해할 필요가 있다. 일반적으로 기계역학 등에서는 3차원 대신 2차원 평면(xy평면)으로 가정해서 기하학적 특성을 확인한다.

2.6.1 도심 및 단면 1차모멘트

도심은 대상 구조물의 기하학적 중심으로 무게중심 또는 질량중심과 같다.

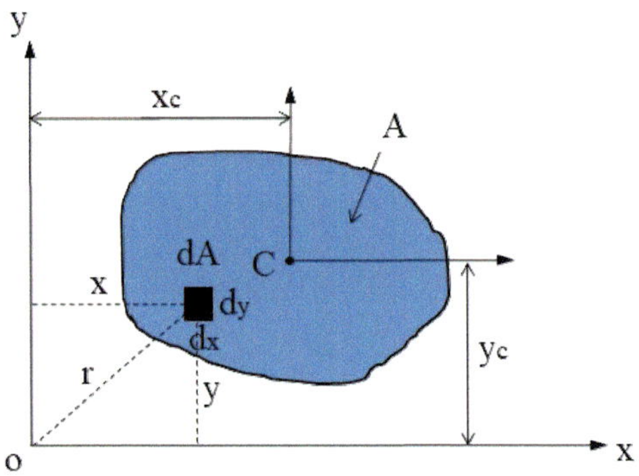

그림 2.18 2차원(xy평면)에서 면적 및 도심

그림 2.18과 같이, 도심은 평면의 한 점(C)이다. 이 도심의 위치 좌표점 C(x_c, y_c)는 미소면적 요소(dA)로 세분한 후, x축, y축 각각에 대한 미소면적의 모멘트를 계산하여 구할 수 있다.

그림 2.18에서 대상 구조물 도형의 전체 면적(A)은 다음 식(2.4)와 같다.

$$A = \int dA \tag{2.4}$$

여기서 단면적 A에 대하여 x축, y축 각각에 대한 단면 1차모멘트(Q)는 다음 식(2.5)와 같다.

$$Q_x = \int_A y dA, \qquad Q_y = \int_A x dA \tag{2.5}$$

그리고 단면적 A와 미소면적(dA)에 대한 x축, y축 각각에 대한 평형조건식 ΣM=0를 적용하면, 도심 C(x_c, y_c)는 다음 식(2.6)과 같다.

$$x_c = \frac{Q_y}{A} = \frac{\int_A x dA}{\int_A dA}, \qquad y_c = \frac{Q_x}{A} = \frac{\int_A y dA}{\int_A dA} \tag{2.6}$$

만일 그림 2.19(a)와 같이 단면의 형상이 축대칭인 경우, 도심은 축선 상에 있어야 한다. 즉 대칭축에 대한 단면 1차모멘트(Q)는 0이 된다. 그림 2.19(b)와 같이 2개 축에 대칭인 경우, 도심은 2개 축의 교점이 된다. 그림 2.19(c)와 같이 단면에 대칭축은 없으나 대칭 중심점(점대칭)인 경우, 도심은 대칭 중심점(o)과 같다.

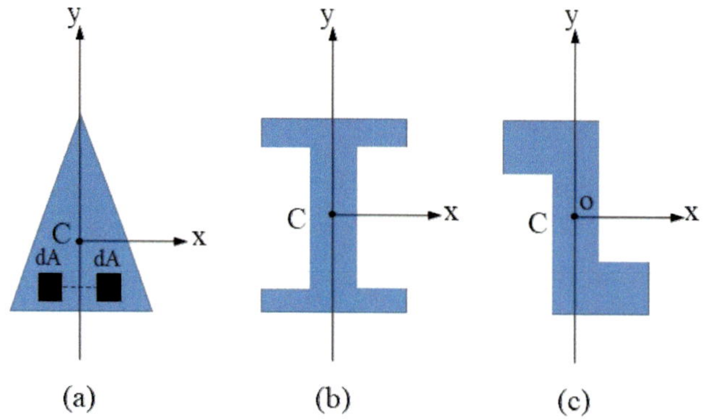

그림 2.19 (a) 1축 대칭 (b) 2축 대칭 (c) 점대칭 단면

[예제 2.4] 다음 그림 2.20(a)와 같이 삼각형(폭 b, 높이 h)에 대한 도심 y_c를 구하시오?

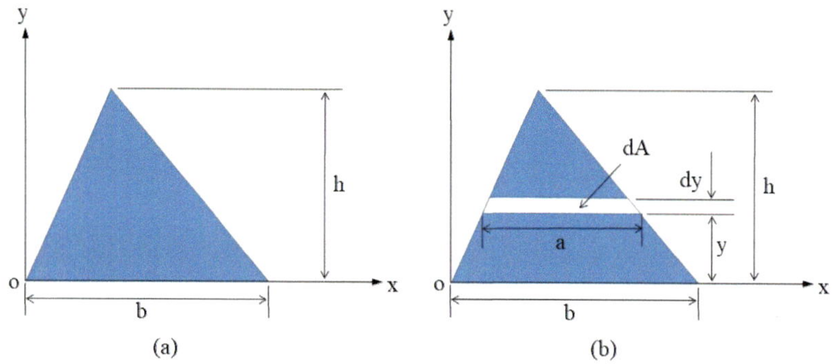

그림 2.20 예제 2.4

[풀이 2.4] 그림 2.20(b)와 같이 길이가 a, 높이가 dy인 미소요소(dA)를 선정한다. 삼각형의 상사원리를 이용하면 다음과 같다. 삼각형의 면적 A 및 미소요소 길이 a는 다음과 같다.

$$A = \frac{bh}{2}, \quad b : a = h : h - y, \quad a = \frac{b}{h}(h - y)$$

$$dA = (a)dy = \frac{b}{h}(h-y)dy$$

단면 1차 모멘트(Q)는

$$Q_x = \int_A y dA = \int_0^h (y)\frac{b}{h}(h-y)dy$$
$$= \frac{b}{h}\int_0^h (hy - y^2)dy = \frac{b}{h}\left[\frac{hy^2}{2} - \frac{y^3}{3}\right]_0^h = \frac{bh^2}{6}$$

따라서 도심(y_c)은 다음과 같다.

$$\therefore\ y_c = \frac{Q_x}{A} = \frac{\int_A y dA}{A} = \frac{\frac{bh^2}{6}}{\frac{bh}{2}} = \frac{h}{3}$$

2.6.2 합성 단면적 및 도심

대상 물체에 대한 도심은 수학적 적분을 이용하여 구하게 된다. 그러나 매번 적분법을 이용하게 되면 도심 계산 시간 등의 많은 노력이 필요하다. 따라서 간단하게 도심을 구할 수 있는 단순한 기본 기하학적 형태(직사각형, 원형, 삼각형 등)로 분리할 수 있다.

따라서 각각 분리된 요소의 도심을 이용하면 전체의 합성 단면 1차모멘트(Q_x, Q_y)와 도심(X_c, Y_c)은 각각 식(2.7) 및 식(2.8)과 같다. 따라서 직접 적분을 하지 않기 때문에 도심 계산을 위한 노력 및 시간을 줄일 수 있다.

$$A = \sum_1^n A_i, \quad Q_x = \sum_1^n A_i y_{ic}, \quad Q_y = \sum_1^n A_i x_{ic} \tag{2.7}$$

$$X_c = \frac{Q_y}{A} = \frac{\sum_1^n A_i x_{ic}}{\sum_1^n A_i}, \quad Y_c = \frac{Q_x}{A} = \frac{\sum_1^n A_i y_{ic}}{\sum_1^n A_i} \tag{2.8}$$

그리고 그림 2.21에는 합성 단면을 분할한 경우, 이용할 수 있는 기본 단면 3종류(직사각형, 원형 및 삼각형)와 기타 3종류(타원, 반원 및 사분원)에 대한 단면적(A)과 도심(C)를 각각 나타내었다.

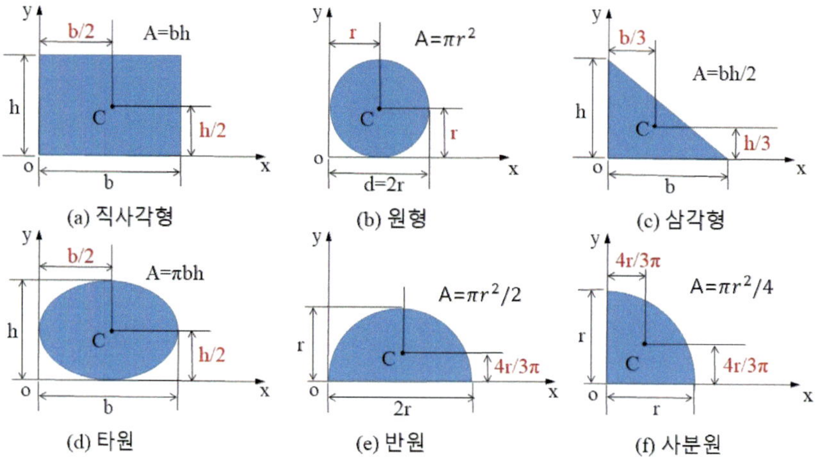

그림 2.21 기본 단면의 면적과 도심

[예제 2.5] 다음 그림 2.22(a)와 같은 합성 단면의 도심을 구하시오? (단위는 mm이다.)

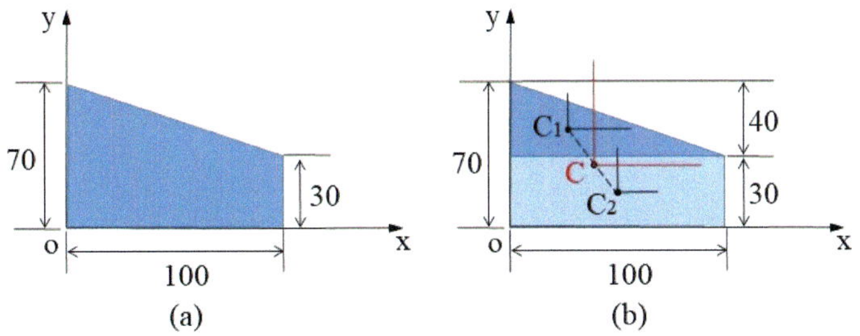

그림 2.22 예제 2.5

[풀이 2.5] 합성 단면일 경우, 기본 단면으로 분리해서 간편하게 면적 및 도심을 구할 수 있다. 먼저 그림 2.22(b)와 같이 삼각형과 직사각형 단면으로 분리한다. 그리고 면적(A1, A2) 및 도심(C1, C2)을 각각 구한다. 최종적으로 합성 단면 도심 C(X_c, Y_c)는 C1-C2 연결선 상에 위치하게 된다. 계산 과정은 다음과 같다.

$$A = \sum_{1}^{n} A_i = A_1 + A_2$$
$$= (100)(40)(1/2) + (100)(30) = 2000 + 3000 = 5000\,mm^2$$
$$Q_x = \sum_{1}^{n} A_i y_{ic} = A_1 y_{1c} + A_2 y_{2c}$$
$$= (2000)[30 + 40(1/3)] + (5000)[30(1/2)]$$
$$= 86666.7 + 75000 = 161666.7\,mm^3$$
$$Q_y = \sum_{1}^{n} A_i x_{ic} = A_1 x_{1c} + A_2 x_{2c}$$
$$= (2000)[100(1/3)] + (5000)[100(1/2)]$$
$$= 66666.7 + 250000 = 316666.7\,mm^3$$

$$\therefore X_c = \frac{Q_y}{A} = \frac{316666.7}{5000} = 63.3\,mm$$
$$Y_c = \frac{Q_x}{A} = \frac{161666.7}{5000} = 32.3\,mm$$

2.6.3 단면 2차모멘트

평면 단면 2차모멘트(관성 모멘트, moment of inertia)는 한 축에 대해 단면적이 분포되어 있는 측정값이다. 즉, x축과 y축에 대한 평면적 A의 단면 2차모멘트는 다음과 같다.

그림 2.23에서 미소면적 요소 dA가 x축, y축에 대한 단면 2차모멘트(관성 모멘트)를 구해서 전체 단면적 A에서 적분하면 다음 식(2.9)와 같다.

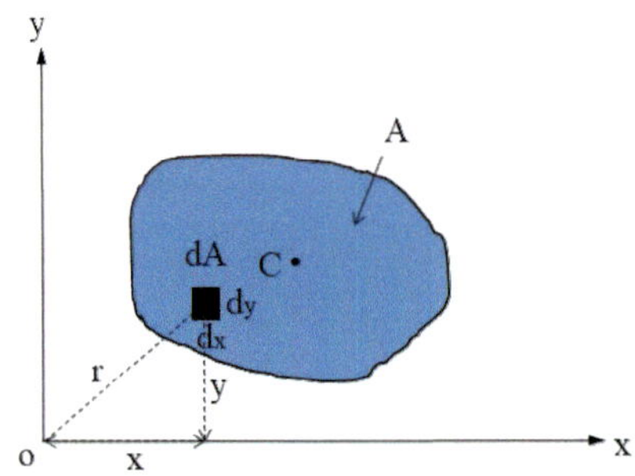

그림 2.23 평면 단면적과 미소 요소(dA)

$$I_{xx} = I_x = \int_A y^2 dA, \qquad I_{yy} = I_y = \int_A x^2 dA \tag{2.9}$$

단면 2차모멘트의 단위는 m^4이며, I_{xx}형식으로 표시한다. 그리고 $I_{xx} = I_x$, $I_{yy} = I_y$로 표시한다. 또한 외형적으로 단면적이 회전축과의 거리 제곱 형태로 나타나서 단면 2차모멘트라고 정의한다.

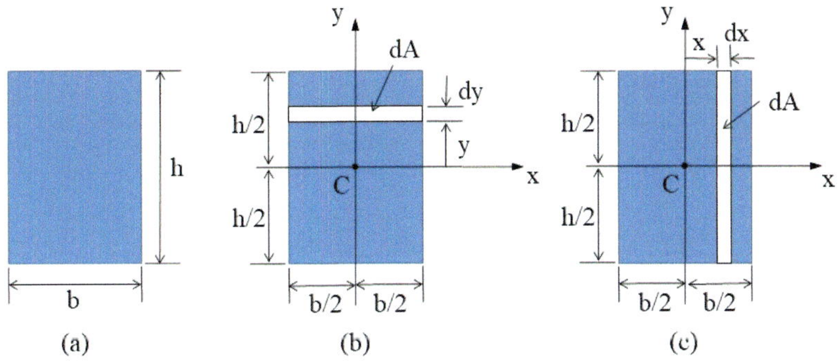

그림 2.24 예제 2.6

[예제 2.6] 그림 2.24(a)와 같이, 직사각형 단면에서 도심을 통과하는 x축, y축에 대한 단면 2차모멘트를 구하시오?

[풀이 2.6] 그림 2.24(b)와 같이, 직사각형 도심(C)는 기하학적 중심과 같다. x축에 대한 단면 2차모멘트(I_x)는 다음과 같다. 여기서 미소단면적 dA= bdy와 같다.

$$I_{xx} = I_x = \int_A y^2 dA = \int_{-\frac{h}{2}}^{\frac{h}{2}} y^2 (bdy) = (2b)\int_0^{\frac{h}{2}} y^2 dy = (2b)\left|\frac{y^3}{3}\right|_0^{\frac{h}{2}} = \frac{bh^3}{12}$$

같은 방식으로 그림 2.24(c)와 같이 y축에 대한 단면 2차모멘트(I_y)는 다음과 같다. 여기서 미소단면적 dA=hdx와 같다.

$$I_{yy} = I_y = \int_A x^2 dA = \int_{-\frac{b}{2}}^{\frac{b}{2}} x^2 (hdx) = (2h)\int_0^{\frac{b}{2}} x^2 dx = (2h)\left|\frac{x^3}{3}\right|_0^{\frac{b}{2}} = \frac{hb^3}{12}$$

2.7 응력

일반적으로 고체역학/재료역학에서 구조용 부재를 균일단면으로 가정한다. 균일단면은 부재 전체 길이에 걸쳐 일정한 단면을 갖는 부재이다. 설계과정에서 기계요소가 균일단면인 부품에 작용하는 하중의 영향을 파악하여 치수나 재료를 선택하게 된다.

구조물이 외부로부터 하중을 받았을 때, 외력에 대한 저항력을 내력(internal force)이라고 하며, 단위 면적당 내력의 정도와 방향을 나타낸 것을 응력(stress)이라고 정의한다. 이 응력에 의해 정적 평형 상태를 유지하며, 만일 정적 평형을 유지할 수 없으면 그 구조물은 파손된 것으로 가정한다.

2.7.1 인장응력

그림 2.25(a)에 보인 바와 같이, 균일단면봉에 외력 P가 작용하면 정적 평형을 유지하기 위해 그림 2.25(b)와 같이 부재 내부에 응력이 발생된다.

부재 내부에서 임의 mn 단면을 가상적으로 절단하면, 절단면(면적 A)에 수직방향으로 응력이 발생하는데, 이를 수직응력(normal stress: σ)이라고 정의하고 식(2.10)과 같다. 여기서 P는 단면적에 수직하중(N), A는 단면적(m^2)이며, 응력의 SI 단위는 N/m^2 (Pa : Pascal)을 사용한다.

현장에서는 kg_f/mm^2, kg_f/cm^2 및 lb/in^2(psi) 단위 등을 사용하고 있다.

$$\sum P_y = 0, \quad \sigma(A) - P = 0, \quad \sigma = \frac{P}{A} \tag{2.10}$$

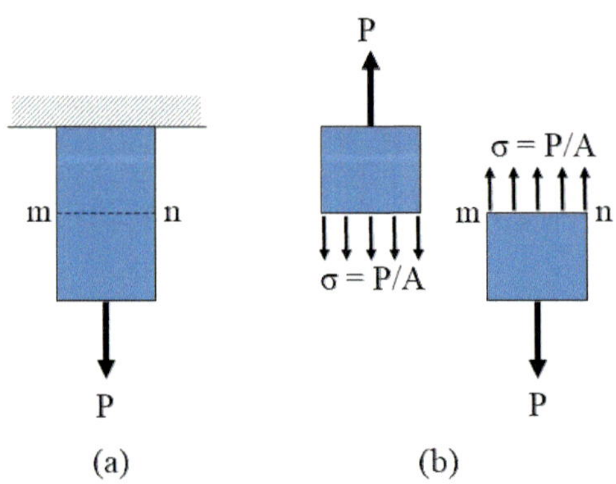

그림 2.25 인장응력

2.7.2 전단응력

전단응력(shear stress)은 물체의 단면에 전단력(F)이 작용할 때, 접선 방향으로 미끄러질 때 발생한다.

전단응력(τ)은 전단력(F)을 전단되는 단면적(A)으로 나눈 값이며 식(2.11)과 같다. 전단응력의 SI 단위는 N/m^2이다.

$$\tau = \frac{F}{A} \tag{2.11}$$

그림 2.26과 같이, 리벳 연결부에 인장력 P가 작용하면, 리벳의 aa 단면에 수평으로 절단하려는 전단력(F)이 작용해서 aa 단면에 전단응력이 발생되며, 단순 전단(simple shear)이라고 한다.

또한 그림 2.27과 같이 리벳 연결부에 인장력 P가 작용하면, 리벳의 aa 단면 및 bb 단면에서 수평으로 절단하려는 전단력(F)이 작용해서 절단면이 2개인 이중 전단(double shear) 상태가 된다. 이때 리벳에 작용하는 전단력은 자유물체도의 힘의 평형조건으로 P=2F가 된다. 따라서 전단응력은 다음 식(2.12)와 같다.

$$P = 2F, \qquad \tau = \frac{F}{A} = \frac{P}{2A} \tag{2.12}$$

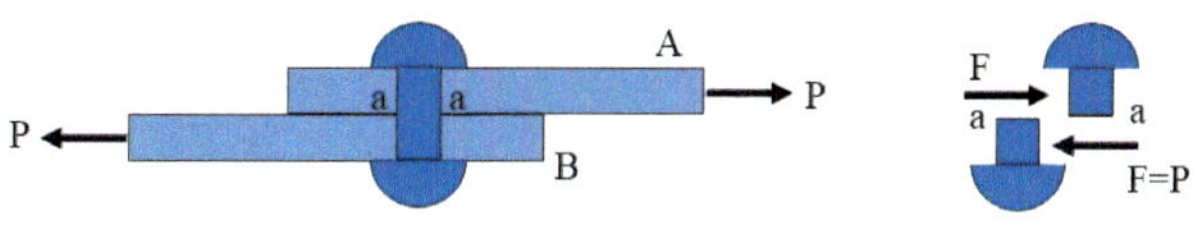

그림 2.26 리벳 단순 전단 상태

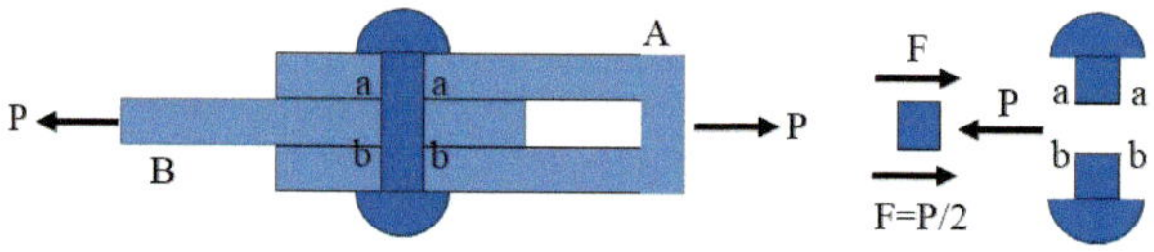

그림 2.27 리벳 이중 전단 상태

2.7.3 응력 요소

구조물 내의 어떤 한 점에서 응력 상태를 나타내기 위해서 응력요소(stress element)를 이용한다. 또한 임의 방향으로 경사진 응력요소에 작용하는 응력을 구하는 것을 응력의 변환(transformation of stress)이라고 한다.

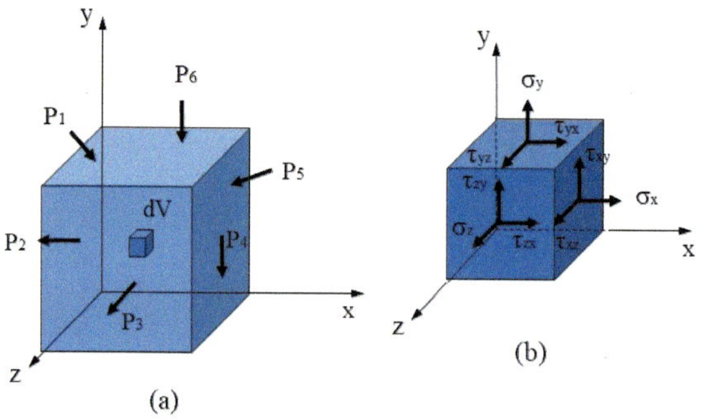

그림 2.28 구조물의 3차원 응력 요소

그림 2.28(a)과 같이, 일반적으로 구조물에는 여러 종류의 외력이 작용하게 된다. 따라서 이 구조물 내에 발생하는 응력을 구하기 위해서 임의 요소 dV를 가상적으로 자른 자유물체도는 그림 2.28(b)와 같다. 따라서 3차원 응력 요소에 총 9개의 응력 성분으로 표시하게 된다.

일반적으로 응력을 표현하는 방법은 다음 식(2.13)과 같이 정의한다.

$$\sigma_{ij} \ : \ i = stress\ section\ ,\ j = stress\ direction \tag{2.13}$$

여기서 응력의 아래첨자 i는 응력이 작용하는 단면, j는 응력이 작용하는 방향을 나타낸다. 또한 i와 j가 동일하면 수직응력(σ), 다르면 전단응력(τ)을 나타내며 일반적으로 식(2.14)로 나타낸다.

$$\sigma_{xx} = \sigma_x\,,\quad \sigma_{xy} = \tau_{xy}\,,\quad \sigma_{yy} = \sigma_y\,,\quad \sigma_{yx} = \tau_{yx} \tag{2.14}$$

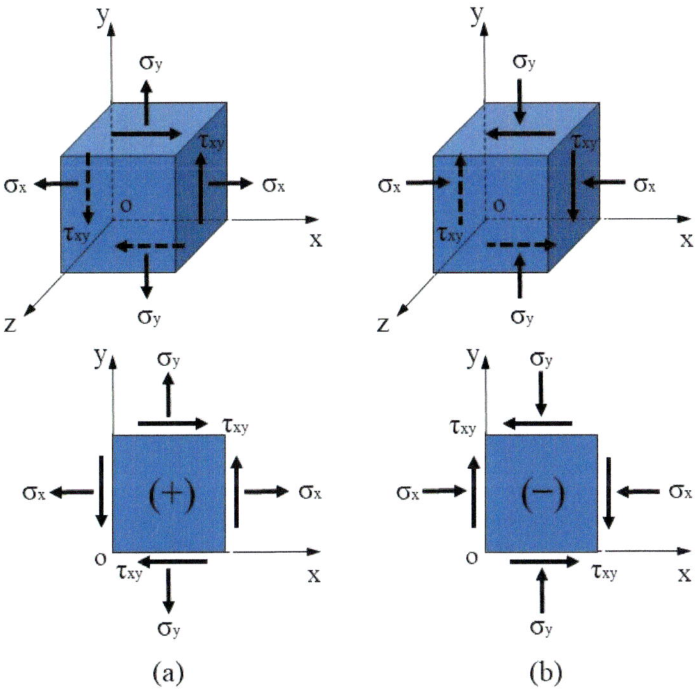

그림 2.29 응력 표시 기호 및 방향 정의

또한 그림 2.29에 보인 바와 같이, 단면에서 인장방향을 양(+) 방향, 압축방향을 음(-) 방향이라고 정의하고, 전단응력 방향도 양(+) 방향, 음(-) 방향으로 정의한다. 따라서 일반적으로 그림 2.29(a)에는 양(+) 방향, 그림 2.29(b)에는 음(-) 방향의 응력 및 전단응력의 자유물체도를 각각 나타낸다.

2.7.4 응력 텐서

물리량을 나타내는 방법으로 벡터와 스칼라량이 있다. 힘, 모멘트와 같은 벡터는 크기와 방향을 가지고 있다. 반면 크기만 있고, 방향이 없는 스칼라량으로 나타낸다.

그림 2.28(b)에 보인 바와 같이, 응력을 정의하기 위해 6개의 성분이 필요하기 때문에 텐서(tensor)로 정의하고 이 텐서는 식(2.15)와 같다.

$$\sigma_{ij} = \begin{pmatrix} \sigma_x & \tau_{xy} & \tau_{xz} \\ \tau_{yx} & \sigma_y & \tau_{yz} \\ \tau_{zx} & \tau_{zy} & \sigma_z \end{pmatrix} \tag{2.15}$$

식(2.15)는 대칭 텐서이며, 주 대각 원소 이외에는 모두 영(0)으로 만드는 직교 좌표축 1, 2, 3축(주축)이 있게 되어 식(2.16)으로 나타내고, 이때 σ_1, σ_2, σ_3를 주응력이라고 한다.

$$\sigma = \begin{pmatrix} \sigma_1 & 0 & 0 \\ 0 & \sigma_2 & 0 \\ 0 & 0 & \sigma_3 \end{pmatrix} \tag{2.16}$$

2.8 평면응력

실제 구조물은 3차원 입체 즉 부피를 갖고 있지만, 응력 및 변형률 해석의 편리성을 위해 2차원으로 가정한 조건으로서 2축 응력(biaxial stress) 또는 평면응력(plane stress)과 평면변형률(plane strain) 상태로 구분하게 된다.

그림 2.30(a)와 같이, 두께가 얇은 판재에 외력 P가 x축, y축 방향으로만 작용하고 z축 방향으로는 하중이 없다고 가정한 상태를 평면응력 상태라고 한다.

그림 2.30(a)의 미소 요소 dA를 확대하여 그림 2.30(b)에 나타내었으며, 그림 2.30(c)에는 이를 2차원으로 나타낸 것으로 다음 식(2.17)과 같다.

$$\sigma_z = \tau_{xz} = \tau_{yz} = 0\,, \quad \tau_{xy} = \tau_{yx} \tag{2.17}$$

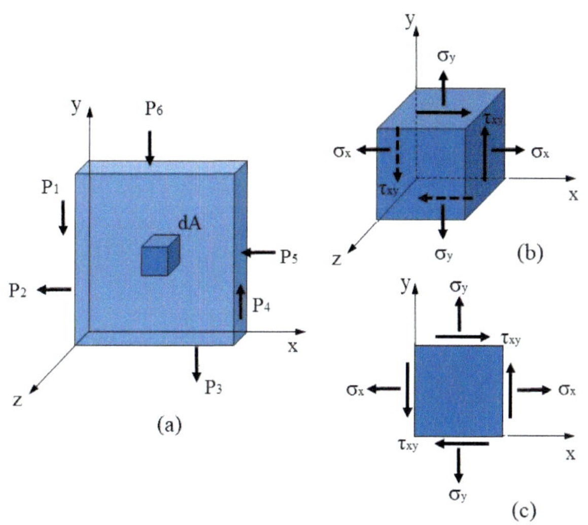

그림 2.30 평면응력 : 얇은 판재 요소의 응력 성분

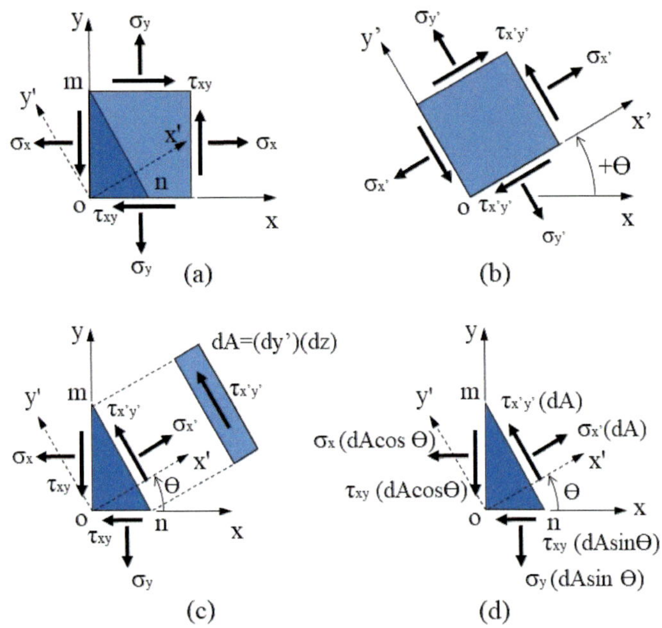

그림 2.31 평면응력 상태 : 응력 변환

2.8.1 경사면에 작용하는 응력

그림 2.31(a)와 같이, 임의 미소요소에 2차원 평면응력에서 3개의 응력 성분이 주어졌을 때, 그림 2.31(b)와 같이 x-y 축으로부터 반시계 방향(+ 방향으로 가정함)으로 임의 θ만큼 기울어진 경사면에 작용하는 응력 요소를 구하고자 한다.

따라서 그림 2.31(c)와 같이, 임의 미소 요소 삼각형으로 절단된 경사면 mn에 작용하는 수직응력과 전단응력을 구하기 위해서, 새로운 좌표축 x'-y'축에서 정의된 응력 $\sigma_{x'}$와 $\tau_{x'y'}$를 구하고자 한다. 절단된 경사면 mn의 면적을 dA라고 하면, om 단면적과 on 단면적은 각각 $dA\cos\theta$, $dA\sin\theta$가 된다.

그림 2.31(d)에는 자유물체도를 나타내고 있으며, 여기서 x'축과 y'축 방향에 대한 힘의 평형조건식을 적용하면 각각 다음 식(2.18)과 식(2.19)와 같다.

$$\sum F_{x'} = 0 : \ \sigma_{x'}dA - \sigma_x(dAcos\theta)\cos\theta - \tau_{xy}(dAcos\theta)\sin\theta \qquad (2.18)$$
$$- \sigma_y(dAsin\theta)\sin\theta - \tau_{xy}(dAsin\theta)\cos\theta = 0$$

$$\sum F_{y'} = 0 : \ \tau_{x'y'}dA + \sigma_x(dAcos\theta)\sin\theta - \tau_{xy}(dAcos\theta)\cos\theta \qquad (2.19)$$
$$- \sigma_y(dAsin\theta)\cos\theta + \tau_{xy}(dAsin\theta)\sin\theta = 0$$

식(2.18)과 식(2.19)로부터 경사면에 작용하는 응력은 다음 식(2.20)과 같다.

$$\sigma_{x'} = \sigma_x\cos^2\theta + \sigma_y\sin^2\theta + 2\tau_{xy}\sin\theta\cos\theta \ , \qquad (2.20)$$
$$\tau_{x'y'} = \tau_{xy}(\cos^2\theta - \sin^2\theta) - (\sigma_x - \sigma_y)\sin\theta\cos\theta$$

2.8.2 평면응력의 변환식

식(2.20)에 삼각함수의 공식인 식(2.21)을 대입하면 각도를 모두 2θ로 변경할 수 있으며, 사용하기 편리한 일반화된 평면응력 변환식인 식(2.22) 및 식(2.23)을 얻을 수 있다.

$$\cos^2\theta = \frac{1}{2}(1 + \cos2\theta), \quad \sin^2\theta = \frac{1}{2}(1 - \cos2\theta) \qquad (2.21)$$
$$2\sin\theta\cos\theta = \sin2\theta$$

$$\sigma_{x'} = \frac{\sigma_x + \sigma_y}{2} + \frac{\sigma_x - \sigma_y}{2}\cos2\theta + \tau_{xy}\sin2\theta \qquad (2.22)$$

$$\tau_{x'y'} = \tau_{xy}\cos2\theta - \frac{\sigma_x - \sigma_y}{2}sin2\theta \qquad (2.23)$$

그리고 식(2.22)의 $\sigma_{x'}$에 θ 대신 θ+90도를 대입하면 $\sigma_{y'}$를 구할 수 있으며 식(2.24)와 같다.

$$\sigma_{y'} = \frac{\sigma_x + \sigma_y}{2} - \frac{\sigma_x - \sigma_y}{2}\cos2\theta - \tau_{xy}\sin2\theta \qquad (2.24)$$

2.8.3 주응력

일반적으로 기계 구조물을 설계할 때, 안전성을 고려해서 구조물 내에 가장 큰 응력의 크기 및 방향을 계산하여 설계에 반영할 필요가 있다.

따라서 평면응력 변환식인 식(2.22)의 수직응력 $\sigma_{x'}$가 θ에 따라 변하는데, 극값(최대, 최소)을 구하면 식(2.25)와 같고, 이를 만족하는 θ를 주응력 방향 θ_p라고 하면 식(2.26)과 같다.

$$\frac{d\sigma_{x'}}{d\theta}=0\ :\quad (\sigma_x-\sigma_y)\sin 2\theta-2\tau_{xy}\cos 2\theta=0 \tag{2.25}$$

$$\therefore \tan 2\theta_p=\frac{2\tau_{xy}}{\sigma_x-\sigma_y} \tag{2.26}$$

따라서 식(2.25)를 만족하는 θ_p는 최대/최소 수직응력을 나타내는 평면의 2개의 각도 θ_{p1}와 θ_{p2}가 있으며, 이 θ_p를 식(2.22)에 대입하면 각각에 따른 최대응력 $\sigma_{\max}=\sigma_1$ 및 최소응력 $\sigma_{\min}=\sigma_2$를 구할 수 있으며 식(2.27)과 같다.

$$\sigma_{1,2}=\frac{\sigma_x+\sigma_y}{2}\pm\sqrt{\left(\frac{\sigma_x-\sigma_y}{2}\right)^2+\tau_{xy}^2} \tag{2.27}$$

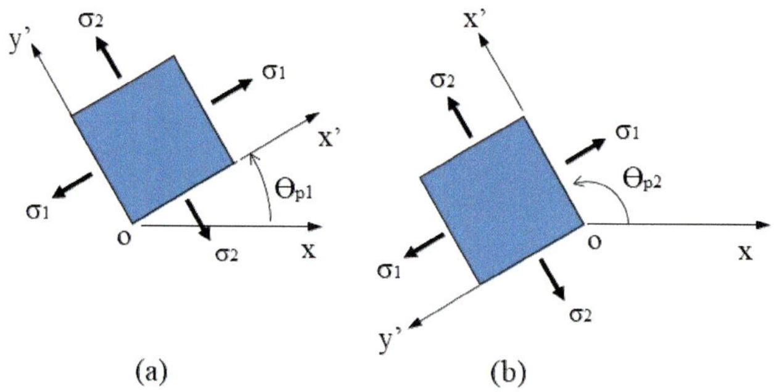

그림 2.32 주응력 및 주응력 방향

그리고 식(2.27)의 σ_1과 σ_2를 그림 2.32(a), 그림 2.32(b)에 각각 나타내고 있다. 여기서 σ_1과 σ_2는 서로 수직이며, 전단응력 $\tau_{x'y'}$은 영(zero)이 된다.

따라서 전단응력이 영(zero)이 되는 평면을 주평면(principal planes), 이 주평면에서 수직응력값은 σ_1과 σ_2가 되며 이를 주응력(principal stress)이라고 한다.

2.8.4 최대전단응력

평면응력 변환식인 식(2.23)의 전단응력 $\tau_{x'y'}$가 θ에 따라 변하는데, 극값(최대, 최소)을 구하면 식(2.28)과 같고, 이를 만족하는 θ를 최대전단응력 방향 θ_s라고 하면 식(2.29)와 같다.

$$\frac{d\tau_{x'y'}}{d\theta}=0\ :\quad -(\sigma_x-\sigma_y)\cos 2\theta-2\tau_{xy}\sin 2\theta=0 \tag{2.28}$$

$$\therefore \tan 2\theta_s=-\frac{\sigma_x-\sigma_y}{2\tau_{xy}} \tag{2.29}$$

따라서 식(2.29)를 만족하는 θ_s는 최대전단응력을 나타내는 평면 2개의 각도 θ_{s1}와 θ_{s2}가 있으며, 이 θ_s를 식(2.23)에 대입하면 각각에 따른 최대전단응력 $\tau_{\max}=\tau_1$ 및 최소전단응력 $\tau_{\min}=\tau_2$를 구하면 다음 식(2.30)과 같다.

$$\tau_{1,2}=\pm\sqrt{\left(\frac{\sigma_x-\sigma_y}{2}\right)^2+\tau_{xy}^2} \tag{2.30}$$

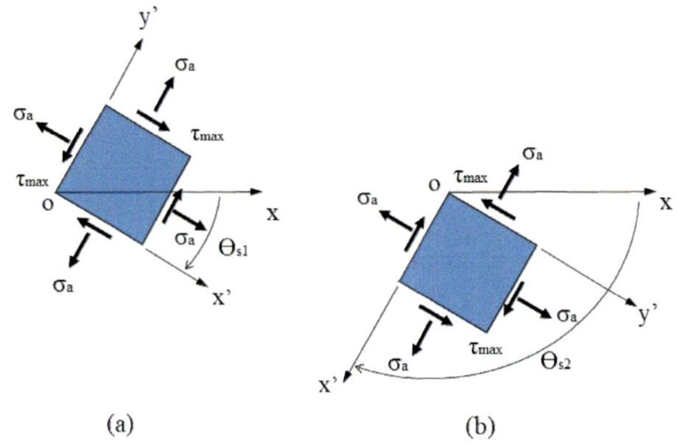

그림 2.33 최대전단응력 작용면

그리고 식(2.30)의 τ_1과 τ_2를 그림 2.33(a)와 그림 2.33(b)에 각각 나타내고 있다. 여기서 τ_1과 τ_2는 크기는 같고 서로 반대 방향이며, 수직응력 σ_a는 영(zero)이 아닌 어떤 값을 가진다.

2.9 모어원 - 응력원

2.9.1 평면응력 변환식과 모어원

기본 평면응력 변환식은 정역학적 힘의 평형식으로부터 유도한 바 있으나,실무에 사용하기에는 수식 등을 기억해야 하기 때문에 매우 불편하다.

하지만, 기본 평면응력 변환식을 기하학적으로 간편하게 해석할 수 있는 방법을 모어(Mohr)가 제안하였으며 모어원(Mohr' circle)이라고 한다.

모어원을 유도하기 위해서, 평면응력 변환식인 식(2.22)과 식(2.23)을 간단하게 다음 식(2.31)과 식(2.31)으로 변경할 수 있다.

$$\sigma_{x'} - \frac{\sigma_x + \sigma_y}{2} = \frac{\sigma_x - \sigma_y}{2}\cos 2\theta + \tau_{xy}\sin 2\theta \tag{2.31}$$

$$\left(\sigma_{x'} - \frac{\sigma_x + \sigma_y}{2}\right)^2 = \left(\frac{\sigma_x - \sigma_y}{2}\cos 2\theta + \tau_{xy}\sin 2\theta\right)^2$$

$$\tau_{x'y'} = -\frac{\sigma_x - \sigma_y}{2} sin\,2\theta + \tau_{xy}\cos 2\theta \tag{2.32}$$

$$(\tau_{x'y'})^2 = \left(-\frac{\sigma_x - \sigma_y}{2} sin\,2\theta + \tau_{xy}\cos 2\theta\right)^2$$

그리고 식(2.31)과 식(2.32)를 합하면 다음 식(2.33)과 같다.

$$\left(\sigma_{x'} - \frac{\sigma_x + \sigma_y}{2}\right)^2 + (\tau_{x'y'})^2 = \left(\frac{\sigma_x - \sigma_y}{2}\right)^2 + (\tau_{xy})^2 = R^2 \tag{2.33}$$

식(2.33)은 반경이 R인 원의 방정식이다. 그림 2.34와 같이, 수평축에는 인장응력 σ, 수직축은 전단응력 τ, 원의 중심은 $\frac{\sigma_x + \sigma_y}{2}$이다. 그리고 이 원주상에서는 2θ많큼 반시계 방향(+방향)으로 회전하게 된다.

또한 그림 2.34에서 모어의 원주상에서 전단응력이 영(zero)이 되는 위치에서 응력의 최대값(σ_1), 최소값(σ_2)이 됨을 알 수 있으며, 앞 절의 식(2.27)과 같음을 알 수 있다. 따라서 이 원을 모어원(Mohr’ circle) 또는 모어의 응력원이라고 하며, 다음 식(2.34)와 같다.

$$\sigma_{1,2} = \frac{\sigma_x + \sigma_y}{2} \pm \sqrt{\left(\frac{\sigma_x - \sigma_y}{2}\right)^2 + \tau_{xy}^2} \tag{2.34}$$

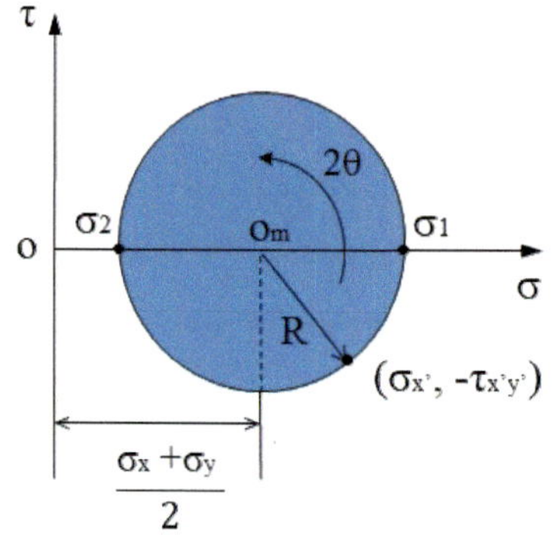

그림 2.34 모어원

2.9.2 모어원 작도법

먼저, 모어원을 작도하기 위해서 방향을 정의한다. 그림 2.34와 같이, 모어원 상에서 반시계 방향으로 회전하는 각도 2θ는 미소 응력요소 상에서 반시계 방향으로 각도 θ와 동일하다. 또한 수직응력에서 인장은 양(+) 방향, 압축은 음(-) 방향이며, 전단응력은 시계방향을 양(+) 방향, 반시계 방향을 음(-) 방향으로 정의한다. 그림 2.35(b)와 같이 응력(σ) 축선 상에 원의 중심점($\frac{\sigma_x + \sigma_y}{2}$)을 잡고, 반지름 $R = \sqrt{\left(\frac{\sigma_x + \sigma_y}{2}\right)^2 + \tau_{xy}^2}$ 을 계산하여 원을 작도한다.

즉 그림 2.35(a)와 같이, 2차원 평면응력 상태(σ_x, σ_y, τ_{xy})에서 모어원을 작도하는 과정은 다음과 같다. 여기서 $\sigma_x > \sigma_y$, τ_{xy}는 시계방향을 양(+) 방향으로 반시계 방향을 음(-) 방향으로 가정한다.

① 직교좌표계에서 수평축을 응력(σ), 수직축을 전단응력(τ)으로 한다.
② σ-τ 좌표상에서 점 A(σ_x, $-\tau_{xy}$), 점 B(σ_y, τ_{xy})를 정한다.
③ 선분 AB를 직경으로 하는 원을 그리면, o_m이 원점이 된다.

그림 2.35(b)에는 평면응력 상태에서 모어원을 작도한 결과를 나타낸다. 여기서, 모어원의

반경 R은 직각삼각형(AEO_m)에서 기하학적으로 다음 식(2.35)과 같다.

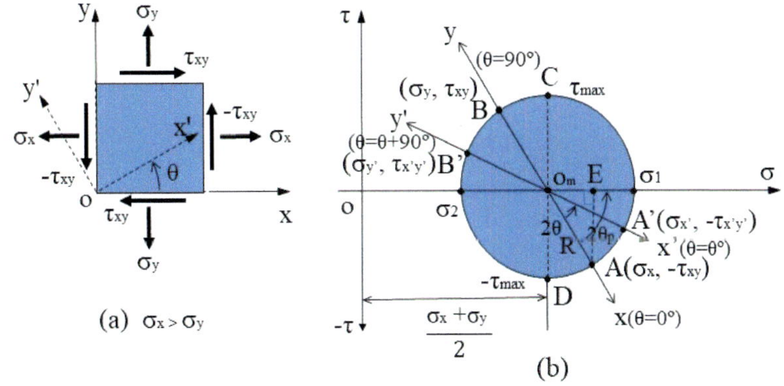

그림 2.35 모어원의 작도법

$$R^2 = (AE)^2 + (EO_m)^2 \ , \quad AE = \tau_{xy} \ , \quad EO_m = \frac{\sigma_x - \sigma_y}{2} \tag{2.35}$$

$$\therefore R = \sqrt{\left(\frac{\sigma_x - \sigma_y}{2}\right)^2 + \tau_{xy}^2}$$

한편, 미소요소 x면, y면의 응력상태는 모어원 상의 점 A와 점 B와 같다. 반대로 동일한 원 상에 있는 점 A'와 점 B'는 미소요소 x'면과 y'면의 응력상태를 나타내며, 이 면은 x면, y면으로부터 θ많큼 회전한 상태이다. 따라서 모어원의 반지름 R은 직각삼각형($A'E'O_m$)에서 기하학적으로 다음 식(2.36)과 같다.

$$R^2 = (A'E')^2 + (E'O_m)^2 \ , \quad A'E' = \tau_{x'y'} \ , \quad E'O_m = \frac{\sigma_{x'} - \sigma_{y'}}{2} \tag{2.36}$$

$$\therefore R = \sqrt{\left(\frac{\sigma_{x'} - \sigma_{y'}}{2}\right)^2 + \tau_{x'y'}^2}$$

그림 2.35(b)의 모어원에서 회전각도가 임의 2θ일 때, 원래 임의요소에서 θ많큼 회전했을 때의 응력 및 전단응력을 기하학적으로 얻을 수 있으며, 그림 2.35(a)에 나타내었다. 또한 모어원에서 회전각도가 임의 $2\theta_p$일 때, 원래 임의요소에서 θ_p많큼 회전했을 때의 응력 및 전단응력을 얻을 수 있으며, 그림 2.35(b)에 나타내었다.

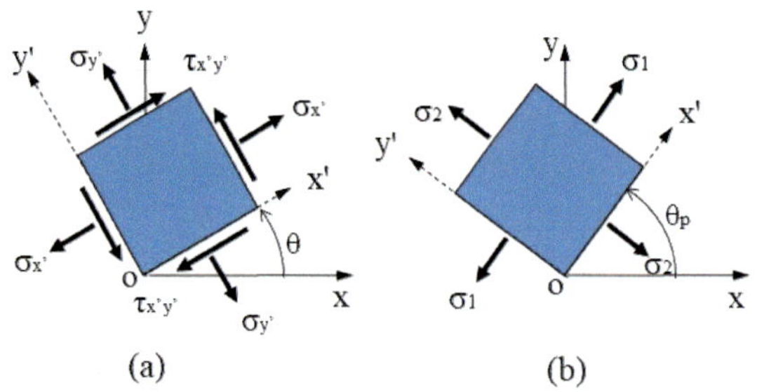

그림 2.36 평면응력 : 주응력 및 주응력 방향

여기서 그림 2.35(b)에서 전단응력이 영(zero)이 될 때, 회전각 θ_p를 주응력 방향이라고 하며, 응력은 최대 σ_1, 최소 σ_2를 얻을 수 있으며 이를 주응력(principal stress)이라고 하며, 그림 2.36(b)에 각각 나타내었다.

2.10 변형률

2.10.1 인장 변형률

다음 그림 2.37에서 길이 L인 봉에 외력 P가 작용하면 힘의 방향으로 δ만큼 변형이 된다. 이때, 원래 길이 L에 대한 변형량 δ의 비를 변형률(strain, ε)이라고 정의하고 다음 식(2.37)과 같다.

$$\epsilon = \frac{L' - L}{L} = \frac{\delta}{L} \tag{2.37}$$

여기서 재료의 처음 길이는 L, 변형 후 길이는 L', 변형량 δ는 L'-L이다. 변형률의 SI 단위는 m/m로서 무차원량이다.

변형률은 그림 2.37(b)와 같이 인장력이 작용할 경우에는 변형량 δ가 늘어나게 되어 인장변형률(tensile strain), 그림 2.37(c)와 같이 압축력이 작용할 경우에는 변형량 δ가 줄어들게 되어 압축변형률(compressive strain)이라고 하며, 다음 식(2.38)과 같다.

$$\epsilon_c = \frac{L' - L}{L} = \frac{-\delta}{L} \tag{2.38}$$

이 변형률은 수직응력과 연관되어 있어서 수직변형률(normal strain) 또는 종 변형률(longitudinal strain)이라고도 한다.

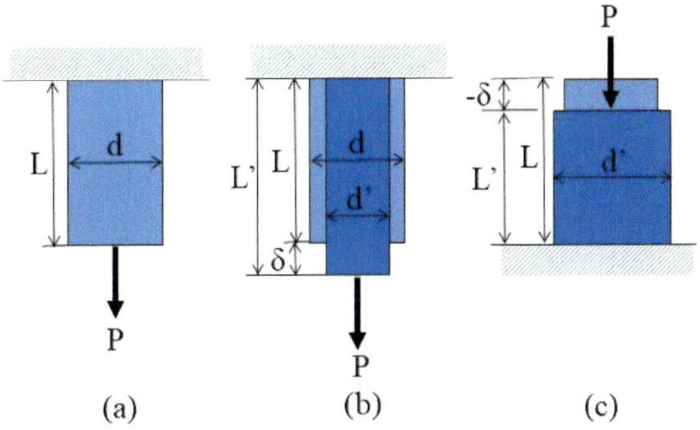

그림 2.37 인장 변형과 압축 변형

2.10.2 횡 변형률

구조물의 재료가 일반 금속인 경우, 밀도가 거의 일정하기 때문에 변형을 한 후에도 전체 체적의 변화는 없다고 가정할 수 있다.

따라서 그림 2.37(b)와 같이, 길이 L인 봉이 외력 P가 작용하면 힘의 방향으로 δ만큼 변형이 됨과 동시에 하중에 수직방향인 횡 방향으로 변형량 Δd(d'-d)가 발생한다. 이때, 원래 횡 방향 길이 d에 대한 변형량 Δd의 비를 횡 변형률(lateral strain, ϵ')이라 하고 식(2.39)과 같다.

$$\epsilon' = \frac{d' - d}{d} = \frac{\Delta d}{d} \tag{2.39}$$

2.10.3 전단 변형률

그림 2.38(a)와 같이 전단응력(τ)이 물체 요소의 상부 전단면에 균일하게 작용한다면, 자유물체도의 평형조건을 만족하기 위해서 크기는 같고 방향이 반대인 전단응력이 하부 전단면에 발생해야 한다. 또한 좌/우측 전단면에도 동일하게 작용해야 한다.

이와 같이, 전단면에 전단응력만이 작용할 경우를 순수전단(pure shear) 상태라고 한다. 여기서 그림 2.38(a)의 자유물체도에서 상/하부면에 전단력 τ_1, 좌/우측면에 전단력 τ_2가 각각 작용하여 짝힘이 발생할 경우, 힘의 평형조건인 다음 식(2.40)을 만족해야 한다. 따라서 $\tau_1 = \tau_2$이 되어야 한다.

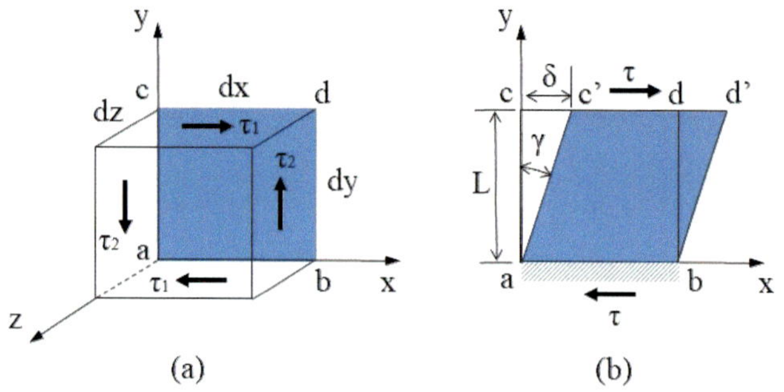

그림 2.38 순수전단과 전단 변형률

$$\begin{aligned} \sum M = 0, \quad & (F_1) \times (dy) = (F_2) \times (dx) \\ & (\tau_1\, dx\, dz) \times (dy) = (\tau_2\, dy\, dz) \times (dx), \quad \therefore \tau_1 = \tau_2 \end{aligned} \tag{2.40}$$

그림 2.38(a)에는 3D 입체 미소요소에 순수전단 상태를 나타내며, 여기서 2D x-y 평면의 순수전단 상태의 자유물체도를 그림 2.38(b)에 나타내었다.

순수전단(수직응력은 없음) 상태이기 때문에 abcd 평면 각 변의 길이 변화는 없으나, 전단응력(τ)에 의해 abcd 사각형 요소가 abc'd' 마름모형 요소로 변형된다. 여기서 수직거리 L에 대한 변화량(미끄럼량)이 δ일 경우, γ를 전단 변형률(shearing strain)이라고 하며 식(2.41)과 같다. 여기서, 기울어진 각도 γ가 매우 작을 때에는 $\tan\gamma \approx \gamma$로 가정한다.

$$\gamma = \frac{\delta}{L} = \tan\gamma \approx \gamma \tag{2.41}$$

2.10.4 변형률 텐서

탄성영역에서 변형률은 가상 절단 평면의 위치에 따른 수직 변형률과 전단 변형률은 앞 절에서 설명한 식(2.15)와 같은 응력의 표현과 비슷하다.

따라서 변형률 상태를 텐서(tensor)로 나타내면 식(2.42)와 같다.

$$\epsilon_{ij} = \begin{pmatrix} \epsilon_x & \frac{1}{2}\gamma_{xy} & \frac{1}{2}\gamma_{xz} \\ \frac{1}{2}\gamma_{yx} & \epsilon_y & \frac{1}{2}\gamma_{yz} \\ \frac{1}{2}\gamma_{zy} & \frac{1}{2}\gamma_{zy} & \epsilon_z \end{pmatrix} \tag{2.42}$$

식(2.42)는 대칭 텐서이며, 주 대각 원소 이외에는 모두 영(0)으로 만드는 직교 좌표축 1, 2, 3축(주축)이 있게 되어 식(2.43)으로 나타내고, 이때 $\epsilon_1, \epsilon_2, \epsilon_3$는 주변형률이라고 한다.

$$\epsilon = \begin{pmatrix} \epsilon_1 & 0 & 0 \\ 0 & \epsilon_2 & 0 \\ 0 & 0 & \epsilon_3 \end{pmatrix} \tag{2.43}$$

2.11 평면 변형률

실제 구조물은 3차원 입체 즉 부피를 갖고 있지만, 응력 및 변형률 해석의 편리성을 위해 2차원으로 가정한 조건으로서 평면 응력(plane stress) 상태와 평면 변형률(plane strain) 상태로 구분한 바 있다.

예로서, 그림 2.39(a)와 같이, 두께가 두꺼운 판재에 임의 방향으로 외력이 가해지면 변형이 되어 x축 방향 변형률 ϵ_x와 y축 방향 변형률 ϵ_y은 발생하지만, 두께가 두껍기 때문에 두께 방향인 z축 방향 변형률 ϵ_z은 영(zero)으로 가정한 상태를 2차원 변형률 또는 평면 변형률 상태라고 한다. 이 경우 하중의 작용 전후에도 작용 평면(x-y 평면)이 그대로 남아 있다고 가정하면, 그림 2.39(b)에 2차원으로 나타내었다.

여기서 힘의 평형조건을 적용하면 평면 변형률 조건은 다음 식(2.44)와 같다.

$$\epsilon_z = \gamma_{xz} = \gamma_{yz} = 0\,, \qquad \tau_{xz} = \tau_{yz} = 0 \tag{2.44}$$

그리고 프와송 비(ν)를 적용하면 2차원 평면 변형률 상태에서 응력-변형률 관계식을 구할 수 있으며, 다음 식(2.45)와 같다.

$$\sigma_z = -\nu(\sigma_x + \sigma_y) \tag{2.45}$$

따라서 일반적으로 그림 2.39(b)와 같이 2차원 평면 변형률 상태에서 3개의 변형률 성분 $(\epsilon_x, \epsilon_y, \gamma_{xy})$으로 나타낸다

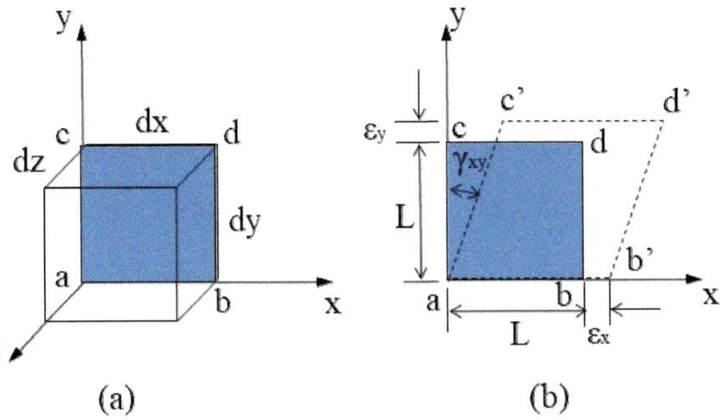

그림 2.39 평면 변형률 상태 정의

2.11.1 변형률 표시 기호 및 방향

2차원 평면 변형률 상태에서 3개의 변형률 성분을 나타내는 방법 및 방향을 명확하게 정의할 필요가 있다. 나중에 모어원을 작도할 때 유용하게 사용할 수 있다. 일반적으로 변형률을 표현하는 방법은 응력과 같이 다음 식(2.46)과 같이 정의한다.

$$\epsilon_{ij} \; : \; i = strain\ \text{section}\,,\ j = strain\ direction \tag{2.46}$$

여기서 변형률의 아래첨자 i는 변형률이 작용하는 단면, j는 변형률이 작용하는 방향을 나타낸다. 또한, i와 j가 동일하면 변형률(ε), 다르면 전단변형률(γ)을 나타내며 일반적으로 다음 식(2.47)과 같다.

$$\epsilon_{xx} = \epsilon_x\,,\ \ \epsilon_{xy} = \gamma_{xy}\,,\ \ \epsilon_{yy} = \epsilon_y\,,\ \ \epsilon_{yx} = \gamma_{yx} \tag{2.47}$$

그리고 전단변형률의 방향은 그림 2.40(a)와 같이, 전단변형률 α, β로 인해 미소요소가 예각이 되는 경우를 양(+) 방향, 그림 2.40(b)와 같이 둔각이 되는 경우를 음(-) 방향이라고 정의한다. 따라서 평면 변형률 상태에서 변형되는 방향을 고려해서 전단변형률은 다음 식(2.48)과 같다.

$$\gamma_{xy} = \alpha + \beta \tag{2.48}$$

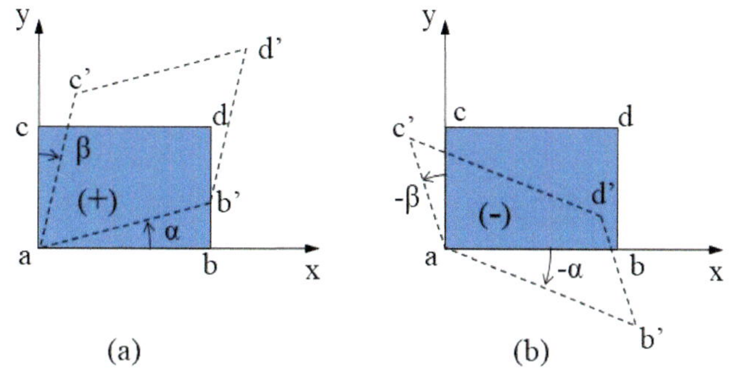

그림 2.40 전단변형률 방향 정의

2.11.2 평면 변형률 변환식

2차원 평면 변형률 상태에서, 그림 2.41(a)와 같이, 단위 두께이며 미소요소 dx, dy인 사각형 abcd 단면이 a'b'c'd' 단면으로 선형적으로 변형이 되었다.

여기서 점 a에서 x축, y축 방향 단위 변위를 각각 u, v라고 하면, 점 d에서 x축, y축 방향 변위는 각각 u+du, v+dv가 되며, 다음 식(2.49)과 같다.

$$du = \frac{\partial u}{\partial x}dx + \frac{\partial u}{\partial y}dy \ , \quad dv = \frac{\partial v}{\partial x}dx + \frac{\partial v}{\partial y}dy \tag{2.49}$$

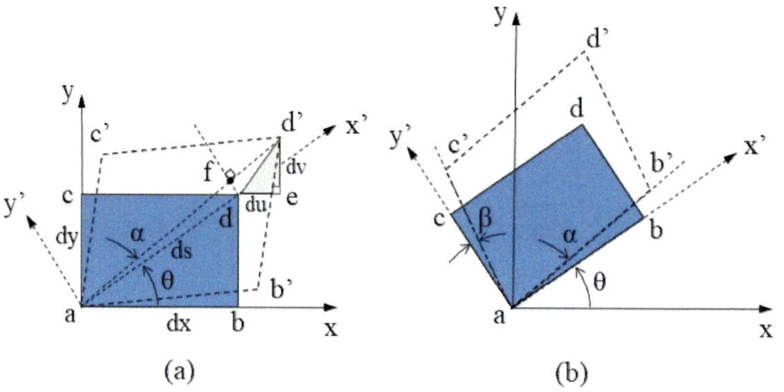

그림 2.41 평면 변형률 상태의 미소요소 변형

2.11.3 수직변형률

일반적으로 1차원 x축 방향 변형률은 $\epsilon_x = \dfrac{\delta}{L}$과 같다. 여기서는 2차원 x-y 평면에서 수직변형률은 그림 2.39(b)와 같이 다음 식(2.50)과 같다.

$$\epsilon_x = \frac{\partial u}{\partial x} \ , \quad \epsilon_y = \frac{\partial v}{\partial y} \ , \quad \gamma_{xy} = \frac{du}{dy} + \frac{dv}{dx} \tag{2.50}$$

그림 2.41(a)에서 평면 x-y축이 반시계 방향으로 θ많큼 회전된 평면 x'-y'축에 대한 수직 변형률($\epsilon_{x'}$, $\epsilon_{y'}$, $\gamma_{x'y'}$)은 다음과 같이 구할 수 있다.

기하학적으로 대각선 ad는 ds, 수평선 de는 du, 수직선 d'e는 dv라고 하면, 다음 식(2.51)과 같다. 각도 α가 매우 작다면 $\tan\alpha \approx \alpha$로 근사할 수 있다.

$$\begin{aligned}\epsilon_{x'} &= \frac{\overleftrightarrow{ad'} - ds}{ds} = \frac{\overleftrightarrow{ad'} - \overleftrightarrow{af}}{ds} \simeq \frac{\overleftrightarrow{fd'}}{ds} \\ &= \frac{du\cos\theta + dv\sin\theta}{ds}\end{aligned} \tag{2.51}$$

식(2.49)와 식(2.50)을 식(2.51)에 대입하면 다음 식(2.52)와 같다.

$$\epsilon_{x'} = \epsilon_x \cos^2\theta + \epsilon_y \sin^2\theta + \gamma_{xy} \sin\theta \cos\theta \tag{2.52}$$

또한 삼각함수 공식을 적용하면, 변형률 $\epsilon_{x'}$는 다음 식(2.53)과 같다. 또한 θ대신 θ+90도를 대입하면, 변형률 $\epsilon_{y'}$를 구할 수 있으며 다음 식(2.54)와 같다.

$$\epsilon_{x'} = \frac{\epsilon_x + \epsilon_y}{2} + \frac{\epsilon_x - \epsilon_y}{2}\cos 2\theta + \frac{\gamma_{xy}}{2}\sin 2\theta \tag{2.53}$$

$$\epsilon_{y'} = \frac{\epsilon_x + \epsilon_y}{2} - \frac{\epsilon_x - \epsilon_y}{2}\cos 2\theta - \frac{\gamma_{xy}}{2}\sin 2\theta \tag{2.54}$$

2.11.4 전단변형률

그림 2.41(b)에서 x축, y축에서 반시계 방향으로 θ많큼 회전한 x'y'축에 대한 전단변형률 $\gamma_{x'y'}$는 다음 식(2.55)와 같다.

$$\gamma_{x'y'} = \alpha + \beta \tag{2.55}$$

그리고 그림 2.41(a)에서 회전각 α가 매우 작으면, $\tan\alpha \approx \alpha$가 된다. 따라서 기하학적으로 다음 식(2.56)을 얻게 된다.

$$\tan\alpha \approx \alpha = \frac{\overleftrightarrow{df}}{ds} = \frac{dv\cos\theta - du\sin\theta}{ds} \tag{2.56}$$

식(2.51)과 식(2.56)를 식(2.55)에 대입하여 정리하면 전단변형률 $\gamma_{x'y'}$는 다음 식(2.57)과 같다.

$$\frac{\gamma_{x'y'}}{2} = \frac{\gamma_{xy}}{2}\cos 2\theta - \frac{\epsilon_x - \epsilon_y}{2}\sin 2\theta \tag{2.57}$$

결과적으로 2차원 평면 변형률 변환식인 식(2.53), 식(2.54) 및 식(2.57)은 2차원 평면응력 변환식인 식(2.22), 식(2.23) 및 식(2.24)와 비슷한 형태의 수식이며 특히, $\sigma \Rightarrow \varepsilon$으로, $\tau \Rightarrow \gamma/2$로 변경하면 거의 같은 수식이다.

2.12 모어원 - 변형률원

2.12.1 평면 변형률 변환식과 모어원 - 변형률원

앞의 2.9절에서 평면응력 변환식과 모어원(응력원)에서 사용한 방법과 같이 평면 변형률 변환식도 모어원(변형률원)으로 나타낼 수 있다.

따라서 그림 2.42과 같이, 응력 σ를 변형률 ε으로, 전단응력 τ을 전단변형률 절반인 $\gamma/2$로 변경하면, 평면 변형률 상태에서 주변형률은 다음 식(2.58)과 같이 간편하게 구할 수 있다. 주변형률 방향 θ_p는 다음 식(2.59)와 같다.

$$\epsilon_{1,2} = \frac{\epsilon_x + \epsilon_y}{2} \pm \sqrt{\left(\frac{\epsilon_x - \epsilon_y}{2}\right)^2 + \left(\frac{\gamma_{xy}}{2}\right)^2} \tag{2.58}$$

$$\tan 2\theta_p = \frac{\gamma_{xy}}{\epsilon_x - \epsilon_y} \tag{2.59}$$

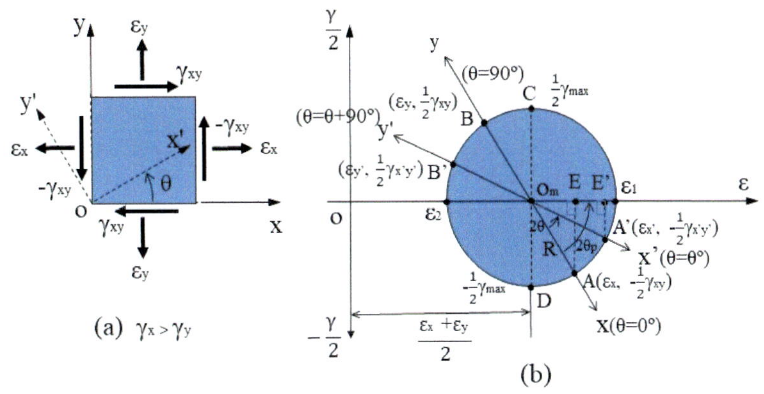

그림 2.42 평면 변형률 : 모어원 - 변형률원

2.12.2 모어원 - 변형률원 작도법

모어의 변형률원의 작도는 모어의 응력원의 작도 방법과 동일하다. 따라서 그림 2.42(a)와 같이, 2차원 평면 변형률 상태($\epsilon_x, \epsilon_y, \gamma_{xy}$)에서 모어원을 작도하는 과정은 다음과 같다.

여기서 $\epsilon_x > \epsilon_y$, γ_{xy}는 시계방향을 양(+) 방향으로 반시계 방향을 음(-) 방향으로 가정한다.

① 직교좌표계에서 수평축을 변형률(ε), 수직축을 전단변형률($\frac{\gamma}{2}$)로 한다.

② $\epsilon - \frac{\gamma}{2}$좌표상에서 점 A($\epsilon_x, -\frac{1}{2}\tau_{xy}$), 점 B($\epsilon_y, \frac{1}{2}\gamma_{xy}$)를 정한다.

③ 선분 AB를 직경으로 하는 원을 작도하면 o_m이 원점이 된다.

그림 2.42(b)에는 평면 변형률 상태에서 모어원을 작도한 결과를 나타낸다. 여기서 모어원 반경 R은 직각삼각형(AEO_m)에서 기하학적으로 다음 식(2.60)과 같다.

$$R^2=(AE)^2+(EO_m)^2\ ,\quad AE=\frac{1}{2}\gamma_{xy}\ ,\quad EO_m=\frac{\epsilon_x-\epsilon_y}{2} \tag{2.60}$$

$$\therefore R=\sqrt{\left(\frac{\epsilon_x-\epsilon_y}{2}\right)^2+\left(\frac{\gamma_{xy}}{2}\right)^2}$$

미소요소 x면, y면의 변형률 상태는 모어원의 점 A와 점 B와 같다. 반대로 동일한 원상에 있는 점 A'와 점 B'는 미소요소 x'면, y'면의 변형률 상태를 나타내며, 이 면은 x면, y면으로부터 θ많큼 회전한 상태이다. 따라서 모어원의 반지름 R은 직각삼각형($A'E'O_m$)에서 기하학적으로 다음 식(2.61)과 같다.

$$R^2=(A'E')^2+(E'O_m)^2,\quad A'E'=\frac{1}{2}\gamma_{x'y'},\quad E'O_m=\frac{\epsilon_{x'}-\epsilon_{y'}}{2} \tag{2.61}$$

$$\therefore R=\sqrt{\left(\frac{\epsilon_{x'}-\epsilon_{y'}}{2}\right)^2+\left(\frac{\gamma_{x'y'}}{2}\right)^2}$$

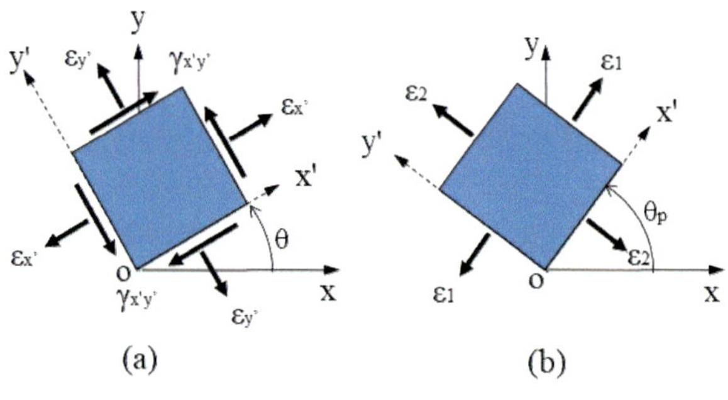

그림 2.43 주변형률 및 주변형률 방향

그림 2.42(b)의 모어원에서 회전각도가 임의 2θ일 때, 원래 임의요소에서 θ많큼 회전했을 때의 변형률 및 전단변형률을 기하학적으로 얻을 수 있으며, 그림 2.43(a)에 나타내었다. 또한 모어원에서 회전각도가 임의 $2\theta_p$일 때, 원래 임의요소에서 θ_p많큼 회전했을 때의 변형률 및

전단변형률을 얻을 수 있으며, 그림 2.43(b)에 나타내었다.

여기서 전단변형률이 영(zero)이 될 때, 회전각 θ_p를 주변형률 방향이라고 하며, 변형률은 최대 ϵ_1, 최소 ϵ_2를 얻을 수 있으며 이를 주변형률(principal strain)이라고 한다. 또한 모어원에서 불변량으로 다음 식(2.62)와 같다.

$$\epsilon_x + \epsilon_y = \epsilon_{x'} + \epsilon_{y'} = \epsilon_1 + \epsilon_2 = constant \tag{2.62}$$

Chapter 3

응력과 변형률

3.1 서론

앞의 2장에서는 각종 외부 하중(수직, 비틀림, 굽힘 및 횡전단)의 정의 및 특성 등을 설명하였다.

이 장에서는 이들 하중들에 의해 발생하는 응력과 변형률의 관계를 후크의 법칙(Hooke's law)을 이용하여 설명한다. 여기서 이해를 쉽게 하기 위해서, 취급하는 구조물의 부재가 대칭 단면, 선형탄성 거동을 하는 등방성 단일 소재라고 가정한다.

또한 굽힘 하중을 받는 곡선 부재 및 비틀림 하중을 받는 축 부재의 특성을 설명한다.

3.2 보 단면의 특성

앞의 2장에서는 보에 대한 도심, 관성모멘트 등에 대한 특성을 설명하였다. 추가로 2장의 그림 2.23에서 관성모멘트의 기준 축이 원점(o)에서 미소 면적에 수직일 때, 이를 극관성 모멘트(polar moment of inertia) I_p 또는 J 라고 하며 다음 식(3.1)과 같다.

$$J = \int_A r^2 dA = \int_A (x^2 + y^2) dA = \int_A x^2 dA + \int_A y^2 dA \tag{3.1}$$

$$\therefore J = I_x + I_y$$

3.3 수직응력과 변형률

인장하중 P를 받고 있는 원기둥에서, 인장 하중은 원기둥의 길이를 증가시키는 방향으로 작용하여 하중이 작용하는 끝부분에서 일정한 거리에 떨어진 지점의 원기둥 단면 A에는 수직 하중의 평균 강도 또는 평균 수직응력 σ_{avg}을 받게 되며, 다음 식(3.2)와 같다.

$$\sigma_{avg} = \frac{P}{A} = \sigma \tag{3.2}$$

그러나 실제 하중이 직접 작용하는 끝 단면은 균일하지 않은 복잡한 수직 응력을 받게 된다. 즉 단면 형상에 따른 서로 다른 불균일한 분포로 나타난다. 그러나 하중 작용점으로부터 상당히 떨어진 지점의 응력은 거의 일정하게 나타난다. 따라서 응력의 집중은 작용점으로부터 거리가 멀수록 감소하게 된다. 이를 상베낭(Saint-Venant) 원리라고 한다.

일정한 단면의 길이가 L인 막대가 축 하중을 받아서 탄성 범위 이내에서 늘어나는 길이(δ)는 탄성변형(elastic deformation)이라고 하며, 이때 수직 변형률(normal strain)은 다음 식 (3.3)과 같다.

$$\epsilon = \frac{\delta}{L} \tag{3.3}$$

1축 수직하중에 대한 후크의 법칙(Hooke' law)을 적용하면 응력-변형률 관계는 다음 식 (3.4)와 같다.

$$\sigma = E\epsilon \tag{3.4}$$

식(3.2), 식(3.3)을 식(3.4)에 대입하면 다음 식(3.5)와 같다.

$$\delta = \frac{PL}{AE} \tag{3.5}$$

또한 축하중이 작용하는 경우, 스프링 상수(spring rate)는 축방향 하중과 변형의 비이며, 다음 식(3.6)과 같다.

$$k = \frac{P}{\delta} = \frac{AE}{L} \tag{3.6}$$

3.4 비틀림

3.4.1 원형 단면 봉의 비틀림

그림 3.1(a)와 같이, 봉의 회전축에 따라 봉 AB를 비틀었을 때, 단면 A와 단면 B사이의 상대 비틀림을 만드는 모멘트 T를 비틀림 모멘트(twisting moment) 또는 회전 모멘트 또는 토크(torque)라고 한다. 특히 토크만 받고 있는 봉을 순수 비틀림(pure torsion) 상태에 있게 된다.

여기서 그림 3.1(b)와 같이, 회전축이 원형 단면일 때는 비틀어진 후에도 평면을 유지하는 원형 단면이라고 가정한다. 따라서 횡단면상에 그은 반지름은 비틀어진 후에도 직선을 유지한다고 가정한다.

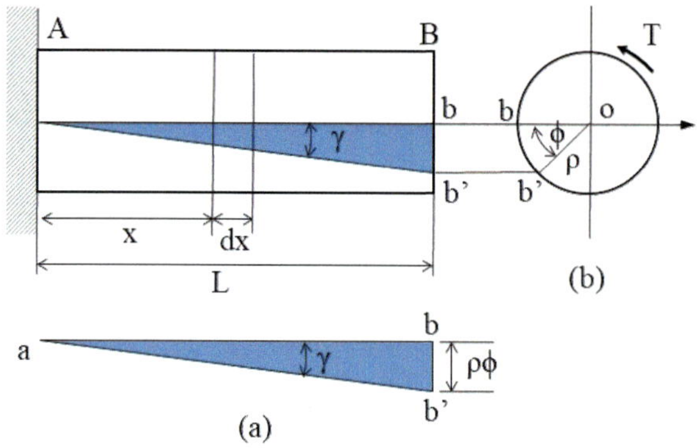

그림 3.4 원형 단면 봉의 비틀림

3.4.2 토크에 의한 전단응력 및 전단변형률

보통 동력을 전달하는 구조물로는 회전축이 있다. 자동차의 구동축과 같이 거의 대부분이 원형 단면으로 되어 있다. 이 원형 단면 봉이 토크를 받으면 봉의 단면에는 내력으로서 전단응력 및 전단변형률이 발생하게 된다.

그림 3.1(a)에서, 봉의 A단을 고정하고 B단에 토크 T를 가하면, B단면 상의 b점이 b'점으로

회전하게 되어 반지름 ob와 ob' 사이각 φ를 비틀림각이라고 한다. 그리고 직선 ab선은 변형 후 ab' 나선으로 되지만, 평면상에 나타내면 직선으로 나타난다. 따라서 그림 3.1(b)에서 bb' 원호 길이는 그림 3.1(a)의 직선 bb' 길이와 같게 되어 다음 식(3.7)과 같다. 전단변형률 γ는 식(3.8)과 같다.

$$bb' = \rho\phi \tag{3.7}$$

$$\tan\gamma \fallingdotseq \gamma = \frac{\rho\phi}{L} \tag{3.8}$$

따라서 회전축이 선형 탄성체라고 가정하면, 후크의 법칙을 적용하면 다음 식(3.9)와 같다. 여기서 G는 전단탄성계수이다.

$$\tau = G\gamma = G\frac{\rho\phi}{L} \tag{3.9}$$

그림 3.2(a)와 같이, 전단응력 및 전단변형률은 회전축 중심으로부터 반지름 방향으로 거리 ρ에 따라 선형적으로 증가하며 회전축 표면에서 최대값이 된다. 즉 회전축 표면에서 전단응력이 최대가 된다.

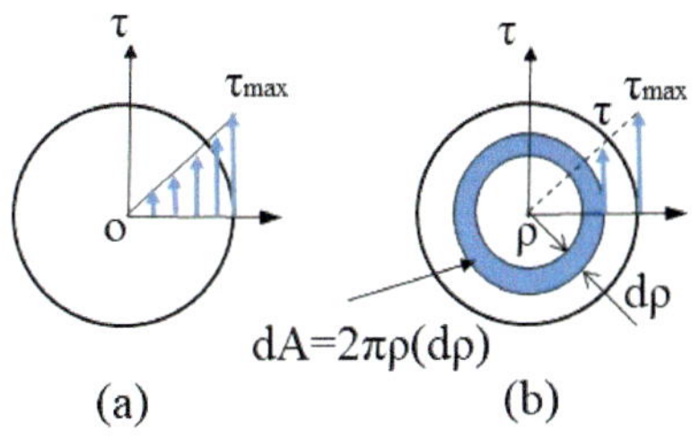

그림 3.5 원형 단면 봉의 토크에 의한 전단응력

3.4.3 토크 - 전단응력식

그림 3.2(b)의 자유물체도에서 외력 토크 T와 전단응력 τ와의 관계를 구하기 위하여 반지름 ρ에 미소면적 dA라고 하면, 이 미소면적에 작용하는 전단력 dF는 τdA와 같다. 또한 미소면적에 작용하는 토크를 전체 면적으로 적분하면 외력 토크 T와 같으며, 다음 식(3.10)과 같다.

$$T = \int_0^r dM = \int_0^r \rho(dF) = \int_0^r \rho(\tau dA) \tag{3.10}$$

따라서 식(3.9)와 식(3.10)으로부터 다음 식(3.11)를 얻을 수 있다.

$$T = \int_0^r \rho(\frac{G\rho\phi}{L})dA = G\frac{\phi}{L}\int_0^r \rho^2 dA \tag{3.11}$$

또한 극관성모멘트(J 또는 I_p)를 적용하면 토크 T와 비틀림각 φ와의 관계는 다음 식(3.12)와 같다.

$$J = I_p = \int \rho^2 dA \qquad \therefore \phi = \frac{TL}{GJ} \tag{3.12}$$

또한 그림 3.2(a) 및 식(3.11)로부터 최대전단응력과 토크 T와의 관계는 다음 식(3.13)과 같으며, 이를 비틀림 공식 또는 토크 공식이라고 한다.

$$\tau = \frac{\rho}{r}\tau_{\max}, \quad T = (\frac{\tau_{\max}}{r})J \qquad \therefore \tau_{\max} = \frac{Tr}{J} \tag{3.13}$$

그리고 식(3.13)을 극단면계수 Z_p로 나타내면 다음 식(3.14)과 같다.

$$\tau_{\max} = \frac{T}{(\frac{J}{r})} = \frac{T}{Z_p} \tag{3.14}$$

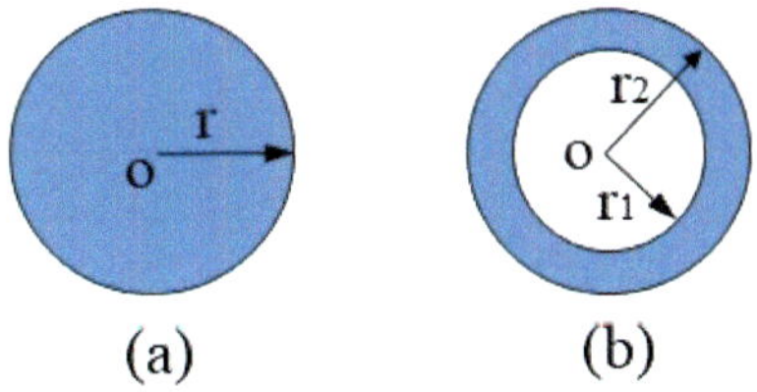

그림 3.6 원형 단면의 중실축과 중공축

3.4.4 중실축과 중공축

식(3.8)에서 실제 동력을 전달하기 위해 사용하는 축의 단면은 그림 3.3(a)의 중실축, 그림 3.3(b)의 중공축을 많이 사용한다. 중실축인 경우, 반지름 r(지름 d)인 경우, 극관성모멘트 J는 다음 식(3.15)와 같다.

$$J = \frac{\pi d^2}{32} \tag{3.15}$$

그리고 중공축인 경우, 내경 r_1, 외경 r_2(내지름 d_1, 외지름 d_2)인 경우, 극관성모멘트 J는 중첩법을 적용해서 구하면 다음 식(3.16)과 같다.

$$J = \frac{\pi d_2^2}{32} - \frac{\pi d_1^2}{32} = \frac{\pi}{32}(d_2^2 - d_1^2) \tag{3.16}$$

3.4.5 마력

반지름 r인 원형 단면 회전축에 원주 방향 하중 P를 가하여 1회전시키면, 이때 일 W를 하게 되며, 가해진 토크 T와의 관계식은 다음 식(3.17)과 같다.

$$W = P\,(2\pi r) = 2\pi T \tag{3.17}$$

1분당 회전수(rpm)를 N이라고 하면, 다음 식(3.18)과 같다. 여기서 토크 T의 단위는 Nm를 사용한 경우, 일 W의 단위는 와트(Watt)가 된다.

$$W = P\,(2\pi r) = \frac{2\pi TN}{60} \tag{3.18}$$

또한 1마력($H_{PS} = 75\,kg_f m/s$)은 식(3.19)와 같다. 실제 기계요소 설계에서 많이 사용하는 마력 및 토크 단위는 다음 식(3.20)과 같다.

$$H_{PS} = \frac{2\pi TN}{60\,(75)}\;(PS) \tag{3.19}$$

$$T = \frac{60\,(75)\,H_{PS}}{2\pi N} = 716200\frac{H_{PS}}{N}\;(kg_f\,mm) \tag{3.20}$$

3.5 굽힘 응력과 변형률

3.5.1 직선 부재

보(beam)는 굽힘 하중을 지지하는 가늘고 긴 부재이다. 예로서 건물의 수평부재, 트럭의 판 스프링 및 비행기 날개 등에서 굽힘이 발생한다.

보의 모든 재질은 후크의 법칙을 따르고, 변형량은 매우 작다고 가정한다.

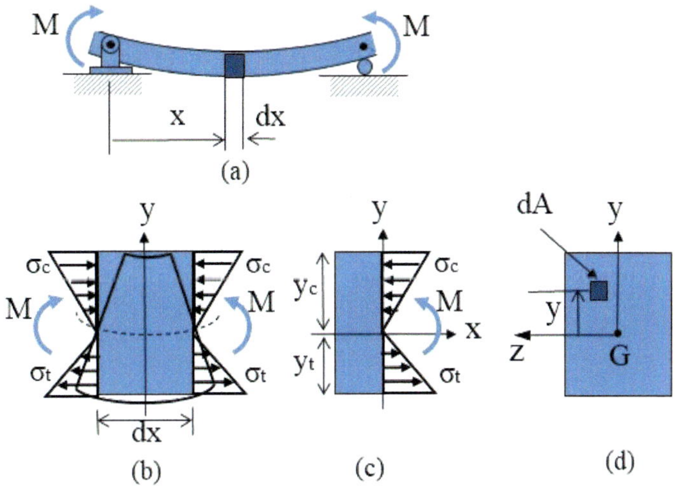

그림 3.7 보의 굽힘응력과 굽힘모멘트

3.5.2 보의 축방향 변형률

그림 3.4(a)와 같이, 단순보가 순수굽힘 상태에서 굽힘모멘트 M을 받게 되면, 휘어지면서 임의 미소 요소 면적 dx가 x축 방향으로 변형을 하게 된다. 여기서 보 단면에서 축방향인 길이 방향의 변형률을 보의 수직변형률 또는 굽힘변형률이라고 한다.

그림 3.4(b)에는 미소 면적 dx를 확대한 것으로, 외력인 굽힘모멘트 M에 대한 내부 저항력으로서 하부는 인장 응력, 상부는 압축 응력이 발생한다. 여기서 응력이 영(zero)이 되는 단면을 중립면(neutral surface), 중립축(neutral axis)이라고 한다. 따라서 굽힘을 받는 구조물에서 중립면과 중립축에서는 변형률 또는 응력이 없게 된다. 즉, 응력=변형률=영(zero)이 된다.

또한 미소 요소 면적 dx에 대한 자유물체도에서 힘의 평형조건을 적용하면 그림 3.4(b)와 같은 인장응력 및 압축응력이 발생하게 된다. 그리고 중립면 또는 중립축은 미소 요소 면적의 무게중심점을 반드시 통과해야만 힘의 평형조건을 만족할 수 있다. 축방향의 변형률을 계산하기 위해서 그림 3.4(a)의 미소요소 면적 dx를 확대하여 그림 3.5에 나타내었다.

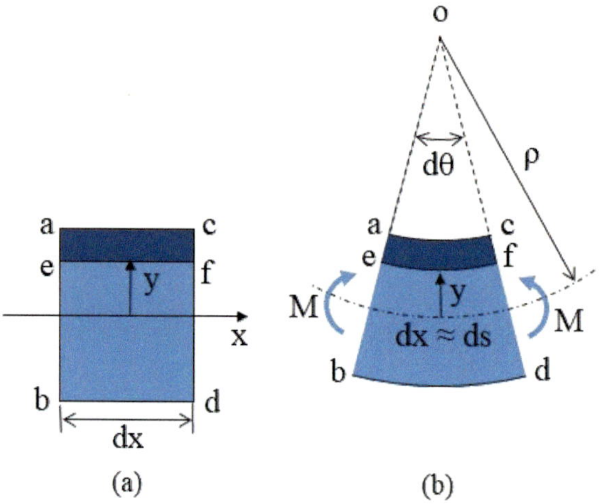

그림 3.8 순수굽힘 상태의 미소요소 변형

그림 3.5(a)에는 변형 전 단면 형상(a,b,c,d)이며, 그림 3.5(b)에는 굽힘모멘트 M이 작용해서 변형 후 단면 형상(a,b,c,d)을 나타내고 있다.

즉 ab 면과 cd 면은 변형 전후에 길이 변화는 없으며, $d\theta$많큼 휘어지게 된다. 그러나 ac 면은 수축되어 줄어들고, bd 면은 인장되어 늘어나게 된다. 여기서 xy 평면에서 보의 축은 곡률 반경 ρ의 원주로 휘어지게 된다.

여기서 중립축에서의 dx는 길이 변화가 없다. 그러나 중립축에서 수직방향으로 거리 y에 있는 ef 면은 수축되어 변형이 되어 다음 식(3.21)과 같다.

$$\rho d\theta = dx\ , \qquad dx' = (\rho - y)d\theta \tag{3.21}$$

따라서 그림 3.5(b)와 같이, 수축 변형이 발생한 2차원 선분 ef의 줄어든 길이는 다음 식(3.22)와 같다.

$$dx' - dx = (\rho - y)d\theta - \rho\, d\theta = -\, y\, d\theta \tag{3.22}$$

그리고 중립축에 따라 미소 변위각 $d\theta$, 곡률 반경 ρ 및 원주길이 ds와의 기하학적 관계는 다음 식(3.23)과 같다.

$$ds = \rho d\theta \ , \quad ds \simeq dx \quad \therefore \frac{1}{\rho} = \frac{d\theta}{dx} \tag{3.23}$$

따라서 축방향 변형률은 다음 식(3.24)와 같다.

$$dx^{'} - dx = (\rho - y)d\theta - \rho d\theta = -y\, d\theta \tag{3.24}$$

$$\epsilon_x = \frac{dx^{'} - dx}{dx} = -\frac{yd\theta}{dx} = -\frac{y}{\rho}$$

3.5.3 축방향 굽힘응력

일반적으로 외력에 의해 보의 내부에는 전단력(V)과 굽힘모멘트(M)가 동시에 작용하지만, 편의상 전단력을 무시하고 굽힘모멘트만 작용한다고 가정한다.

그림 3.4(b)와 같이, 단순보의 단면에 수직으로 작용하는 응력을 굽힘응력(bending stress) 또는 보의 수직응력이라고 한다. 보의 소재가 선형탄성 재료라고 가정하고 응력-변형률 관계식(후크의 법칙)을 적용하면, 굽힘응력은 식(3.24)로부터 다음 식(3.25)와 같다.

$$\sigma_x = E\,\epsilon_x = -\frac{E}{\rho}y \tag{3.25}$$

그림 3.4(b) 또는 그림 3.4(c)의 자유물체도에서 힘의 평형조건을 만족하기 위해서는 즉, 응력의 총합은 영(zero)이 되어야 하고, 굽힘모멘트 M은 중립축에 대한 응력 분포에 의한 모멘트 총합과 같아야 한다.

그림 3.4(d)와 같이, 중립축으로부터 거리 y에 있는 미소 단면적 dA라고 하면 다음 식(3.26)과 같다.

$$\sum F_x = 0 : \int \sigma_x \, dA = 0 \tag{3.26}$$
$$\sum M_{z-z} = 0 : \quad \int (-\sigma_x \, dA)\, y = M$$

식(3.26)에 식(3.25)를 대입하면, 다음 식(3.27)과 식(3.28)과 같다.

$$-\frac{E}{\rho}\int y \, dA = 0 \tag{3.27}$$

$$-\frac{E}{\rho}\int y^2 \, dA = M \tag{3.28}$$

여기서 A는 미소 단면의 면적이다. 식(3.27)을 만족하기 위해서는 탄성계수 E와 곡률반경 ρ는 상수이기 때문에 다음 식(3.29)와 같이 z축에 대한 단면 1차모멘트가 영(zero)이 되어야 한다. 따라서 중립축 z는 단면의 중심을 반드시 통과해야만 한다.

$$\int y \, dA = 0 \tag{3.29}$$

식(3.22)에 단면 2차모멘트 또는 관성모멘트(moment of inertia : I)를 대입하면 다음 식(3.30)과 같다.

$$I_z = I = \int y^2 \, dA \ , \quad -\frac{E}{\rho}\int y^2 \, dA = M \tag{3.30}$$
$$\therefore M = \frac{EI}{\rho}$$

3.5.4 최대 굽힘응력과 단면계수

그림 3.4(c)와 같이, 식(3.25)에서 최대 굽힘응력($\sigma_{\max}$)은 보의 상부 또는 하부 표면에서 발생하며 다음 식(3.31)과 같다.

$$\sigma_{c\max} = -\frac{M\,y_c}{I}, \quad \sigma_{t\max} = -\frac{M(-y_t)}{I} = \frac{M\,y_t}{I} \tag{3.31}$$

여기서 $|y_{\max}| = c$ 일 때, 식(3.31)은 다음 식(3.32)와 같다.

$$\sigma_{\max} = \frac{M\,c}{I}, \quad Z = \frac{I}{c}, \quad \therefore\ \sigma_{\max} = \frac{M}{Z} \tag{3.32}$$

여기서 Z를 보의 탄성 단면계수 또는 간단히 단면계수(section modulus)라고 정의한다. 실제 기계요소 설계의 안전설계에서 주어진 구조물의 최대응력이 가장 중요한 자료가 되기 때문에 단면계수 Z를 구해서 최대 응력을 계산한다.

3.5.5 단면계수 계산

실제 현장에서 많이 사용하고 있는 구조물의 단면은 여러 형태가 있지만, 주로 직사각형 및 원형 단면을 많이 사용하고 있다. 또한 단면의 중심부가 채워진 중실축과 단면의 중심부가 비어 있는 중공축을 많이 사용하고 있다.

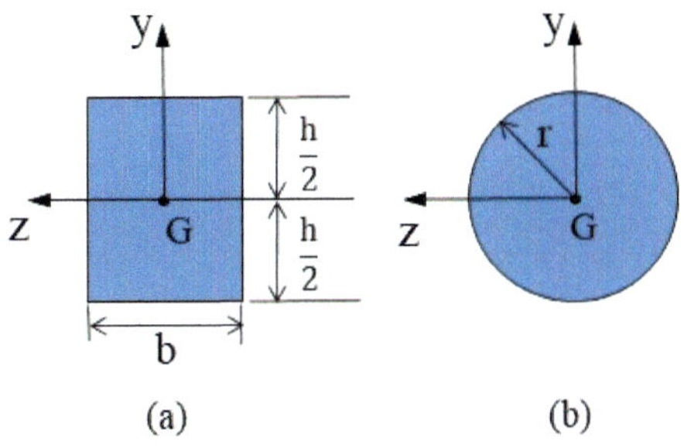

그림 3.9 보의 중실축 직사각형 단면과 원형단면

(1) 중실축 직사각형인 경우 단면계수 계산

그림 3.6(a)에는 보의 중실축 직사각형 단면을 나타낸다. 직사각형은 폭 b, 높이 h이며, 무게 중심점 G는 중립축 z축 상에 있다. 이 경우 식(3.32)를 이용하여 관성모멘트와 단면계수를 구하면 다음 식(3.33)과 같다.

$$I = \int y^2 dA = \frac{bh^3}{12}, \qquad \therefore Z = \frac{I}{c} = \frac{\frac{bh^3}{12}}{\frac{h}{2}} = \frac{bh^2}{6} \tag{3.33}$$

(2) 중실축 원형인 경우 단면계수 계산

그림 3.6(b)에는 보의 중실축 원형 단면을 나타낸다. 원형은 반비름 r(지름 d)이며, 무게 중심점 G는 중립축 z축 상에 있다. 이 경우 관성모멘트와 단면계수를 구하면 다음 식(3.34)와 같다.

$$I = \int y^2 dA = \frac{\pi d^4}{64}, \qquad \therefore Z = \frac{I}{c} = \frac{\frac{\pi d^4}{64}}{d/2} = \frac{\pi d^3}{32} \tag{3.34}$$

3.6 횡 전단응력

3.6.1 보의 전단공식

앞 장에서 보의 축방향 굽힘응력에서는 횡 전단응력을 무시하고 굽힘응력을 정의하였다. 특히 순수굽힘 상태를 가정하여 굽힘모멘트만 작용한다고 가정하여 굽힘공식을 유도하였다. 그러나 보의 전단응력 발생 가능성을 판단하기 위해서 그림 3.7(a)와 같이, 물리적으로 겹친 3개의 판재로 구성된 단순보에 집중하중 P가 작용하면, 각 판재는 그림 3.7(b)와 같이 각 판재는 각각 미끄러짐을 알 수 있다. 따라서 3개 각각의 판재가 아닌 한 몸체인 보인 경우에는 횡방향 및 길이 방향으로 전단응력이 발생하게 된다.

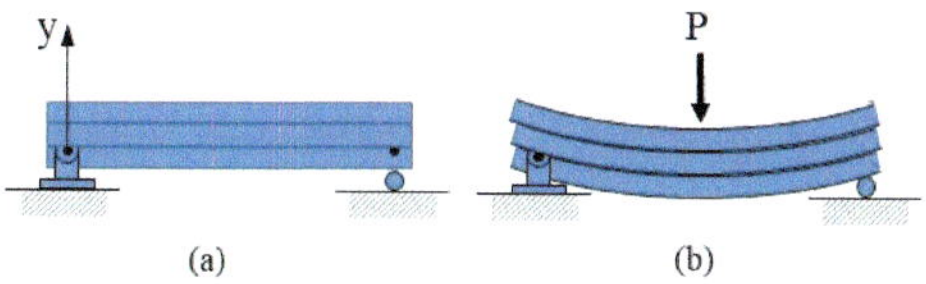

그림 3.10 겹층 보의 전단응력 상태

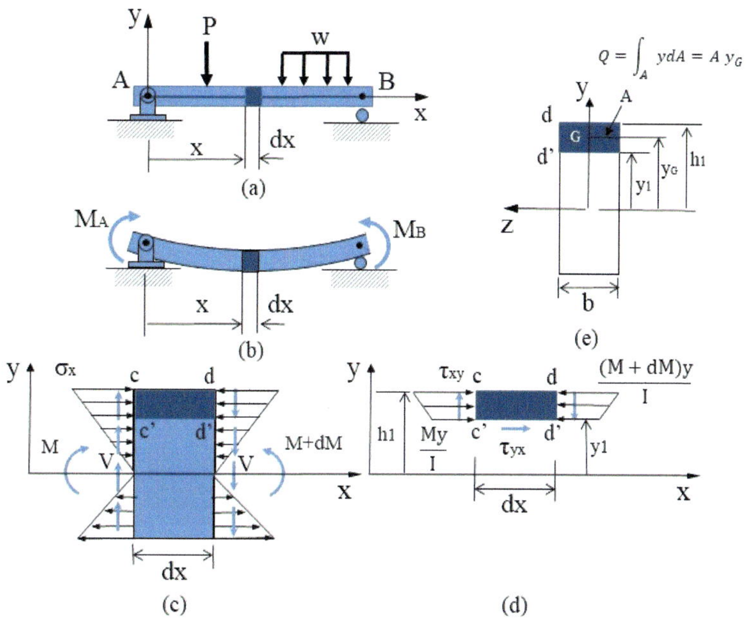

그림 3.11 단순보의 미소 요소의 전단응력 분포

그리고 실제로는 그림 3.8(a)에 보인 바와 같이 보 구조물에 외력으로 집중하중 또는 분포하중 등의 다수의 외력이 작용하는 경우가 많다. 따라서 그림 3.8(b)와 같이 외력에 의해 순수 굽힘이 아닌 상태로 보가 휘어지게 된다.

또한 그림 3.8(c)와 같이, 균일하지 않은 굽힘을 받는 보 구조물의 단면에는 굽힘모멘트(M) 뿐만 아니라 수직 방향의 전단력(V)이 작용한다.

이 전단력에 의해 발생하는 응력을 보의 전단응력이라고 한다. 그림 3.8(b)에서 임의 미소 요소 단면 dx를 가상적으로 잘라서 그림 3.8(c)에는 확대시킨 단면 dx의 자유물체도를 나타내었다. 여기서 단면 dx에 작용하는 수직응력(σ), 굽힘모멘트(M) 및 전단력(V)을 각각 나타내었다.

그리고 단면 dx의 수평방향 전단응력(τ_{yx})을 구하기 위해서, 그림 3.8(c)에는 미소 요소 $cdc'd'$ 단면을 가상적으로 잘라서 그림 3.8(d)에 자유물체도를 나타내었다. 여기서 수직방향 전단응력은(τ_{xy}) 전단력(V) 방향과 평행하게 작용하고, 보의 폭(b)은 일정하다고 가정한다.

여기서 힘의 평형조건을 만족하려면 왼쪽 단면 cc'에 작용하는 수직력은 다음 식(3.35)와 같다.

$$\int_{-\frac{b}{2}}^{\frac{b}{2}}\int_{y_1}^{h_1}\sigma_x\,dy\,dz = -\int_A \frac{My}{I}dA \tag{3.35}$$

그리고 오른쪽 단면 dd'에 작용하는 수직력은 다음 식(3.36)과 같다.

$$-\int_A \frac{(M+dM)y}{I}dA \tag{3.36}$$

따라서 힘의 평형조건으로부터 수평방향 전단응력(τ_{yx})은 식(3.37)과 같다.

$$\sum F_x = 0 : \quad \int_A \frac{My}{I}dA - \int_A \frac{(M+dM)y}{I}dA + \tau_{yx}\,b\,dx = 0 \tag{3.37}$$

$$\sum F_y = 0 : \ \sum M_z = 0 : \quad \tau_{xy} = \tau_{yx}$$

$$\therefore \tau_{yx} = \frac{1}{Ib}\int_A \frac{dM}{dx}\,y\,dA$$

그리고 전단력과 모멘트 관계를 적용하면 다음 식(3.38)과 같다.

$$\because \frac{dM}{dx} = V\,, \qquad \therefore \tau_{yx} = \frac{V}{Ib}\int_A y\,dA = \frac{VQ}{Ib} \tag{3.38}$$

식(3.38)을 일반적인 보의 전단공식(shear formular)이라고 한다. 여기서, Q는 그림 3.8(e)와 같이, 중립축(Z축)으로부터 해칭한 단면적 A에 대한 단면 1차모멘트이며 다음 식(3.39)과 같다.

$$Q = \int_A y\,dA = A\,y_G \tag{3.39}$$

보의 축방향 단위 길이당 보의 폭 b에 작용하는 전단력 q는 식(3.38)에 폭 b를 곱하면 다음 식(3.40)과 같다. 여기서 q를 전단흐름이라고 한다.

$$q = \tau_{xy}\,(b) = \frac{VQ}{I} \tag{3.40}$$

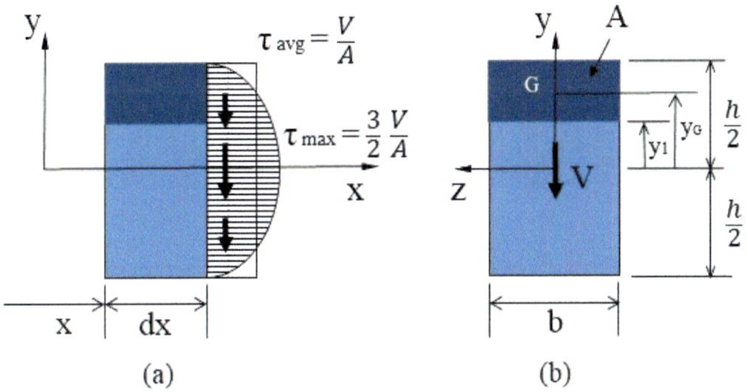

그림 3.12 직사각형 단면 보의 전단응력

3.6.2 직사각형 단면 보의 전단응력

그림 3.9와 같이, 직사각형 단면을 가진 보의 전단응력을 구하고자 한다. 그림 3.9(b)에는 이 보의 임의 x지점의 절단면을 나타낸 것으로, 단면의 폭 b, 높이 h인 직사각형 단면에 전단력 V가 작용하는 경우, 중립축으로부터 y_1 위치에서 전단응력은 식(3.38)을 사용하면 다음 식(3.41), 식(3.42)와 같다.

$$Q = \int_A y dA = \int_{y_1}^{\frac{h}{2}} b y dy = \frac{b}{2} \left| y^2 \right|_{y_1}^{\frac{h}{2}} = \frac{b}{2}\left(\frac{h^2}{4} - y_1^2\right), \quad I = \frac{bh^3}{12} \tag{3.41}$$

$$\therefore \tau = \frac{VQ}{Ib} = \frac{V}{2I}\left(\frac{h^2}{4} - y_1^2\right) \tag{3.42}$$

식(3.42)에서 직사각형 단면인 경우 전단력(V)과 단면 2차모멘트(I)가 일정하며, 중립축으로부터 거리 y_1에 따라 전단응력은 2차 포물선으로 그림 3.9(a)에 나타내었다. 여기서 전단응력은 단면의 상부와 하부에서 영(zreo)이며, 중립축에 대해 대칭이며, 중립축(y_1=0)에서 최대값을 보였으며, 다음 식(3.43)과 같다. 여기서 최대 전단응력은 중립축에서 발생하며 평균 전단응력의 1.5배이다.

$$\because y_1 = 0\,,\ I = \frac{bh^3}{12}\,,\ A = bh\,,\ \tau_{avg} = \frac{V}{A} \tag{3.43}$$

$$\therefore \tau_{\max} = \frac{V}{2I}\left(\frac{h^2}{4} - y_1^2\right) = \frac{Vh^2}{8I} = \frac{Vh^2}{8\left(\frac{bh^3}{12}\right)} = \frac{3V}{2A} = \frac{3}{2}\tau_{avg}$$

3.6.3 원형 단면 보의 전단응력

그림 3.10과 같이, 원형 단면을 가진 보의 전단응력을 구하고자 한다. 그림 3.10(a)에는 이 보의 임의 x지점의 절단면을 나타낸 것으로 외력에 의해 발생하는 전단력(V)은 일정하게 가해

진다. 그리고 단면의 반지름은 r 이다.

보의 단면이 직사각형인 경우에는 전단응력이 수직축(y축)에 평행하게 작용하였지만, 단면이 원형인 경우에는 그림 3.10(b)와 같이, 수직축에 평행하지 않고 경계선에 접선 방향으로 작용하게 된다. 즉, 전단공식을 사용할 수 없다.

그러나 중립축을 따라 최대 전단응력이 발생하고 수직축(y축)에 평행하다고 가정하면, 전단공식에서 b=2r을 적용하면 전단응력을 계산할 수 있으며, 다음 식(3.44)와 식(3.45)와 같다.

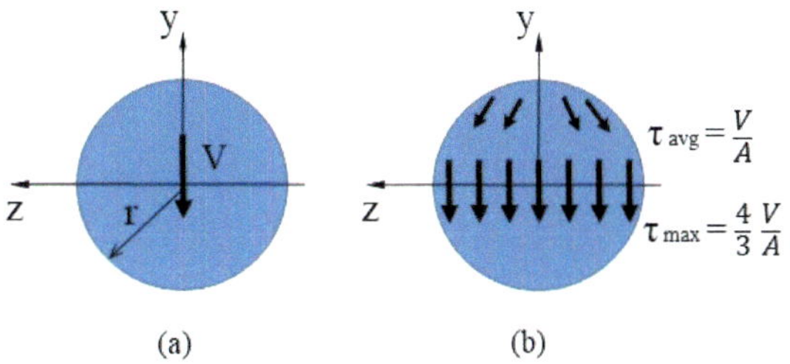

그림 3.13 원형 단면 보의 전단응력

따라서 원형 단면의 중립축 상에서의 전단응력은 식(3.46)과 같다. 여기서 원형 단면인 보의 경우 최대 전단응력은 중립축에서 발생하며 평균 전단응력의 약 1.3배가 됨을 알 수 있다.

$$Q = \int_A y dA = A y_G = \left(\frac{\pi r^2}{2}\right)\left(\frac{4r}{3\pi}\right) = \frac{2r^3}{3} \tag{3.44}$$

$$\because \; I = \frac{\pi r^4}{4}, \; A = \pi r^2, \; b = 2r, \; \tau_{avg} = \frac{V}{A} \tag{3.45}$$

$$\therefore \; \tau_{\max} = \frac{VQ}{Ib} = \frac{V\left(\frac{2r^3}{3}\right)}{\left(\frac{\pi r^4}{4}\right)2r} = \frac{4V}{3\pi r^2} = \frac{4V}{3A} = \frac{4}{3}\tau_{avg} \tag{3.46}$$

Chapter 4

재료 강도, 변형 및 정적 파손이론

4.1 서론

일반적으로 기계요소 설계는 강도(strength) 설계와 강성(stiffness) 설계를 하게 된다. 강도 설계는 주로 구조물이 외력을 받을 때, 내부의 반력 또는 응력이 허용값 이내에 있는가를 확인하는 방법이다. 강성 설계는 외력에 의한 구조물의 변형이 허용값 이내에 있는가를 확인하는 방법이다. 이 2가지 설계값중에서 더 취약한 값을 기준으로 최종 설계를 한다.

앞 장에서는 주로 기계요소에서 발생하는 여러 조건에서 하중, 응력 및 변형률을 설명하였다. 본 장에서는 주로 기계요소의 재료, 형상에 따른 응력, 응력집중 현상 및 안전계수 등을 설명하고, 강성 설계를 위한 변형량을 계산하며, 재료에 따른 파손이론 등을 설명한다.

4.2 응력-변형률 선도

4.2.1 인장시험

기계요소에 사용되는 재료의 물성을 얻기 위해서는 인장시험을 하며, 해당 재료의 표준 인장 시험편을 만든다. 그림 4.1과 같이, 보통 표준 인장 시험편은 지름(d_0) 약 13 mm, 표점길이(L_0) 약 50 mm, 평행부 길이(P) 약 60 mm, 반지름(r) 약 15 mm 정도의 크기와 치수로 가공한다. 시험전에 인장 시험편의 지름을 측정하고, 표점길이(gage length)를 표시한다.

인장시험은 시험편의 양쪽을 만능재료시험기 그립에 고정한 후, 상온에서 시험편 중앙에 정적상태를 유지하며 인장력을 가한다. 이때 연속적으로 하중을 증가시키며, 연신계 등을 사용하여 표점길이의 변위량을 측정한다.

여기서 얻은 인장 하중과 변형량을 이용하여 x축, y축에 나타내어 응력-변형률 선도를 얻을 수 있다.

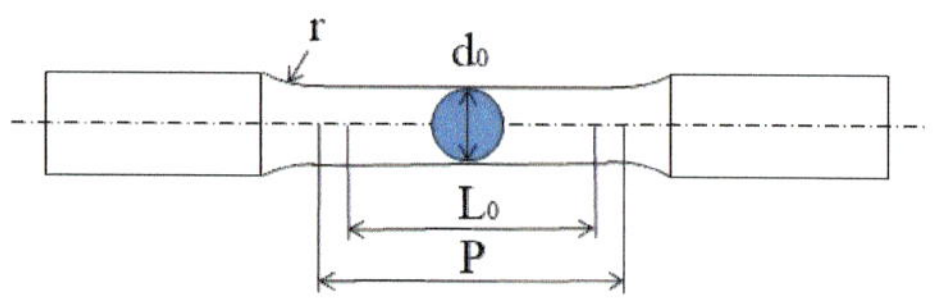

그림 4.2 표준 인장 시험편

4.2.2 연성 재료의 인장시험

인장시험에서 얻은 하중(P)-변형량(δ) 선도에서 하중을 시험편의 초기 단면적(A_0)로 나눈 응력(σ)과 변형량을 초기 길이 L_0로 나눈 변형률(ε)을 x-y 평면상에 나타낸 것이 응력-변형률(σ-ε) 선도이다. 즉, 하중-변형량 선도는 응력-변형률 선도와 동일하다.

그림 4.2에는 재료의 기계적인 성질을 나타낼 때 많이 사용되는 연강(mild steel) 소재에 대한 응력-변형률 선도를 나타내었다. 여기서 실선 ABCDEF 선도는 공칭응력-변형률 선도(nominal stress-strain diagram 또는 engineering stress- strain diagram)이며, 점선 ABCDE'F' 선도는 진응력-변형률 선도(true stress-strain diagram)를 나타내었다.

공칭응력(σ)은 하중을 초기 단면적(A_0)으로 나눈 값이지만, 진응력(σ_t)은 하중을 실제 순간적인 시험편의 단면적(A)으로 나눈 값으로 계산하며 다음 식(4.1)과 같다.

$$\sigma = \frac{P}{A_0}, \qquad \sigma_t = \frac{P}{A} \tag{4.1}$$

그림 4.2에 나타낸 응력-변형률 선도로부터 연강 소재의 기계적 특성은 다음과 같다.

(1) OA 구간 : A점의 응력을 비례한도(proportional limit)라고 한다. 또한 OA 직선의 기울기는 탄성계수(종탄성계수)이다.

(2) AB 구간 : 외부에서 가한 응력을 제거하면 재료가 원 상태로 되돌아오는 특성으로 B점의 응력을 탄성한도(elastic limit)라고 한다. 일반 기계재료에서는 비례한도와 탄성한도가 거의 동일하다.

(3) CD 구간 : C점에서는 응력이 증가하지 않아도 변형률이 증가하면서 D점에 도달한다. 이런 현상은 재료에 항복이 일어난 것이며, C점의 응력을 상항복점(upper yield point), D점의 응력을 하항복점(lower yield point)이라고 한다. 보통 응력의 증가 없이 변형률이 증가하는 구간의 가장 낮은 응력점을 항복점(yield point) 또는 항복응력(yield stress)이라고 한다. 일반적으로 비례한도와 항복응력은 거의 동일하다.

(4) DE 구간 : 응력이 영(zero)이 되어도 변형률이 초기 상태(원점)로 돌아가지 않게 된다. 즉, c점이 영구변형률(permanent strain) 또는 소성변형률(plasticity strain)이라고 한다. 그리고 되돌아간 구간 cd는 탄성변형률(elasticity strain)이라고 한다.

(5) EF 구간 : 공칭응력이 최대가 되는 E점을 극한강도(ultimate strength)라고 한다. E점 부근에서는 시험편에 국부적으로 단면이 축소되는 네킹(neck- ing) 현상이 일어난다. 따라서 단면적이 축소되기 때문에 진응력은 계속 증가하지만, 공칭응력은 점차 감소되고 네킹현상이 계속되어 F점에서 최종 파단되며, F점의 응력을 파단강도(fracture strength)라고 한다.

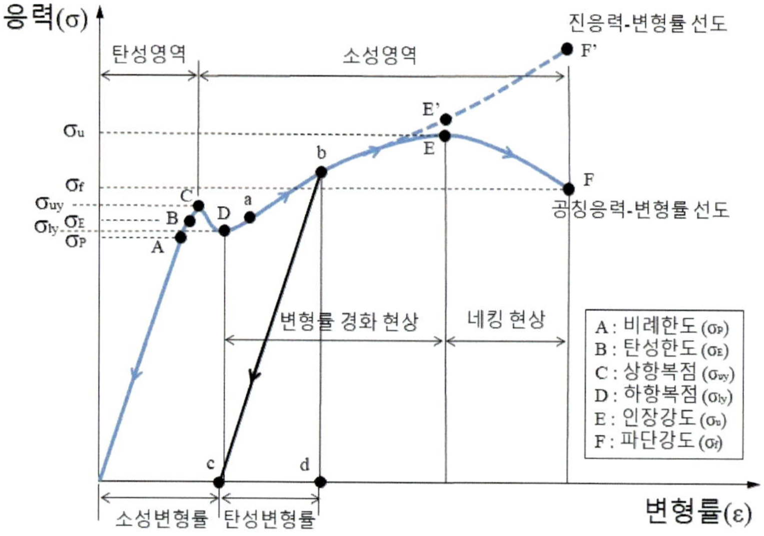

그림 4.3 연강의 응력-변형률 선도

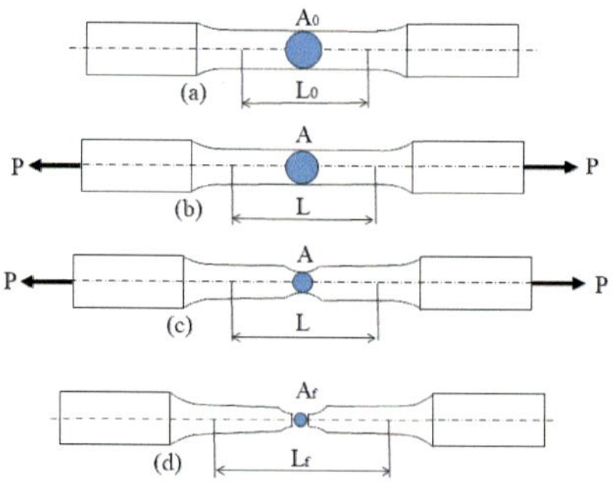

그림 4.4 인장 시험편의 파단과정

4.2.3 공칭변형률 및 진변형률

표준 인장 시험편에 인장 하중을 가하면 그림 4.3와 같이, 시험편이 변형을 하게 된다.

일반적으로 응력은 공칭응력을 말하며, 초기 단면적 A_o에 대한 하중의 비를 나타낸 것이다. 그러나 인장 하중에 의해 실제 시험편이 변형을 하여 단면적이 A로 변하게 된다. 실제 응력에 해당하는 진응력은 단면적 A에 대한 하중의 비로 나타낸다. 그리고 보통 변형률은 공칭변형률 (ε)을 말하며, 처음 시험편의 길이(L_o)에 대한 늘어난 길이(L_f) 비이며, 다음 식(4.2)와 같다.

$$\epsilon = \frac{\Delta L}{L_o} = \frac{L_f - L_o}{L_o} = \frac{L_f}{L_0} - 1 \tag{4.2}$$

$$L_f = L_0(1+\epsilon)$$

그리고 진변형률은 변화된 길이에 대한 늘어난 길이의 비이며, 다음 식(4.3)과 같다.

$$\epsilon_t = \int_{L_o}^{L_f} \frac{dL}{L} = \ln\left(\frac{L_f}{L_o}\right) \tag{4.3}$$

따라서 식(4.2)와 식(4.3)으로부터 진변형률과 공칭변형률의 관계는 다음 식(4.4)와 같다.

$$\epsilon_t = \ln\left(\frac{L_f}{L_o}\right) = \left[\frac{L_o(1+\epsilon)}{L_o}\right] = \ln(1+\epsilon) \tag{4.4}$$

$$\therefore \epsilon_t = \ln(1+\epsilon)$$

재료가 외력을 받아 변형은 하지만 총 부피는 변하지 않는다고 가정하면, 진응력과 공칭응력의 관계는 다음 식(4.5) ~ 식(4.7)과 같다.

$$V_o = V_f, \quad A_o L_o = A_f L_f \qquad \therefore \frac{L_f}{L_o} = \frac{A_o}{A_f} \tag{4.5}$$

$$\epsilon = \frac{L_f - L_o}{L_o} = \frac{L_f}{L_o} - 1 = \frac{A_o}{A_f} - 1 \qquad \therefore A_f = \frac{A_o}{1+\epsilon} \tag{4.6}$$

$$\sigma_t = \frac{P}{A_f} = \frac{P}{A_o/(1+\epsilon)} = \frac{P}{A_o}(1+\epsilon) = \sigma(1+\epsilon) \tag{4.7}$$

$$\therefore \sigma_t = \sigma(1+\epsilon)$$

4.3 후크의 법칙과 푸아송 비

구조물에 하중을 가하면 변형이 되며, 그 하중을 제거하면 구조물은 원래 상태로 돌아간다. 이 기계적 성질을 탄성(elasticity)이라 하고 원래 상태로 돌아가지 않는 성질을 소성(plasticity) 또는 영구변형이라고 한다. 기계요소 설계에서는 주로 탄성 상태에서 하중과 변위의 관련성 및 특성을 고려하게 된다.

4.3.1 후크의 법칙과 탄성계수

후크의 법칙(Hooke's law)에 의하면 구조물 재료에 어느 한계 이하의 외력을 가했을 때 변형량은 외력의 크기와 재료의 길이에 비례하고 재료의 단면적에 반비례한다. 즉 재료 내부에서 발생하는 응력은 변형률에 비례하며, 다음 식(4.8)과 같다.

$$\delta = \frac{PL}{AE}, \qquad \sigma = E\,\epsilon \tag{4.8}$$

여기서 P는 하중(N), L은 재료의 길이(m), A는 재료의 단면적(m^2), E는 비례상수로서 탄성계수(modulus of elasticity), 종탄성계수(modulus of longitudinal elasticity) 또는 영계수(Young's modulus)라고 한다. 탄성계수의 SI 단위는 응력의 단위와 같은 N/m^2이다. 또한, 현장에서는 kg_f/mm^2 단위를 많이 사용하고 있다.

여기서 후크의 법칙을 적용할 수 있는 기본 조건은 다음과 같다.

① 재료는 균질성(homogeneous) 및 등방성(isotropic) 이다.

② 하중의 크기는 구조물 재료가 탄성한계 이하이다.

③ 하중은 0(zero)에서 P까지 점차적으로 증가하는 정하중이다.

④ 하중 방향은 축선 상에 있고, 편심에 의한 모멘트가 0(zero)] 이다.

4.3.2 프와송 비

구조물 재료에 하중을 가하면, 종방향으로 종변형률(ϵ), 하중과 직각방향인 횡방향으로 횡변형률(ϵ')이 발생하게 된다. 여기서 종변형률에 대한 횡변형률의 비를 푸아송 비(Poisson's ratio) ν, 그 역수를 푸아송 수(Poisson's number) m으로 정의하고, 다음 식(4.9)와 같다.

$$\nu = \frac{|\epsilon'|}{\epsilon} = \frac{-\epsilon'}{\epsilon} = \frac{1}{m} \tag{4.9}$$

그림 4.4와 같이, 2차원 평면 구조물에서 프와송 비의 적용 예로서 외력을 받는 물체 내의 미소요소 면적에 x축 응력(σ_x)만 작용할 경우, 프와송 비를 적용하면 y축 방향 응력(σ_y)은 다음 식(4.10)과 같다.

$$\epsilon_x = \frac{\sigma_x}{E}, \qquad \epsilon_y = -\nu\epsilon_x = -\nu(\frac{\sigma_x}{E}) \tag{4.10}$$

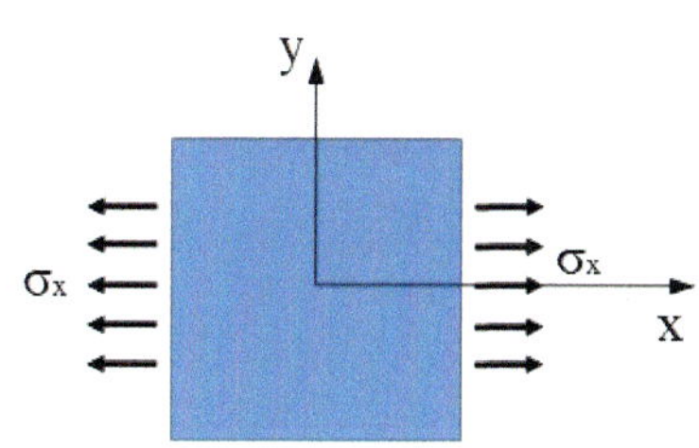

그림 4.5 프와송 비 적용 예

[예제 4.1] 원형 단면(지름 16 mm) 봉(길이 500 mm)에 인장력 700 N을 가하면, 지름이 15.35 mm, 길이는 503 mm로 변형되었다. 이 물체에서 응력, 변형률 및 푸아송비를 각각 구하시오?

[풀이 4.1] - 단면적 : $A=\frac{\pi d^2}{4}=\frac{3.14(0.016)^2}{4}=0.0002\,m^2$

- 종변형량 : $\delta=L'-L=503-500=3\,mm$
- 횡변형량 : $\Delta d=d'-d=0.01535-0.016=-0.00065\,mm$
- 응력 : $\sigma=\frac{P}{A}=\frac{700}{0.0002}=3500000\,N/m^2=3.5\,MPa$
- 종변형률 : $\epsilon=\frac{\delta}{L}=\frac{3}{500}=0.006$
- 횡변형률 : $\epsilon'=\frac{\Delta d}{d}=\frac{-0.00065}{16}=-0.000041$
- 푸아송 비 : $\nu=\frac{|-\epsilon'|}{\epsilon}=\frac{0.000041}{0.006}=0.007$

[예제 4.2] 탄성계수 E=210 GPa, 길이 80 cm인 연강봉이 500 MPa 인장응력이 작용할 때, 이 봉의 늘어난 길이를 구하시오?

[풀이 4.2] 후크의 법칙으로부터

$$\sigma=E\epsilon=E\left(\frac{\delta}{L}\right)$$

$$\delta=\frac{\sigma L}{E}=\frac{500(10^6)\times(0.8)}{210(10^9)}=1.905(10^{-3})\,m=1.90\,mm$$

[예제 4.3] 그림 4.5와 같이 서로 다른 면적을 가진 강봉이 천정에 매달려 외력 P_1, P_2를 동시에 받고 있다. 이때 강봉의 신장량을 구하시오? (여기서, 자중은 무시하며 $P_1=600\,N$, $P_2=900\,N$, 봉의 단면적 $A_1=6\,cm^2$, $A_2=4\,cm^2$, 탄성계수 $E=210\,GPa$이다.)

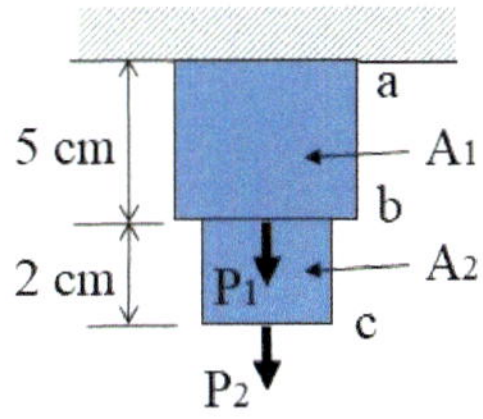

그림 4.6 [예제 4.3]

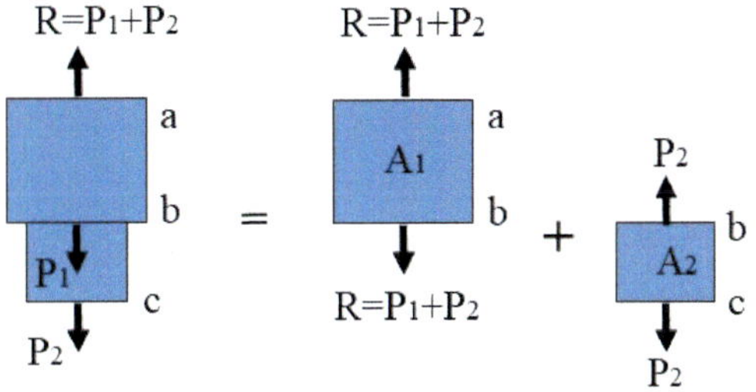

그림 4.7 [풀이 4.3]

[풀이 4.3] 그림 4.6과 같이 자유물체도에서 평형방정식으로 반력 R을 구한다.

$\sum P_y = 0,\ R - P_1 - P_2 = 0,\ R = P_1 + P_2 = 600 + 900 = 1500\,N$

후크의 법칙을 사용하여 변위량을 구한다. 봉 전체의 변위량은 2개 요소(A_1, A_2)에서 발생하는 변위량을 각각 구해서 합한다.

$$\delta = \delta_{ab} + \delta_{bc} = \frac{RL_{ab}}{A_1 E} + \frac{P_2 L_{bc}}{A_2 E}$$

$$= \frac{1500 \times 5(10^{-2})}{6(10^{-2})^2 \times 210(10^9)} + \frac{900 \times 2(10^{-2})}{4(10^{-2})^2 \times 210(10^9)}$$

$$= 59.5(10^{-6}) + 21.4(10^{-6}) = 80.9\,(10^{-6})\,m = 80.9\,\mu m$$

만일, A_1, A_2의 소재가 다른 경우($E_1 = 210\,GPa$, $E_2 = 250\,GPa$)의 변위량은 다음과 같다.

$$\delta = \delta_{ab} + \delta_{bc} = \frac{RL_{ab}}{A_1E_1} + \frac{P_2L_{bc}}{A_2E_2}$$
$$= \frac{1500 \times 5(10^{-2})}{6(10^{-2})^2 \times 210(10^9)} + \frac{900 \times 2(10^{-2})}{4(10^{-2})^2 \times 250(10^9)}$$
$$= 59.5(10^{-6}) + 18.0(10^{-6}) = 77.5\,(10^{-6})m = 77.5\;\mu m$$

4.4 응력집중

기계요소 구조물의 부재중에 단면의 형상이 급격하게 변하는 부분에는 국부적으로 큰 응력이 발생한다. 이 현상을 응력집중(stress concentration)이라고 한다. 구조물에는 기능상 구멍, 나사, 돌기, 홈 및 표면 결함 등과 같은 단면의 치수와 형상이 급격히 변화하는 부분을 보통 노치(notch)라고 한다.

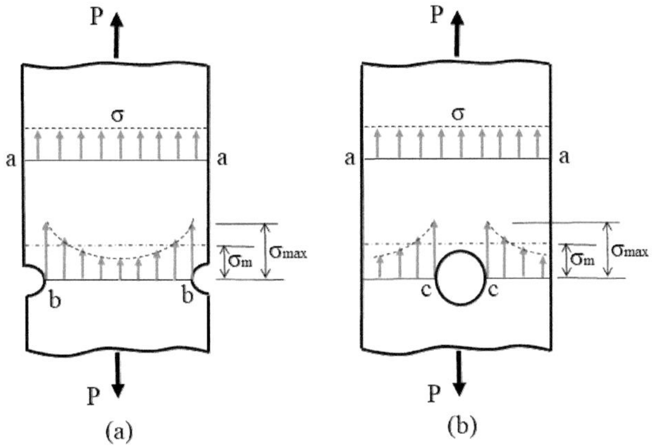

그림 4.8 노치부의 응력분포

그림 4.7에는 노치가 있는 경우에 노치 부위의 응력 분포를 나타내었다. 그림 4.7(a)에는 표면 결함이 있는 경우, 그림 4.7(b)에는 내부 중심에 구멍 결함이 있는 경우에 응력 분포를 각각 나타내었다. 노치 인근에 발생하는 응력은 노치가 없는 경우의 공칭응력보다 매우 큰 응력이 분포된다.

여기서 외력 P를 가하면, 표면 노치인 b 단면과 내부 구멍 노치인 c 단면에는 최대응력 $\sigma_{\max}$가 발생하고, 같은 구조물의 노치가 없는 경우의 공칭응력 σ와의 비를 응력집중계수(stress concentration factor: K_t) 또는 형상계수(shape factor)라고 하며 다음 식(4.11)과 같다. 또한, 단면적 A에 순단면적(net section)을 적용하여 계산한 평균응력 σ_m을 사용하기도 한다.

$$\sigma_m = \frac{P}{A}, \quad K_t = \frac{\sigma_{\max}}{\sigma} \text{ or } K_t = \frac{\sigma_{\max}}{\sigma_m} \tag{4.11}$$

응력집중계수 K_t는 보통 시험을 통해 얻게 되며, 정하중을 받는 연성재료에서는 크게 문제가 되지 않으나, 취성재료에서는 그 영향이 매우 크다. 반복하중을 받는 경우에는 노치부의 응력집중으로 피로(fatigue)가 발생하며, 이 피로균열이 발생, 성장 및 합체 등의 과정을 통해 피로파괴 사고가 많이 발생하고 있다. 따라서 기계요소 구조물의 설계에서 응력집중 현상을 방지하기 위한 기술이 필요하다.

4.5 자중, 열응력 및 열변형률

구조물에 외력이 가해지면 내력 및 변형이 발생하게 된다. 그러나 외력이 작용하지 않는 상태에서도 구조물이 변형 또는 응력을 받게 되는 경우가 있다. 예로서 자중 및 열에 의한 온도 변화의 영향을 고려할 수 있다.

4.5.1 자중

보통 기계요소 구조물의 자중(dead weight)은 외력에 비해 매우 적어서 무시하고 있다. 그러나 구조물의 사용 위치에 따라 자중을 고려할 필요가 있다.

그림 4.8(a)와 같은 구조물인 경우, 수직축 y 지점의 단면적 A_y가 받는 힘은 외력 P와 자중[단면적 A_y 아래부분의 부피에 비중(γ)을 곱한 값]을 고려할 수 있다. 따라서 외력 P와 자

중을 고려한 응력 σ_y는 다음 식(4.12)와 같다.

$$\sigma_y = \frac{P + A_y}{A_y} \tag{4.12}$$

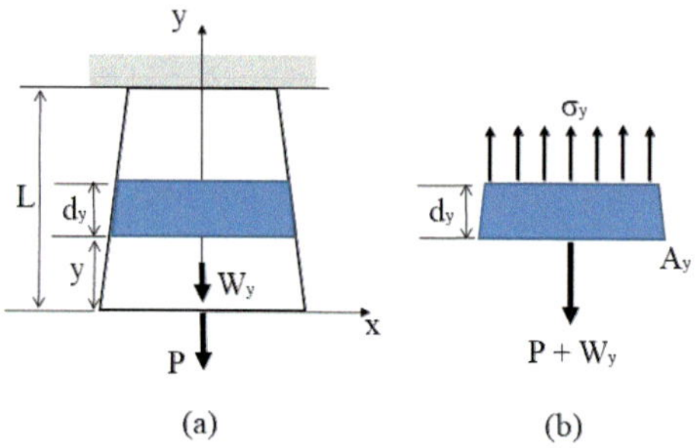

그림 4.9 자중을 고려한 구조물의 응력

또한 변위량은 단면의 위치에 따라 자중이 변하기 때문에, 그림 4.8(b)의 자유물체도와 같이 y 지점에서 dy 부분의 변위량을 계산하여 전체 길이(L)에 대한 합을 구하면 전체 변위량이 되며, 다음 식(4.13)과 같다.

$$d\delta = \frac{(P + W_y)dy}{A_y E} = \frac{\sigma_y}{E} dy\,, \qquad \delta = \int_o^L \frac{(P + W_y)dy}{A_y E} \tag{4.13}$$

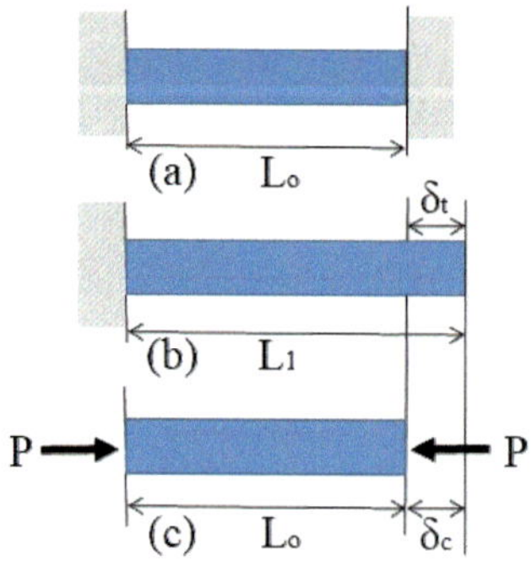

그림 4.10 양단 고정보의 열응력 상태

4.5.2 열응력

보통 구조물 재료에 온도를 변화시키면 팽창 또는 수축이 일어난다. 이때 구조물에서 어느 한 편이 구속되어 있다면, 물체 내부에서 압축 또는 인장 응력이 발생한다. 이와 같이 온도 변화에 따라 재료 내부에 발생하는 응력을 열응력(thermal stress)이라고 한다.

그림 4.9과 같이, 양단 고정보에 온도를 t_o에서 t_1으로 상승시키면 보의 내부 상태가 변화할 것이다. 여기서 보의 선팽창계수를 α, 보의 오른쪽 단을 구속하지 않고 자유단이라고 가정하면, 보의 길이 변화는 다음 식(4.14)와 같다.

$$L_1 = L_o(1 + \alpha \Delta t) = L_o[1 + \alpha(t_1 - t_o)] \tag{4.14}$$

그리고 온도 변화 Δt 에 의한 보의 팽창량 δ_t는 다음 식(4.15)와 같다.

$$\delta_t = L_1 - L_o = L_o \alpha (t_1 - t_o) \tag{4.15}$$

따라서 보의 열변형률은 다음 식(4.16)과 같다.

$$\epsilon_t = \frac{\delta_t}{L_o} = \alpha(t_1 - t_o) \tag{4.16}$$

실제로는 보의 오른쪽 단이 구속되어 있어서, 팽창량 δ_t와 동일한 압축량 δ_c 많큼 압축 하중 P가 작용한 것으로 볼 수 있다. 여기서 보의 단면적 A, 탄성계수 E라고 하면 식(4.17)과 같이 압축응력이 발생하게 된다.

$$\delta = \delta_t + \delta_c = L_o \alpha \Delta t + \frac{PL_o}{AE} = 0 \tag{4.17}$$

따라서 온도 변화(온도 증가)에 의해 발생하는 압축 열응력은 다음 식(4.18)과 같다. 반대로 보의 온도 변화(온도 감소)에는 인장 열응력이 발생하게 된다.

$$\sigma = \frac{P}{A} = -E\alpha\Delta t \qquad \therefore \sigma = -E\alpha = -E\alpha(t_1 - t_o) \tag{4.18}$$

4.6 허용응력과 안전계수

기계요소 구조물의 각 부재에 실제로 작용하는 응력은 안전을 위해서는 탄성한계 이하의 값이어야 한다. 아울러 구조물의 사용 환경으로 온도 또는 하중 종류 그리고 응력집중 현상 등의 복합적인 영향으로 탄성한계 내에서 각 부재에 실제로 발생해도 손상이 없는 응력을 허용응력(allowable stress : σ_a) 또는 사용응력(working stress : σ_w) 또는 설계응력(design stress : σ_d)이라고 한다.

그림 4.10과 같이, 3개 응력의 상대적인 크기는 $\sigma_a \geqq \sigma_d \geqq \sigma_w$와 같으나, 설계시에는 거의 동일하다고 가정하고 허용응력 σ_a를 많이 사용한다.

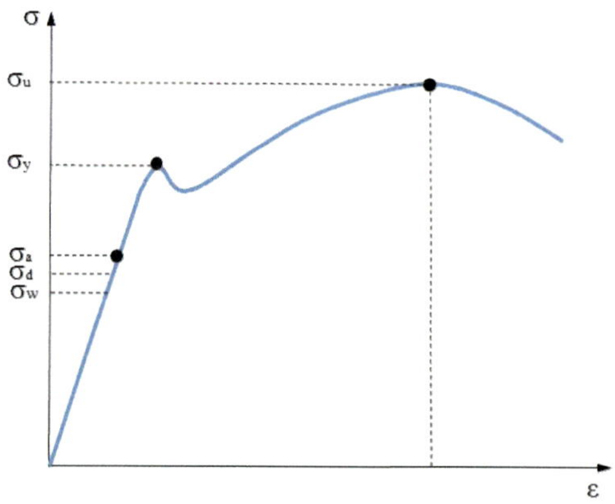

그림 4.11 허용응력, 설계응력, 사용응력

보통 정하중에서 허용응력 σ_a는 연성 재료인 경우에는 항복응력 σ_y를 안전계수(safety factor : S)로 나눈 값으로, 취성 재료인 경우에는 극한강도 σ_u를 안전계수로 나눈 값으로 정의하며, 다음 식(4.19)와 같다.

$$\sigma_a = \frac{\sigma_y}{S}\ (\text{연성재료}), \quad \sigma_a = \frac{\sigma_u}{S}\ (\text{취성재료}) \tag{4.19}$$

따라서 일반적으로 안전계수 S는 다음 식(4.20)과 같다.

$$S = \frac{\sigma_y}{\sigma_a} \tag{4.20}$$

안전계수는 구조물의 용도, 재료의 성질, 하중, 사용장소 및 환경 등 여러 가지 조건에 따라 다른 값을 사용한다. 안전계수가 너무 작으면 구조물이 파손될 확률이 높아지기 때문에 구조물은 불안전하게 되고, 안전계수가 너무 크면 구조물의 재료가 과다 사용되어 비용이 증가하여 경제성이 떨어져서 최적설계를 했다고 보기 어렵다.

따라서 설계시 안전계수를 결정할 때는 공학적으로 합리적인 판단이 필요하며, 다른 설계자들이 사용하는 규정이나 시방서 등을 참고하고 많은 설계 경험과 연구를 바탕으로 결정하게 된다.

4.7 변형

4.7.1 양(+) 방향 부호 정의

일반적으로 그림 4.11(a)와 같이, 외팔보에 대해서 x-y 좌표 및 외부 하중(분포하중 w, 집중하중 P, 모멘트 M)의 양(+) 방향을 정의한다. 또한, 외팔보가 외력에 의해 임의 x 지점에서 내력으로 전단응력 V, 모멘트 M이 발생하게 되며, 양(+)의 방향을 정의한다. 이때 보가 상부로 휘어지는 방향을 양(+) 방향으로 정의한다. 그림 4.11(b)의 자유물체도에서와 같이, x축의 임의 지점의 처짐량 y 및 탄성곡선의 집선 방향이 이루는 반시계 방향 회전각 θ를 양(+) 방향으로 정의한다. 그러나 실제 보에서는 외력이 중력 방향으로 가해지기 때문에 결과적으로 보가 아래 방향으로 휘어지기 때문에 처짐량은 -y로 계산한다.

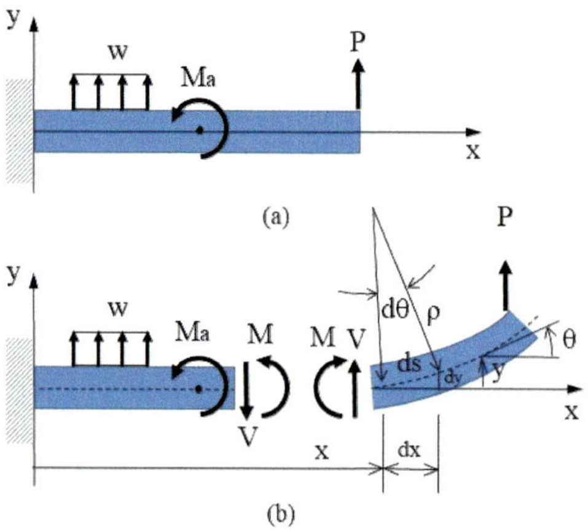

그림 4.12 보에 작용하는 하중의 양(+) 방향

4.7.2 탄성곡선 및 미분방정식

그림 4.11(b)에는 평면응력 조건에서 외팔보가 외력을 받아 휘어진 상태를 탄성곡선이라고 하며, 이 곡선의 자유물체도를 나타내고 있다. 여기서 이 탄성곡선의 미분방정식을 구하고자 한다.

이 외팔보에서 임의 x지점에서 처짐량 y, 접선의 기울기 θ, 곡률 반경을 ρ라고 하면, 미소요소 길이 변화 dx에 대한 처짐량 변화 dy, 탄성곡선 상에서 곡선 변화 ds, 곡률에 대한 각도 변화 $d\theta$라고 가정한다. 실제 보가 휘어지는 각도가 매우 적다면, 기하학적으로 ρ는 다음 식(4.21)과 식(4.22)와 같다.

$$\frac{1}{\rho}=\frac{dx}{ds}\ ,\quad \tan\theta=\frac{dy}{dx}\ ,\quad ds\approx dx\ ,\ \tan\theta\approx\theta \tag{4.21}$$

$$\frac{1}{\rho}\approx\frac{d\theta}{dx}=\frac{d^2y}{dx^2} \tag{4.22}$$

또한, 곡률과 굽힘모멘트 관계식은 식(3.30)으로부터 다음 식(4.23)과 같다.

$$\frac{1}{\rho}=\frac{M}{EI} \tag{4.23}$$

식(4.22)와 식(4.23)으로부터 탄성곡선의 미분방정식은 다음 식(4.24)와 같으며, 이를 공학적 굽힘이론의 베르누이-오일러(Bernoulli-Euler) 법칙이라고 한다.

$$\therefore\ \frac{d^2y}{dx^2}=\frac{M}{EI} \tag{4.24}$$

4.7.3 적분상수의 결정

탄성곡선의 미분방정식을 적분하면 적분상수가 발생한다. 적분상수는 구조물의 경계조건, 기하학적 연속조건 및 대칭조건 등으로 결정할 수 있다.

(1) 경계조건(boundary condition)

주어진 구조물에서 지지점에 대한 기하학적 구속조건을 경계조건이라고 한다. 예로서, 경계조건은 지지점에 대한 처짐량 y, 기울기 θ, 모멘트 M 또는 이들의 조합으로 결정하게 된다. 그림 4.12의 단순보에서 외력 P에 의한 지지점 A, B에 대한 경계조건은 다음 식(4.25)와 같다. 즉, 단순 지지단에서는 처짐량과 굽힘모멘트는 영(zero)인 조건이다.

$$y(A)=0\ ,\quad M(A)=0\ :\ y(B)=0\ ,\quad M(B)=0 \tag{4.25}$$

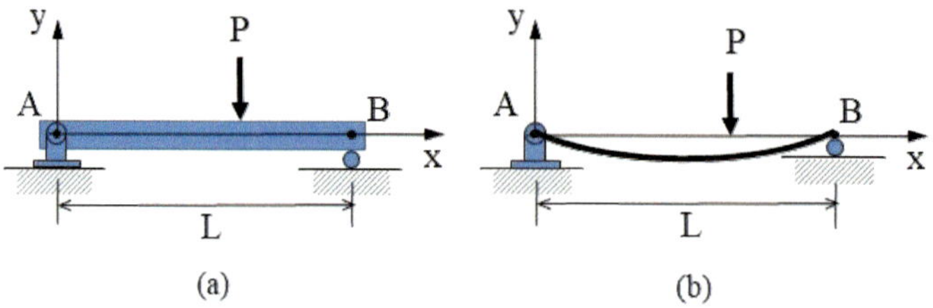

그림 4.13 단순보의 지지점 경계조건

그림 4.13에 보인 외팔보인 경우, 외력 P에 의한 지지점 A, B에 대한 경계조건은 다음 식(4.26)과 같다. 즉 고정 지지단에서는 처짐량 및 기울기가 영(zero)인 조건이다. 또한, 자유단에서는 모멘트와 전단력이 영(zero)인 조건이다.

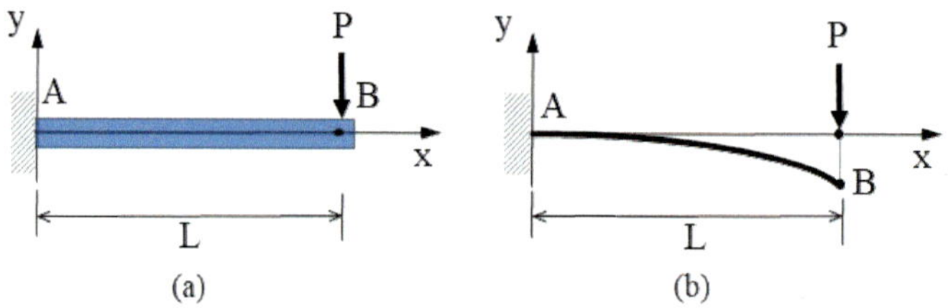

그림 4.14 외팔보의 지지점 경계조건

$$y(A)=0\ ,\ \ \theta(A)=0\ \ :\ M(B)=0,\ \ V(B)=0 \tag{4.26}$$

(2) 연속조건(continue condition)

그림 4.14(a)의 단순보인 경우, 외력 P에 의한 지지점 A로부터 x 위치의 C점에서 연속조건은 다음 식(4.27)과 같다. 그림 4.14(b)와 같이, 탄성곡선의 C점에 대한 처짐량과 접선의 기울기가 구간 AC와 구간 CB에서 동일한 조건이다.

$$y(C_{AC})=y(C_{CB})\ \ :\ \theta(C_{AC})=\theta(C_{CB}) \tag{4.27}$$

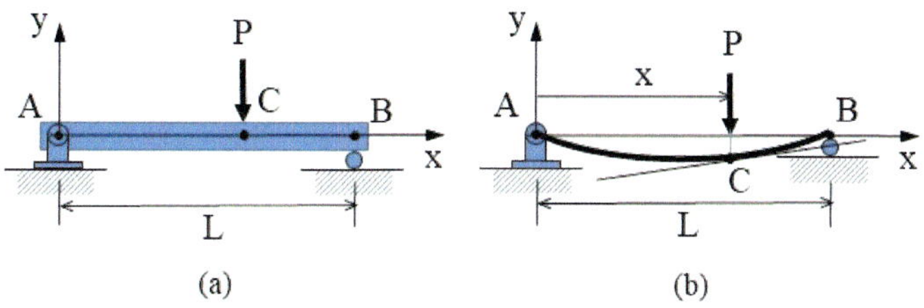

그림 4.15 단순보의 연속조건

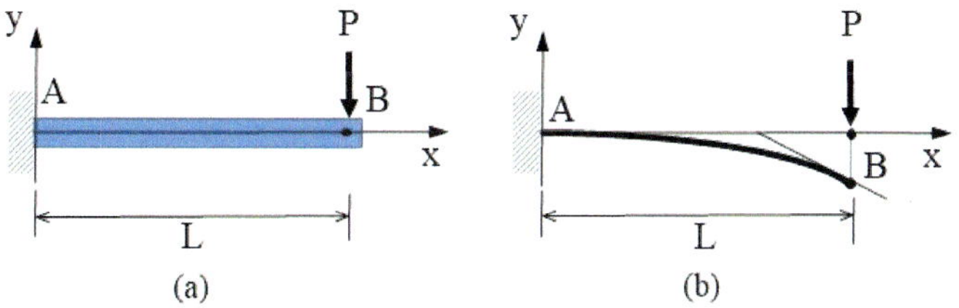

그림 4.16 외팔보의 연속조건(1)

그림 4.15에 보인 외팔보인 경우, 외력 P가 자유단 B에 작용할 때, 자유단 B에서 처짐량과 기울기의 기하학적 관계를 나타내고 있다. 즉 자유단에 외력이 작용하면 보는 연속적으로 휘어진다고 가정하여 자유단 B에서 기울기를 구할 수 있다.

한편 그림 4.16에 보인 외팔보인 경우, 외력 P가 임의 지점 C에 작용할 경우 자유단 B에서 처짐량과 기울기의 기하학적 관계를 나타내고 있다. 즉 자유단인 경우, 외력이 가하는 지점 C를 지난 구간에서의 보는 직선을 계속 유지한다는 가정으로, 즉 $\overline{BC}$ 구간은 직선이다. 그림 4.16(b)와 같이, 자유단 B에서 기울기를 직접 얻을 수 없다. 따라서, 점 C에서의 기울기 및 처짐량을 계산한 후, 삼각형 △BCD를 사용하여 자유단 B에서 처짐량을 기하학적으로 산출하며, 다음 식(4.28)과 같다.

$$y(C) = y(D), \qquad \theta(C) = \theta(B) \tag{4.28}$$

$$\therefore\ y(B) = y(C) + \overline{BC}\sin\theta(C)$$

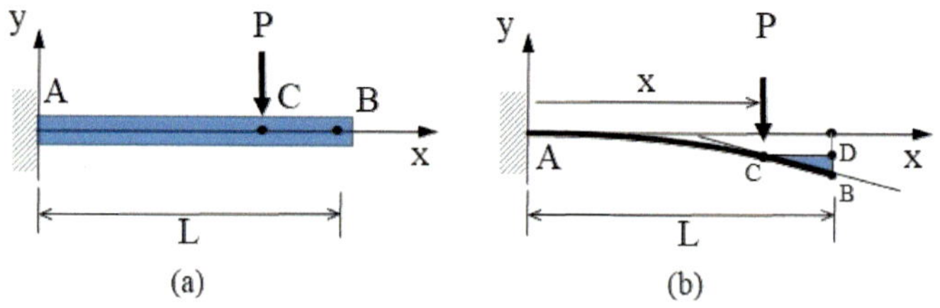

그림 4.17 외팔보의 연속조건(2)

(3) 대칭조건(symmetric condition)

그림 4.17의 단순보인 경우, 외력 집중하중 P가 보의 중심에 작용하는 경우에는 탄성곡선이 그림 4.17(b)와 같이 좌우 대칭이다. 그리고 그림 4.18에 보인 단순보인 경우, 외력 분포하중 w가 보의 전체에 균일하게 작용하는 경우에도 탄성곡선이 그림 4.18(b)와 같이 좌우 대칭이다.

이와 같이 탄성곡선이 좌우 대칭인 경우에는 보의 중심점 C에서 기울기 θ가 영(zero)이 되며, 다음 식(4.29)와 같다.

$$\theta(C) = 0 \tag{4.29}$$

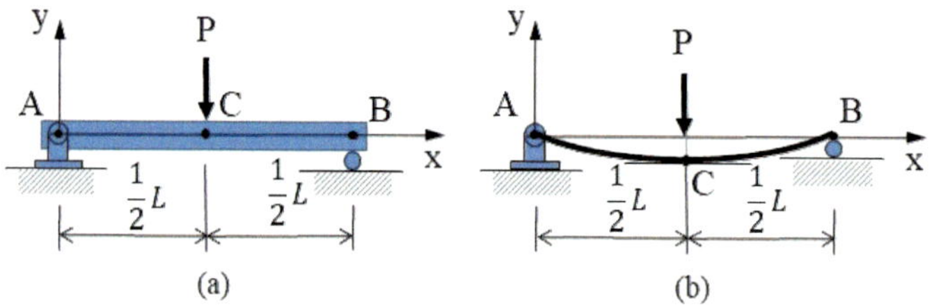

그림 4.18 단순보의 대칭조건(1)

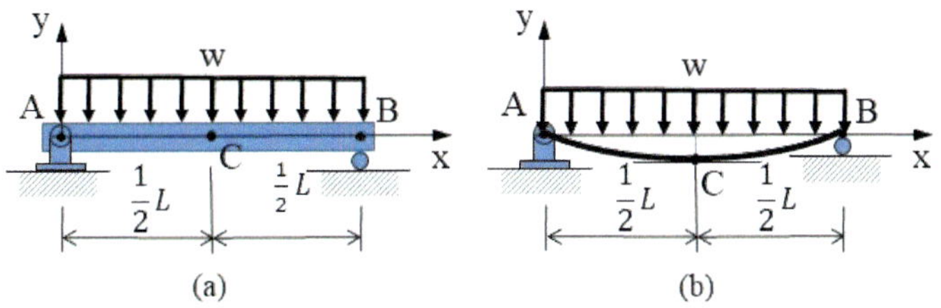

그림 4.19 단순보의 대칭조건(2)

4.7.4 미분방정식의 활용

앞 절 식(4.24)의 탄성곡선의 미분방정식을 적분 또는 미분을 순차적으로 하게 되면 여러 형태의 수식을 얻을 수 있다. 또한 전단응력과 분포하중 관계식, 굽힘모멘트와 전단응력 관계식 및 굽힘모멘트와 분포하중 관계식 등으로부터 다음 식(4.30)을 얻을 수 있다.

$$y = y^0 \qquad \theta = \frac{dy}{dx} = y' \qquad M = EI\frac{d\theta}{dx} = EIy'' \tag{4.30}$$

$$V = \frac{dM}{dx} = \left(EIy''\right)' \qquad w = \frac{dV}{dx} = \left(EIy''\right)''$$

여기서, y는 처짐량, θ는 기울기, M은 굽힘모멘트, V는 전단력 및 w는 분포하중을 각각 나타낸다. 그리고 보가 일정한 굽힘 강성(EI)을 갖는다면, 탄성곡선의 기본 미분방정식은 간단하게 식(4.31)과 같다.

$$M = EI\frac{d^2y}{dx^2} = EIy'' \qquad \therefore EIy^{(2)} = M \tag{4.31}$$

$$V = EI\frac{d^3y}{dx^3} = EIy''' \qquad \therefore EIy^{(3)} = V$$

$$w = \frac{d^4y}{dx^4} = EIy'''' \qquad \therefore EIy^{(4)} = w$$

4.7.5 적분법에 의한 보의 처짐

일반적으로 앞 절의 식(4.31)과 같은 탄성곡선의 미분방정식으로부터 처짐량을 계산하는 과정에서 내부 전단력 V(적분을 3번) 또는 외부 분포하중 w(적분을 4번)를 이용하기 때문에 연속적분법 또는 다중적분법이라고 한다. 특히, 내부 굽힘 모멘트 M(적분을 2번)을 이용하는 경우에는 2중 적분법(double integra- tion method)이라고 한다.

보통 주어진 문제에 따라 굽힘모멘트 M(x)를 x의 함수로 나타낼 수 있으면, 2중 적분법을 사용하는 것이 편리하고 간단하다. 그러나 굽힘모멘트 M(x)를 x의 함수로 직접 얻을 수 없을 경우에는 전단력 V(x) 또는 분포하중 w(x)를 x의 함수로 얻어서 다중적분법을 사용한다.

일반적으로 적분법을 이용하여 탄성곡선(또는 처짐곡선)을 구하는 과정은 다음과 같다.

① 주어지 보의 x-y좌표 및 전체 자유물체도를 작성하고, 힘의 평형조건을 이용하여 지지점의 반력을 구한다.

② 보 내의 임의 x점의 굽힘모멘트 M(x)를 구하기 위하여 x점을 가상적으로 절단한다. 이 절단된 단면의 하나를 선택해서 자유물체도를 작성한다. 평형조건을 이용해서 굽힘모멘트 M(x)를 구한다.

③ 굽힘모멘트 M(x)를 탄성 굽힘모멘트 방정식에 대입해서 적분을 1회해서 y'(x)를 얻고, 순차적으로 2회해서 y(x)를 구한다. 최종 2회 적분으로 2개의 적분상수가 포함된 일반해를 구한다.

④ 일반해에서 적분 상수값을 결정하기 위해서 경계조건, 연속조건 및 대칭조건 등을 이용한다. 따라서 x의 함수인 최종 탄성곡선(또는 처짐곡선)을 구한다.

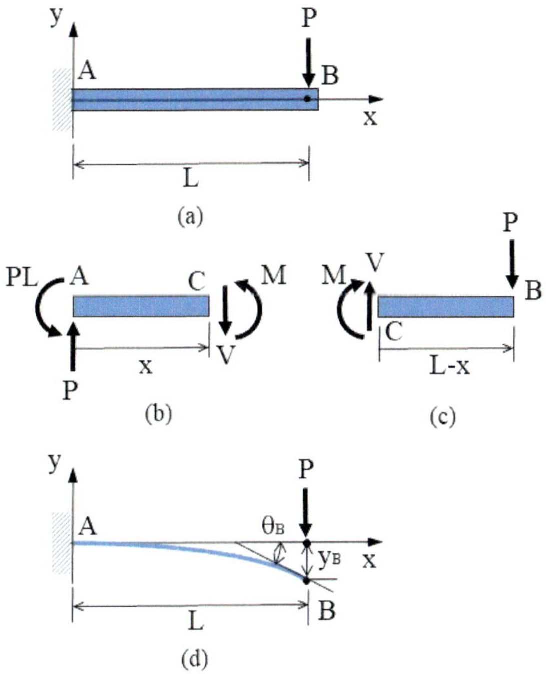

그림 4.20 집중하중을 받는 외팔보의 처짐

(1) 집중하중을 받는 외팔보의 처짐 계산

그림 4.19(a)와 같이 균일한 단면을 가진 길이 L인 외팔보의 자유단에 하중 P가 작용하고 있다. 탄성곡선 방정식을 구하고, 점 B에서 처짐량과 기울기를 각각 구하는 문제이다.

그림 4.19(a)의 자유물체도에서 평형조건으로부터 지지점 A에 대한 반력을 구하면 모멘트 $M_A = PL,\ R_A = P$ 이다. 그림 4.19(b),(c)의 자유물체도에서 평형조건으로부터 임의 x점에 대한 굽힘모멘트 $M(x)$는 다음 식(4.32)와 같다.

$$M(x) = Px - PL \tag{4.32}$$

식(4.32)를 식(4.31)에 대입하고 2회 적분하면, 다음 식(4.33)과 같은 적분상수를 포함한 일반해를 구할 수 있다.

$$EIy^{(2)} = M(x) = Px - PL \tag{4.33}$$

$$EIy^{(1)} = \frac{1}{2}Px^2 - PLx + C_1$$

$$EIy = \frac{1}{6}Px^3 - \frac{1}{2}PLx^2 + C_1x + C_2$$

경계조건으로부터 적분상수 C는 다음 식(4.34)와 같다.

$$x = 0 : y(0) = 0,\ \theta(0) = y'(0) = 0\ ; \tag{4.34}$$

$$EIy^{(1)} = \frac{1}{2}Px^2 - PLx + C_1 = 0,\ \therefore C_1 = 0$$

$$EIy = \frac{1}{6}Px^3 - \frac{1}{2}PLx^2 + C_1x + C_2 = 0\ \therefore C_2 = 0$$

따라서 기울기와 탄성곡선 방정식은 다음 식(4.35)와 같다.

$$\frac{dy}{dx} = \theta = (-)\frac{1}{2EI}[Px(2L - x)] \tag{4.35}$$

$$y = (-)\frac{1}{6EI}[Px^2(3L - x)]$$

또한 자유단 점 B에서 처짐량 및 기울기는 다음 식(4.36)과 같다.

$$\theta_B = \theta(L) = (-)\frac{PL^2}{2EI} = \frac{PL^2}{2EI}\ (cw) \tag{4.36}$$

$$y_B = y(L) = (-)\frac{PL^3}{3EI} = \frac{PL^3}{3EI}\ (\downarrow)$$

(2) 분포하중을 받는 단순보의 처짐 계산

그림 4.20(a)와 같이, 균일한 단면을 가진 길이 L인 단순보에 분포하중 w가 작용하고 있다. 탄성곡선 방정식을 구하고, 지지점 A와 B에서 기울기와 최대처짐량을 각각 구하는 문제이다. 그림 14.20(a) 자유물체도의 평형조건을 이용하여 지지점 A에 대한 반력을 구하면 다음 식(4.37)과 같다.

$$R_A = \frac{wL}{2}, \qquad R_B = \frac{wL}{2} \tag{4.37}$$

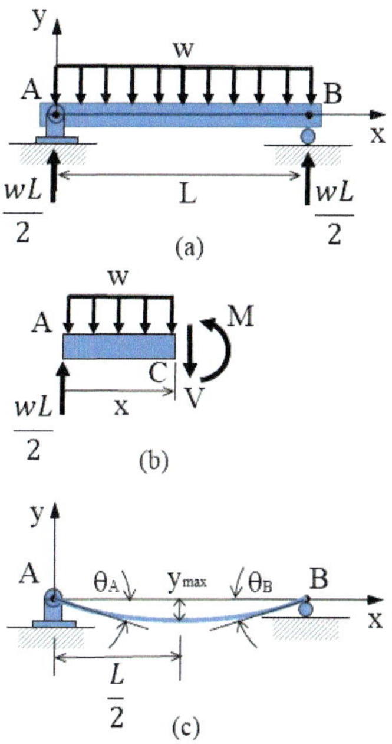

그림 4.21 분포하중을 받는 보의 처짐

(2.1) 굽힘모멘트를 이용하는 2중적분법 적용

그림 14.20(b)에서 임의 지점 x에서 굽힘모멘트 M(x)를 얻기 위해서 임의 점 C를 절단하여 자유물체도를 작성한 후, 굽힘모멘트를 x의 함수로 나타내면 다음 식(4.38)과 같다.

$$\sum M_C = 0 \ : \ M + wx\left(\frac{x}{2}\right) - \frac{wL}{2}(x) = 0 \tag{4.38}$$

$$\therefore M = \frac{1}{2}wLx - \frac{1}{2}wx^2$$

식(4.38)을 식(4.31)에 대입하고 2회 적분하면, 다음 식(4.39)와 같다.

$$\begin{aligned} EIy^{(2)} &= M(x) = \frac{1}{2}wLx - \frac{1}{2}wx^2 \\ EIy^{(1)} &= \frac{1}{4}wLx^2 - \frac{1}{6}wx^3 + C_1 \\ EIy &= \frac{1}{12}wLx^3 - \frac{1}{24}wx^4 + C_1x + C_2 \end{aligned} \tag{4.39}$$

경계조건으로부터 적분상수를 구하면 다음 식(4.40)과 같다.

$$\begin{aligned} & y(0) = y(L) = 0 \ , \ y'(L/2) = 0 \ : \\ & EIy^{(1)}\left(\frac{L}{2}\right) = \frac{1}{4}wL\left(\frac{L}{2}\right)^2 - \frac{1}{6}w\left(\frac{L}{2}\right)^3 + C_1 = 0 \\ & \therefore C_1 = \frac{1}{48}(wL^3) - \frac{1}{16}(wL^3) = \frac{-wL^3}{24} \\ & EIy(0) = \frac{1}{12}wLx^3 - \frac{1}{24}wx^4 + C_1x + C_2 = 0, \quad \therefore C_2 = 0 \end{aligned} \tag{4.40}$$

따라서 기울기와 탄성곡선 방정식은 다음 식(4.41)과 같다.

$$\begin{aligned} & EIy^{(1)} = \frac{1}{4}wLx^2 - \frac{1}{6}wx^3 - \frac{1}{24}wL^3 \\ & \therefore \frac{dy}{dx} = \frac{-w}{24EI}(L^3 - 6Lx^2 + 4x^3) \\ & EIy = \frac{1}{12}wLx^3 - \frac{1}{24}wx^4 - \frac{1}{24}wL^3x \\ & \therefore y = \frac{-w}{24EI}(L^3x - 2Lx^3 + x^4) \end{aligned} \tag{4.41}$$

(2.2) 최대 처짐량 계산

그림 4.20(c)에서, 탄성곡선이 좌우대칭이기 때문에 보의 중간 지점에서 최대 처짐량이 발생하게 된다. 따라서 식(4.41)의 처짐량 방정식으로부터 최대 처짐량은 다음 식(4.42)와 같다.

$$y_{\max} = y\left(\frac{L}{2}\right) = \frac{-w}{24EI}\left[L^3\left(\frac{L}{2}\right) - 2L\left(\frac{L}{2}\right)^3 + \left(\frac{L}{2}\right)^4\right] \tag{4.42}$$

$$\therefore y_{\max} = \frac{-5wL^4}{384EI} = \frac{5wL^4}{384EI}\ (\downarrow)$$

또한 지지점 A, B에서 기울기는 식(4.41)의 기울기 방정식을 사용해서 계산하면, 각각 다음 식(4.43)과 같다.

$$\begin{aligned} \theta_A &= \theta(0) = y'(0), \quad \theta_B = \theta(L) = y'(L) \\ \theta_A &= \frac{-wL^3}{24EI} = \frac{wL^3}{24EI}\ (cw) \\ \theta_B &= \frac{wL^3}{24EI}\ (ccw) \end{aligned} \tag{4.43}$$

(2.3) 분포하중을 이용하는 다중적분법 적용

그림 4.20(a)에 주어진 분포하중 w를 식(4.31)에 대입하고 4회 적분하면, 다음 식(4.44)와 같다.

$$\begin{aligned} EIy^{(4)} &= -w \\ EIy^{(3)} &= -wx + C_1 \\ EIy^{(2)} &= -\frac{1}{2}wx^2 + C_1x + C_2 \\ EIy^{(1)} &= -\frac{1}{6}wx^3 + \frac{1}{2}C_1x^2 + C_2x + C_3 \\ EIy &= -\frac{1}{24}wx^4 + \frac{1}{6}C_1x^3 + \frac{1}{2}C_2x^2 + C_3x + C_4 \end{aligned} \tag{4.44}$$

여기서 적분상수는 경계조건을 적용하여 다음 식(4.45)와 같이 계산할 수 있다. 결과적으로 식(4.41)과 같은 결과를 얻을 수 있다.

$$y(0)=0,\ \ y(L)=0,\ \ M(0),\ \ M(L)=0 \tag{4.45}$$

$$EIy^{(2)}(0)=-\frac{1}{2}wx^2+C_1x+C_2=0\ \ \therefore\ C_2=0$$

$$EIy^{(2)}(L)=-\frac{1}{2}w(L)^2+C_1L=0\ \ \therefore\ C_1=\frac{1}{2}wL$$

$$EIy^{(1)}\quad=-\frac{1}{6}wx^3+\frac{1}{2}C_1x^2+C_2x+C_3$$

$$EIy(0)\quad=-\frac{1}{24}wx^4+\frac{1}{6}C_1x^3+\frac{1}{2}C_2x^2+C_3x+C_4=0\ \ \therefore C_4=0$$

$$EIy(L)\quad=-\frac{1}{24}wL^4+\frac{1}{6}(\frac{wL}{2})L^3+0+C_3L+0=0\ \ \therefore C_3=\frac{-wL^3}{24}$$

$$\therefore\ EIy=\frac{-w}{24}(L^3x-2Lx^3+x^4)$$

(3) 임의 지점에 집중하중을 받는 단순보의 처짐 계산

그림 4.21과 같이 균일한 단면을 가진 길이 L인 단순보에 임의 점 C에 집중하중 P가 작용하고 있다. 탄성곡선 방정식을 구하고, 점 C에서 처짐량과 기울기를 각각 구하는 문제이다.

그림 4.21(a) 자유물체도에서 평형조건식을 이용하여 단순보의 지지점 A 및 B에 대한 반력을 구하면, 다음 식(4.46)과 같다.

$$R_A=\left(\frac{Pb}{L}\right),\quad R_B=\left(\frac{Pa}{L}\right) \tag{4.46}$$

임의의 x 지점에서 굽힘모멘트 M(x)를 구하기 위해서, 보의 임의 단면을 가상적으로 절단한다. 여기서 집중하중 P가 작용하는 점 C를 기준으로 구간 AC(a)와 구간 CB(b)는 불연속으로 각각 고려해야 한다.

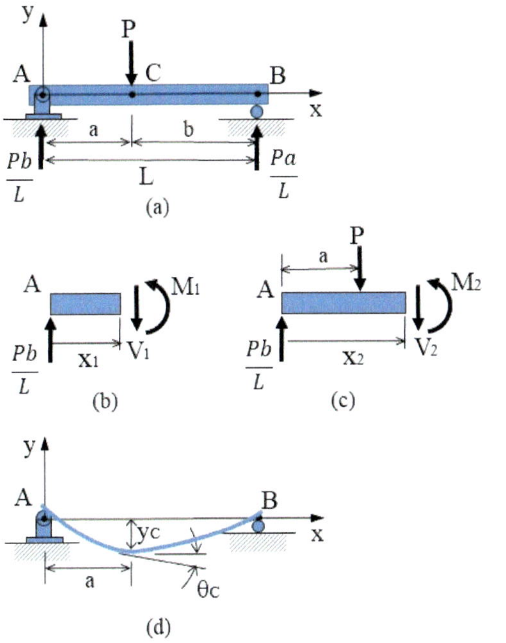

그림 4.22 집중하중을 받는 단순보의 처짐

그림 4.21(b)와 그림 4.21(c)와 같이 2개 구간을 별도로 임의 절단면에 대한 자유물체도로부터 평형조건식을 이용하여 굽힘모멘트를 계산하면 각각 다음 식(4.47)과 식(4.48)과 같다.

$$(0 \le x_1 \le a) \tag{4.47}$$

$$\sum M_{x_1} = 0 : \;\; M_1 - \frac{Pb}{L} x_1 = 0$$

$$M_1 = \frac{Pb}{L} x_1$$

$$(a \le x_2 \le L) \tag{4.48}$$

$$\sum M_{x_2} = 0 : \;\; M_2 + P(x_2 - a) - \frac{Pb}{L} x_2 = 0$$

$$\therefore M_2 = \frac{Pb}{L} x_2 - P(x_2 - a)$$

탄성곡선의 방정식을 구하기 위해서 구간별 식(4.47)과 식(4.48)의 굽힘모멘트를 2번 적분하면, 다음 식(4.49)와 식(4.50)과 같이 일반해를 구할 수 있다.

$$\begin{aligned} &(0 \le x \le a) \\ &EIy_1'' = M_1 = \frac{Pb}{L}x \\ &EIy_1' = \frac{Pb}{2L}x^2 + C_1 \\ &EIy_1 = \frac{Pb}{6L}x^3 + C_1x + C_2 \end{aligned} \tag{4.49}$$

$$\begin{aligned} &(a \le x \le L) \\ &EIy_2'' = M_2 = \frac{Pb}{L}x - P(x-a) \\ &EIy_2' = \frac{Pb}{2L}x^2 - \frac{P}{2}(x-a)^2 + C_3 \\ &EIy_2 = \frac{Pb}{6L}x^3 - \frac{P}{6}(x-a)^3 + C_3x + C_4 \end{aligned} \tag{4.50}$$

이 적분상수는 경계조건 및 연속조건을 적용해서 구할 수 있다. 보의 연속조건으로 x=a에서 양쪽 구간의 단면에서 기울기는 동일하기 때문에 다음 식(4.51)을 만족해야 한다.

$$\begin{aligned} &y_1'(a) = y_2'(a) \ : \\ &\frac{Pb}{2L}a^2 + C_1 = \frac{Pb}{2L}a^2 + C_3 \quad \therefore C_1 = C_3 \end{aligned} \tag{4.51}$$

점 C에서 양쪽 구간에서 처짐량은 동일하며, 다음 식(4.52)을 만족해야 한다.

$$\begin{aligned} &y_1(a) = y_2(a) \ : \\ &\frac{Pa^3b}{6L} + C_1a + C_2 = \frac{Pa^3b}{6L} + C_3a + C_4 \quad \therefore C_2 = C_4 \end{aligned} \tag{4.52}$$

보의 고정단 A, B에서 처짐량은 영(zero)이며 다음 식(4.53)을 만족해야 한다.

$$y_1(0) = 0 \ : \quad \therefore C_2 = 0 \tag{4.53}$$
$$y_2(L) = 0 \ : \ \frac{PbL^3}{6L} - \frac{Pb^3}{6} + C_3 L = 0 \ \ \therefore C_3 = \frac{-Pb}{6L}(L^2 - b^2)$$

따라서 양쪽 단면에 대한 식(4.49)와 식(4.50)으로부터 탄성곡선의 방정식은 각각 다음 식(4.54)와 식(4.55)와 같다.

$$(0 \le x \le a) \tag{4.54}$$
$$y_1' = \frac{-Pb}{6EIL}(L^2 - 3x^2 - b^2)$$
$$y_1 = \frac{-Pbx}{6EIL}(L^2 - b^2 - x^2)$$

$$(a \le x \le L) \tag{4.55}$$
$$y_2' = \theta_1 = \frac{-Pbx}{6EIL}(L^2 - 3x^2 - b^2) - \frac{P(x-a)^2}{2EI}$$
$$y_2 = \frac{-Pbx}{6EIL}(L^2 - b^2 - x^2) - \frac{P(x-a)^3}{6EI}$$

또한, 점 C에서 처짐량과 기울기는 다음 식(4.56)과 같다.

$$y_1' = \theta_C = \frac{-Pb}{6EIL}(L^2 - 3a^2 - b^2) \tag{4.56}$$
$$y_1 = y_C = \frac{-Pba}{6EIL}(L^2 - a^2 - b^2)$$

특히 외력 하중 P가 단순보의 중심(a=b=L/2)에 작용하는 경우에는 다음 식(4.57)과 같이 최대 처짐량을 구할 수 있다.

$$y_1' = \theta_C = \frac{-Pb}{6EIL}(L^2 - 3a^2 - b^2) = 0 \tag{4.57}$$
$$y_{\max} = y_C = \frac{-Pba}{6EIL}(L^2 - a^2 - b^2) = \frac{PL^3}{48EI}$$

4.7.6 면적 모멘트법에 의한 보의 처짐

면적 모멘트법은 보의 굽힘모멘트 선도를 이용하여 보의 변위 즉 기울기(θ)와 처짐량(y)을 도식적으로 간편하게 구하는 방법이다. 이 방법은 보의 어느 한 점에서 기울기와 처짐량을 계산할 때 매우 편리한 방법이다.

면적 모멘트법에는 2개의 정리가 있으며, 제1 면적 모멘트 정리는 기울기, 제2 면적 모멘트 정리는 처짐량을 구하는 방법이다.

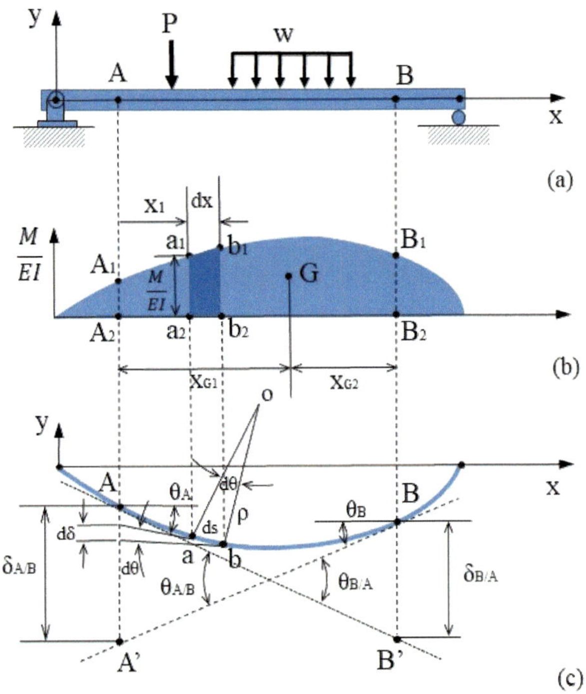

그림 4.23 면적 모멘트법

(1) 제1 면적 모멘트 정리

그림 4.22(a)와 같이, 단순보에 임의 하중이 작용하고 있다. 그림 4.22(b)에는 굽힘모멘트

선도(BMD)에서 굽힘모멘트 M 대신 M/EI로 나타낸 선도이다. 그리고 그림 4.22(c)에는 보가 휘어진 후, 탄성곡선(처짐곡선)을 나타내고 있다. 이 탄성곡선에서 임의 구간 AB내 미소 요소 구간 ab의 ds는 곡률반경 ρ에 의해 다음 식(4.58)과 같다. 그리고 $d\theta$는 식(4.59)와 같다.

$$\rho d\theta = ds\ , \quad \frac{1}{\rho} = \frac{M}{EI} \tag{4.58}$$

$$\because\ ds \approx dx\ , \quad d\theta = \frac{M}{EI} ds \approx \frac{M}{EI} dx \tag{4.59}$$

따라서 $d\theta$는 M/EI 선도에서 면적 $a_1 a_2 b_2 b_1$와 같다. 또한 식(5.49)를 구간 AB에서 적분하면 다음 식(4.60)과 같다.

$$\int_A^B d\theta = \theta_{B/A} = \theta_B - \theta_A = \int_A^B \frac{M}{EI} dx \tag{4.60}$$

여기서 $\theta_{B/A} = \theta_B - \theta_A$의 양(+) 방향은 반시계 방향이며, 굽힘모멘트 방향과 동일하다. 따라서 $\theta_{B/A}$는 구간 AB 사이의 M/EI 선도의 면적과 같으며 이를 제1 면적 모멘트 정리(the first moment area theorem)라고 한다.

(2) 제2 면적 모멘트 정리

보의 처짐이 작다고 가정하면, 그림 4.22(c)에 보인 탄성곡선에서 미소 요소 길이 dx에서 곡률의 영향으로 $x_1 d\theta$ 는 $d\delta$와 같으며, 다음 식(4.61)과 같다.

$$d\delta = x_1 d\theta = \frac{M}{EI} x_1\, dx \tag{4.61}$$

탄성곡선의 점 B의 접선으로부터 수직거리(접선편차) $\overline{AA'}$는 다음 식(4.62)와 같다.

$$\overline{AA'} = \delta_{A/B} = \delta_A - \delta_B = \int_A^B x_1 \frac{M}{EI} dx \tag{4.62}$$

즉 면적 $A_1 A_2 B_2 B_1$의 $A_1 A_2$ 선의 1차 모멘트이다. 또한 $A_1 A_2$ 선으로부터 무게 중심점 G까지 거리는 x_{G1}이다.

따라서 $\delta_{A/B}$는 (구간 AB 사이의 M/EI 선도의 면적)x_{G1}과 같으며, 이를 제2 면적 모멘트 정리(the second moment area theorem)라고 한다.

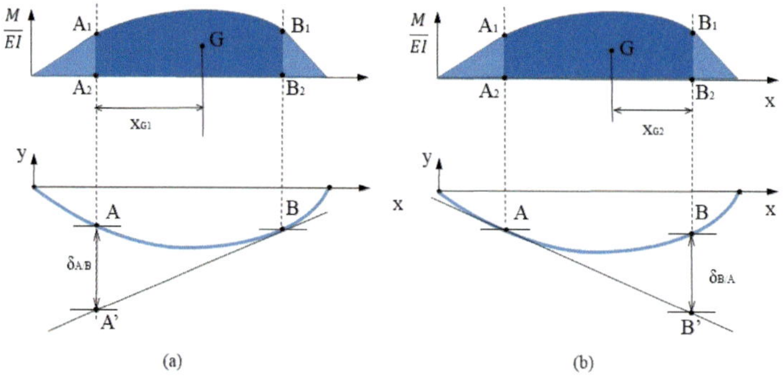

그림 4.24 제2 면적 모멘트 정리

그림 4.23과 같이, 보에 발생하는 M/EI 선도를 알 수 있으면 그림 4.23(a)에는 구간 AB 사이의 면적 $A_1 A_2 B_2 B_1$에 좌측 방향 무게중심 x_{G1}를 곱하면, 점 A에서의 처짐량 $\delta_{A/B}$와 같다.

4.23(b)에는 구간 AB 사이의 면적 $A_1 A_2 B_2 B_1$에 우측 방향 무게중심 x_{G2}를 곱하면, 점 B에서의 처짐량 $\delta_{B/A}$와 같으며 각각 식(4.63)과 같다.

$$\overline{AA'} = \delta_{A/B} = (AB\text{사이의 면적})x_{G1} \tag{4.63}$$

$$\overline{BB'} = \delta_{B/A} = (AB\text{사이의 면적})x_{G2}$$

(3) 자유단에 집중하중을 받는 외팔보의 처짐 계산

그림 4.24(a)와 같이 길이 L인 외팔보의 자유단에 집중하중 P가 작용하고 있다. 여기서 자유단 B에서 경사각 및 처짐량을 구하는 문제이다.

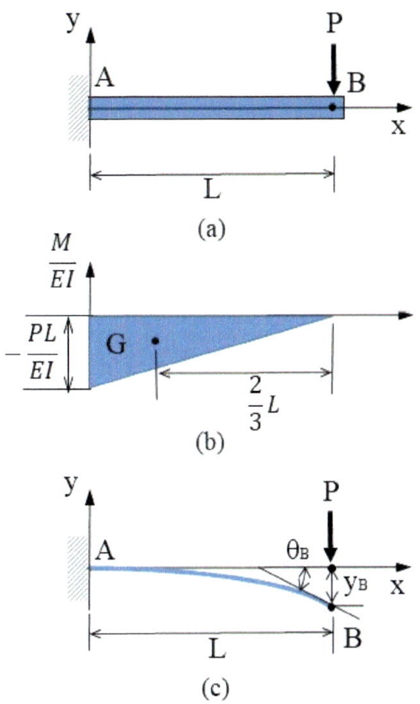

그림 4.25 면적모멘트법 응용(1)

우선, 그림 4.24에 보인 자유물체도의 평형조건식을 이용하여 외팔보의 지지점 A에 대한 반력 및 굽힘모멘트를 구하면 다음 식(4.64)와 같다.

$$\sum M = 0 \; : \; M = -PL \tag{4.64}$$

그림 4.24(b)에는 직각삼각형의 M/EI 선도를 작성하고 무게 중심점을 나타내고 있다. 따라서 자유단 B에서 기울기 θ_B 및 처짐량 y_B를 계산하면 다음 식(4.65)와 같다.

$$\theta_B = (AB\text{사이의 면적}) = -\frac{1}{2}\frac{PL}{EI}(L) = \frac{PL^2}{2EI}\,(CW) \tag{4.65}$$

$$y_B = (AB\text{사이의 면적})(x_G) = -\frac{1}{2}\frac{PL}{EI}(L)\left(\frac{2L}{3}\right) = \frac{PL^3}{3EI}\,(\downarrow)$$

(4) 임의 점에 집중하중을 받는 외팔보의 처짐 계산

그림 4.25(a)와 같이 길이 L인 외팔보의 임의 점 C에 집중하중 P가 작용하고 있다. 면적모멘트법을 사용하여 점 C 및 자유단 B에서 경사각 및 처짐량을 각각 구하는 문제이다.

그림 4.25에 보인 자유물체도의 평형조건을 이용하여 외팔보의 지지점 A에 대한 반력 및 굽힘모멘트를 구하면 다음 식(4.66)과 같다.

$$\sum M = 0 \ : \ M = -Pa \tag{4.66}$$

그림 4.25(b)에는 직각삼각형의 M/EI 선도를 작성하고 무게 중심점을 나타내고 있다. 점 C에서 기울기 θ_C 및 처짐량 y_C를 계산하면, 다음 식(4.67)과 같다.

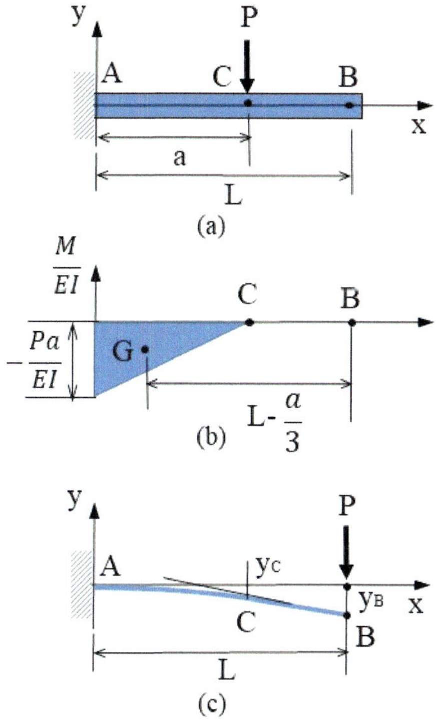

그림 4.26 면적모멘트법 응용(2)

$$\theta_C = (AB\text{ 사이의 면적}) = -\frac{1}{2}\frac{Pa}{EI}(a) = \frac{Pa^2}{2EI}\,(CW) \tag{4.67}$$

$$y_C = (AB\text{ 사이의 면적})(x_G) = -\frac{Pa^2}{2EI}\left(\frac{2a}{3}\right) = \frac{Pa^3}{3EI}\,(\downarrow)$$

지지점 B에서 기울기 θ_B, 처짐량 y_B를 계산하면, 각각 다음 식(4.68)과 같다.

$$\theta_B = \theta_C = (AB\text{사이의 면적}) = -\frac{1}{2}\frac{Pa}{EI}(a) = \frac{Pa^2}{2EI}(CW) \tag{4.68}$$

$$y_B = (AB\text{사이의 면적})(x_G) = -\frac{Pa^2}{2EI}\left(L-\frac{a}{3}\right) = \frac{Pa^2}{2EI}\left(L-\frac{a}{3}\right)(\downarrow)$$

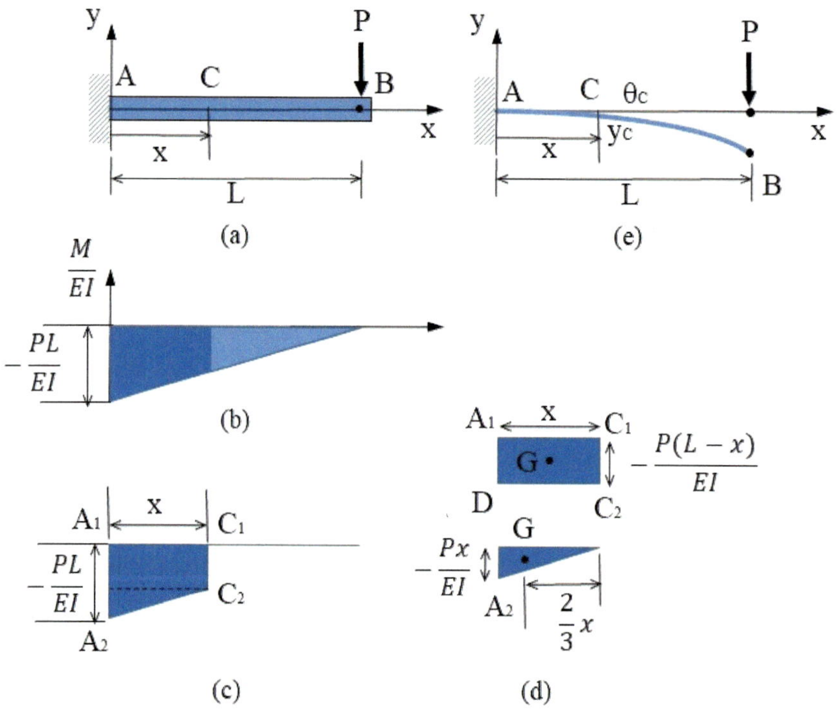

그림 4.27 면적모멘트법 응용(3)

(5) 자유단에 집중하중을 받는 외팔보의 임의 점에서 처짐 계산

그림 4.26(a)와 같이, 길이 L인 외팔보의 자유단 B에 집중하중 P가 작용하고 있다. 면적모멘트법을 사용하여 임의 점 C에서 경사각 및 처짐량을 구하는 문제이다.

그림 4.26에 보인 자유물체도의 평형조건식을 이용하여 외팔보의 지지점 A에 대한 반력 및 굽힘모멘트를 구하면, 다음 식(4.69)와 같다.

$$\sum M = 0 \ : \quad M = -PL \tag{4.69}$$

그림 4.26(b)와 같이 삼각형의 M/EI 선도를 작성하고, 주어진 임의 점 C 단면에 대한 $C_1 - C_2$를 절단한 사다리형 M/EI 선도를 그림 4.26(c)에 나타내었다.

사다리형을 직사각형과 직각삼각형으로 분리한 M/EI 선도를 그림 4.26(d)에 나타내었다. 즉 중첩법을 이용해서 면적과 무게 중심점을 구할 수 있다.

따라서 점 C에서 기울기 θ_C를 계산하면, 다음 식(4.70)과 같다.

$$\begin{aligned}\theta_C &= (AC\text{사이 면적}) = (\text{면적 } A_1DC_2C_1) + (\text{면적 } DA_2C_2) \\ &= -\frac{P(L-x)}{EI}(x) - \frac{1}{2}\frac{Px}{EI}(x) \\ &= -\frac{Px}{2EI}(2L-x) = \frac{Px}{2EI}(2L-x)\,(CW)\end{aligned} \tag{4.70}$$

그리고 점 C에서 처짐량 y_C를 계산하면, 다음 식(4.71)과 같다.

$$\begin{aligned}y_C &= (AC\text{사이의 면적})(x_G) \\ &= (\text{면적 } A_1DC_2C_1)(x_{G1}) + (\text{면적 } DA_2C_2)(x_{G2}) \\ &= -\frac{P(L-x)}{EI}(x)\left(\frac{x}{2}\right) - \frac{1}{2}\frac{Px}{EI}(x)\left(\frac{2}{3}x\right) \\ &= -\frac{Px^2(L-x)}{2EI} - \frac{Px^3}{3EI} = -\frac{Px^2}{6EI}(3L-x) = \frac{Px^2}{6EI}(3L-x)\,(\downarrow)\end{aligned} \tag{4.71}$$

4.7.7 특이함수법에 의한 보의 처짐

일반적으로 보에 1개의 외력이 작용하는 경우에는 보의 전단력, 굽힘모멘트, 탄성곡선(처짐곡선)을 구하기 위해 앞 절에서 배운 미분방적식 또는 면적모멘트법 등을 사용해서 구할 수 있다. 그러나 여러 개의 외력이 작용하는 경우에는 매우 복잡하고 적분하는 시간도 많이 소요된다. 즉 보에 작용하는 하중이 변하는 구간(불연속 점)마다 적분을 수행하고, 적분상수를 구하기 위해 경계조건, 연속조건을 적용해야 하는 복잡하고 귀찮은 문제가 있다.

따라서 이런 경우에는 불연속 함수를 사용하면 간편하게 해결할 수 있다. 보통 불연속 함수로는 매콜리 함수와 특이함수가 있다.

여기서 보의 축에 하중의 변화가 있지만, 보에 작용하는 전단력 F, 굽힘모멘트 M, 기울기 θ 및 처짐량 y를 각각 1개의 수식으로 표시할 수 있다. 이 방법을 특이함수법(singularity function method)이라고 한다.

(1) 매콜리 함수(Macaulay function)

불연속 함수는 꺽은 괄호 $\langle x-a \rangle^n$으로 표시한다. 여기서 n은 정수이며, a는 이 함수가 시작되는 위치의 x 값을 나타낸다.

일반적으로 매콜리 함수는 다음 식(4.72)로 정의한다.

$$\langle x-a \rangle^n = \left\{ \begin{matrix} 0 & : x \le a \\ (x-a)^n & : x \ge a \end{matrix} \right. \text{for } n \ge 0 \ (n=0,1,2,..) \Bigg\} \tag{4.72}$$

매콜리 함수의 적분은 다음 식(4.73)과 같다.

$$\int \langle x-a \rangle^n dx = \frac{\langle x-a \rangle^{n+1}}{n+1} \quad \text{for } n \ge 0 \tag{4.73}$$

여기서 꺾은 괄호의 표식은 x가 a에 도달하기 전에는 영(zero)이며, a에 도달하면 일반 함수와 같은 $(x-a)^n$의 함수가 된다. 그리고 실제 공학에서는 주로 n=0, 1인 경우가 많고, 때로는 n=3인 경우도 있다.

따라서 n=0, 1, 2인 경우에 대해 매콜리 함수인 식(4.72)를 그림 4.27에 그래프로 나타내었다. 그림 4.72(a)에는 n=0인 계단함수를 나타내고, 그림 4.27(b)에는 n=1인 직선 1차식을 나타내고, 그림 4.27(c)에는 n=2인 곡선 2차식을 나타내고 있다.

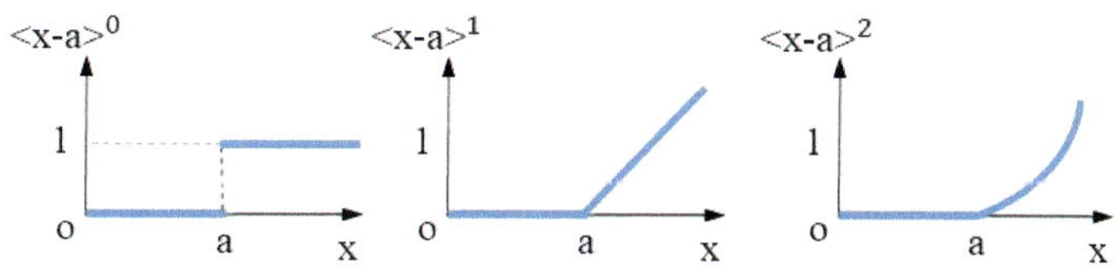

(a) n=0 (b) n=1 (c) n=2

그림 4.28 불연속 함수 $\langle x-a \rangle^n$ 의 정의

또한 이를 매콜리 함수로 나타내면 다음 식(4.74)와 같다.

$$\langle x-a \rangle^0 = \begin{Bmatrix} 0 & : x < a \\ 1 & : x \geq a \end{Bmatrix}, \quad \langle x-a \rangle^1 = \begin{Bmatrix} 0 & : x < a \\ x-a & : x \geq a \end{Bmatrix} \tag{4.74}$$

(2) 특이함수(singularity function)

매콜리 함수를 이용해서 집중하중 P와 모멘트 M을 q(x) 형태로 나타낼 수 있는 함수를 특이함수라고 정의한다. 여기서 q(x)를 하중강도함수(load intensity function)라고 한다. 집중하중 P를 특이함수로 나타내면 다음 식(4.75)와 같다.

$$q(x) = P\langle x-a \rangle^{-1} = \begin{Bmatrix} 0 & : x \neq a \\ P & : x = a \end{Bmatrix} \tag{4.75}$$

또한 모멘트 M을 특이함수로 나타내면 다음 식(4.76)과 같다.

$$q(x) = M_o\langle x-a \rangle^{-2} = \begin{Bmatrix} 0 & : x \neq a \\ M_o & : x = a \end{Bmatrix} \tag{4.76}$$

여기서 하중강도함수 q(x)가 힘의 단위가 될 수 있도록 집중하중일 경우 n=-1, 모멘트일 경우 n=-2를 적용한다. 특이함수 식(4.75)와 식(4.76)을 적분할 경우, 일반적인 함수 식(4.73)의 적분 방법과는 다르게 다음 식(4.77)과 같이 정의한다. 특이함수를 적분할 경우, n이 1씩 증가하여도 상수의 변화는 없다.

$$\int \langle x-a \rangle^{n} dx = \langle x-a \rangle^{n+1} \quad \text{for } n < 0 \ (n = -1, -2, \cdots) \tag{4.77}$$

표 4.1 기본 하중강도함수

부하 종류	보 위의 하중 그림	하중강도함수
1. 모멘트+	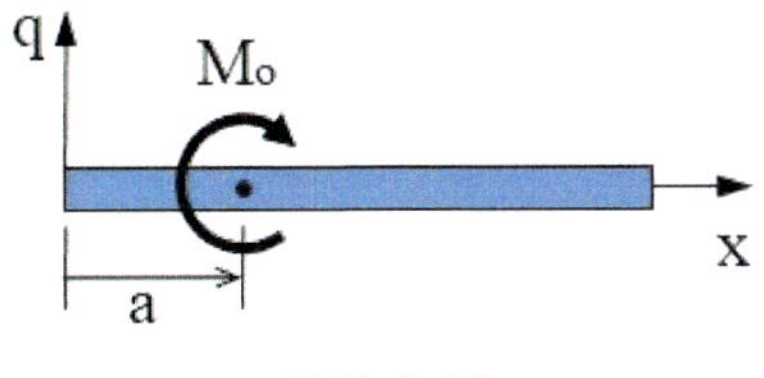 그림 4.29	$q(x) = M_o < x - a >^{-2}$
2. 집중하중	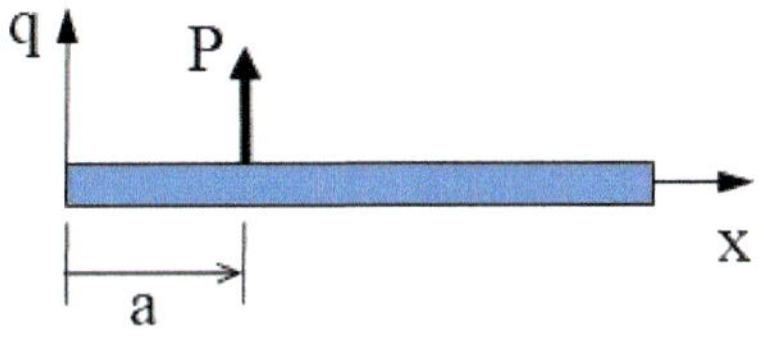 그림 4.30	$q(x) = P < x - a >^{-1}$
3. 등분포하중	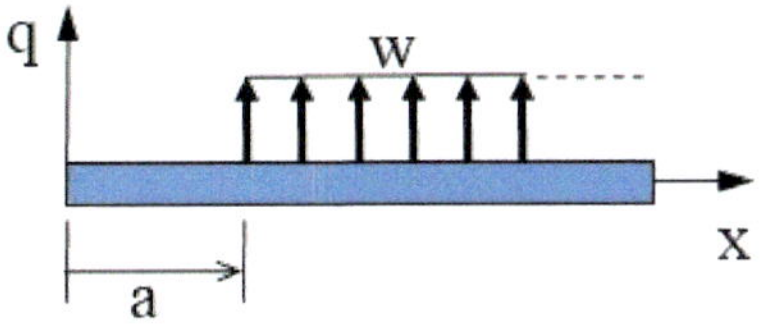 그림 4.31	$q(x) = w < x - a >^{0}$
4. 분포하중 (1차 직선)	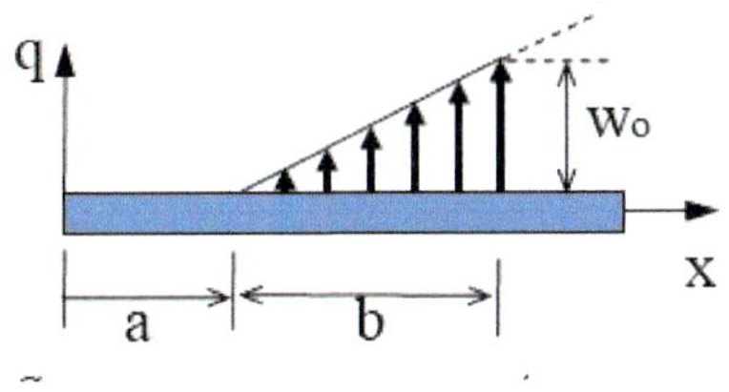 그림 4.32	$q(x) = \frac{w_o}{b} < x - a >^{1}$
5. 분포하중 (2차 곡선)	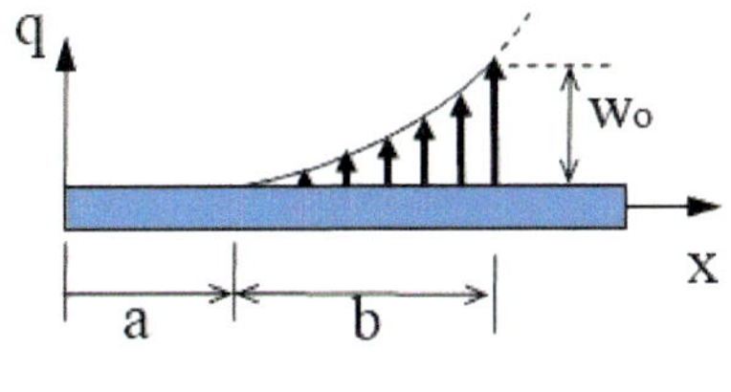 그림 4.33	$q(x) = \frac{w_o}{b^2} < x - a >^{2}$

표 4.2 중첩 응용 하중강도함수

부하 종류	보 위의 하중 그림	하중강도함수
1. 등분포하중 (중첩)	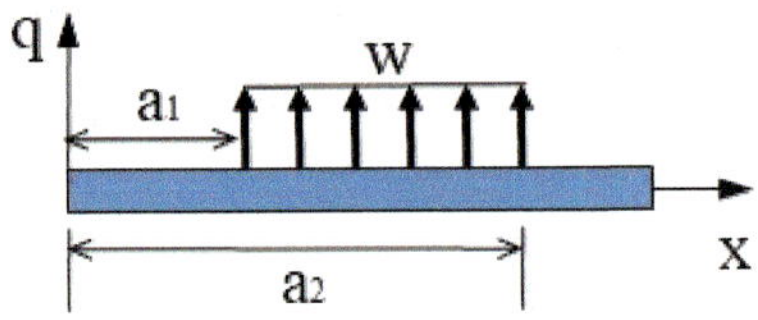 그림 4.34	$q(x) = w < x - a_1 >^0$ $- w < x - a_2 >^0$
2. 분포하중 (1차 직선1) (중첩)	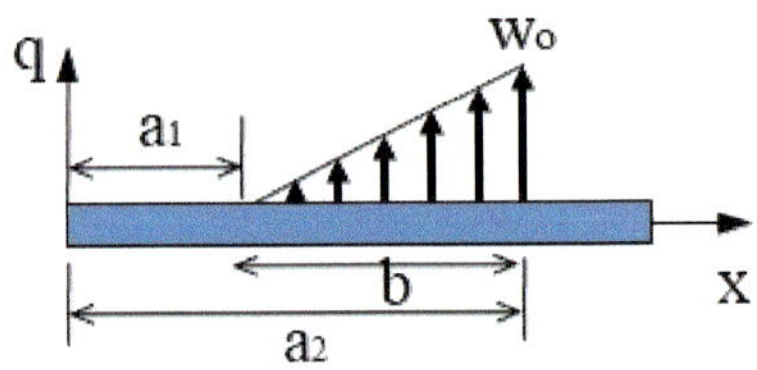 그림 4.35	$q(x) = \frac{w_o}{b} < x - a_1 >^1$ $- \frac{w_o}{b} < x - a_2 >^1$ $- w_o < x - a_2 >^0$
3. 분포하중 (1차 직선2) (중첩)	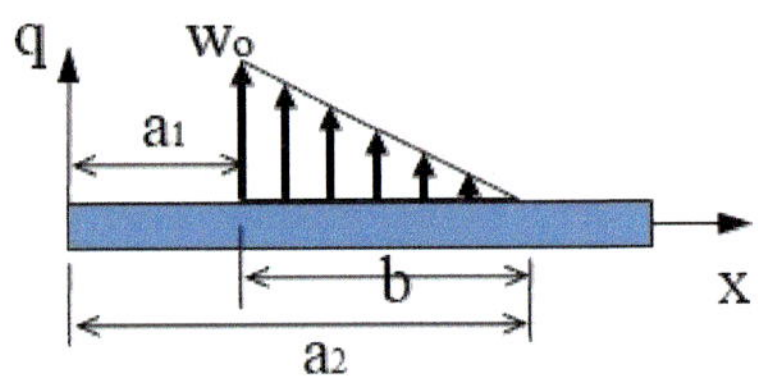 그림 4.36	$q(x) = w_o < x - a_1 >^0$ $- \frac{w_o}{b} < x - a_1 >^1$ $+ \frac{w_o}{b} < x - a_2 >^1$

표 4.1에는 보에 작용하는 하중에 대한 기본 하중강도함수 q(x)를 나타내고 있다. 표 4.2에는 기본 하중강도함수를 중첩해서 다양한 하중 상태에 적용할 수 있도록 중첩 응용 하중강도함수를 나타내고 있다.

실제 문제를 해석하기 위해서는 주어지 보의 부하 상태에 적합한 하중강도함수를 표 4.1과 표 4.2에서 선정한 후, 다음 식(4.78)과 같이 적분하여 전단력 V, 굽힘모멘트 M, 기울기 θ 및 처짐량 y를 각각 계산할 수 있다.

$$V = \int_{-\infty}^{x} q(x)dx\ , \quad M = \int_{-\infty}^{x} V(x)dx \tag{4.78}$$

$$\theta = \int_{-\infty}^{x} M(x)dx\ , \quad y = \int_{-\infty}^{x} \theta(x)dx$$

(3) 자유단 및 임의점에 집중하중을 받는 외팔보의 처짐 계산

그림 4.36(a)와 같이 길이 L인 외팔보의 임의 점 C에 P_2, 자유단 B에 집중하중 P_1이 작용하고 있다. 특이함수를 이용하여 하중강도함수를 구하고, 전단력 선도와 굽힘모멘트 선도를 구하는 문제이다.

그림 4.36(b)와 같이, 자유물체도의 평형조건을 이용하여 외팔보의 지지점 A에 대한 반력 및 굽힘모멘트를 구한 후, 하중강도함수 q(x)를 구하면 다음 식(4.79)와 같다.

$$\begin{aligned} q(x) = &- M_A < x >^{-2} + R_A < x >^{-1} \\ &- P_2 < x - a >^{-1} - P_1 < x - L >^{-1} \end{aligned} \tag{4.79}$$

따라서 식(4.79)를 적분하여 전단력 V(x)와 굽힘모멘트 M(x)를 계산하면 다음 식(4.80)과 같다.

$$\begin{aligned} V(x) = \int_{-\infty}^{x} q(x)dx = &- M_A < x >^{-1} + R_A < x >^{0} \\ &- P_2 < x - a >^{0} - P_1 < x - L >^{0} \\ M(x) = \int_{-\infty}^{x} V(x)dx = &- M_A < x >^{0} + R_A < x >^{1} \\ &- P_2 < x - a >^{1} - P_1 < x - L >^{1} \end{aligned} \tag{4.80}$$

구간 AC $(0 \le x \le a)$에서 반력과 모멘트는 다음 식(4.81)과 같다.

$$\begin{aligned} &V_{AC} = 0 = R_A - P_2 - P_1 \quad \therefore R_A = P_1 + P_2 \\ &M_{AC} = 0 = - M_A + P_2 a + P_1 L \quad \therefore M_A = P_1 L + P_2 a \end{aligned} \tag{4.81}$$

구간 CB $(a \leq x \leq L)$에서 반력과 모멘트는 다음 식(4.82)와 같다.

$$V_{CB} = 0 = -R_A - P_1 \quad \therefore R_A = -P_1$$
$$M_{CB} = 0 = -M_A - P_1(a - L) \quad \therefore M_A = -P_1 b \tag{4.82}$$

전단력 선도와 굽힘 모멘트 선도는 각각 그림 4.36(b)와 그림 4.36(c)와 같다.

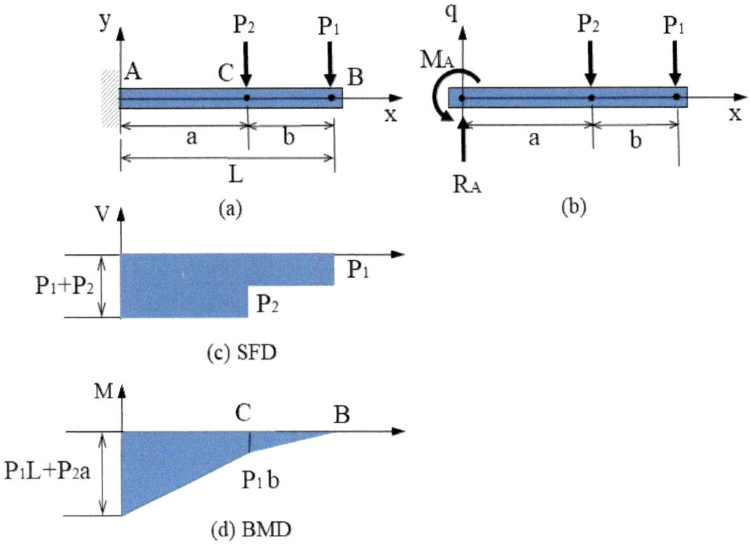

그림 4.37 특이함수법 응용(1)

(4) 자유단 및 임의점에 집중하중을 받는 외팔보의 처짐 계산

그림 4.37(a)와 같이 길이 L인 단순보에 집중하중 P가 점 C에 작용하고 있다. 특이함수법을 이용하여 지지점 A에서 기울기 θ_A, 임의 x지점의 기울기 θ_x 및 처짐량 y_x를 구하는 문제이다.

그림 4.37(b)와 같이 자유물체도의 평형조건식을 이용하여 외팔보에 대한 반력을 구한 후, 하중강도함수 q(x)를 구하면 다음 식(4.83)과 같다.

$$q(x) = R_A < x >^{-1} - P < x - a >^{-1} + R_B < x - L >^{-1} \tag{4.83}$$

이 하중강도함수를 적분을 해서 전단력 V(x)와 굽힘모멘트 M(x)를 구하면 각각 식(4.84)와 식(4.85)와 같다.

$$\begin{aligned} V(x) &= \int_{-\infty}^{x} q(x)dx \\ &= R_A < x >^0 - P < x-a >^0 + R_B < x-L >^0 \end{aligned} \tag{4.84}$$

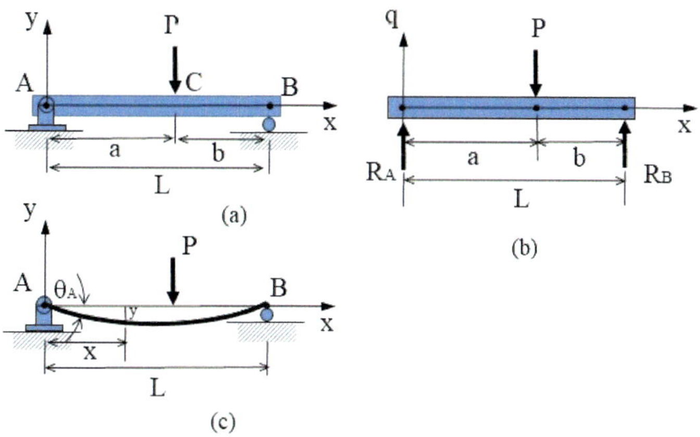

그림 4.38 특이함수법 응용(2)

$$\begin{aligned} M(x) &= \int_{-\infty}^{x} V(x)dx \\ &= R_A < x >^1 - P < x-a >^1 + R_B < x-L >^1 \end{aligned} \tag{4.85}$$

여기서 경계조건으로 반력을 구하면 다음 식(4.86)과 같다.

$$V(L) = R_A - P + R_B = 0, \quad M(L) = R_A L - P(L-a) = 0 \tag{4.86}$$

$$\therefore R_A = \frac{Pb}{L}, \quad R_B = \frac{Pa}{L}$$

굽힘공식에 식(4.85)의 모멘트를 대입하여 적분하여 기울기 및 처짐량을 계산하면 다음 식(4.87)과 같다.

$$EIy'' = M(x): \tag{4.87}$$

$$EIy'' = R_A < x >^1 - P < x-a >^1 + R_B < x-L >^1$$
$$EIy' = \frac{1}{2}R_A < x >^2 - \frac{1}{2}P < x-a >^2 + \frac{1}{2}R_B < x-L >^2 + C_1$$
$$EIy = \frac{1}{6}R_A < x >^3 - \frac{1}{6}P < x-a >^3 + \frac{1}{6}R_B < x-L >^3 + C_1 x + C_2$$

여기서 경계조건으로 적분상수를 구하면 다음 식(4.88)과 같다.

$$y(0) = 0 \; : \; C_2 = 0 \tag{4.88}$$

$$y(L) = 0 : \frac{1}{6}R_A L^3 - \frac{1}{6}Pb^3 + C_1 L = 0$$
$$\therefore \; C_1 = -\frac{Pb}{6L}(L^2 - b^2)$$

최종적으로 기울기 및 처짐량은 다음 식(4.89)와 같다.

$$EIy' = \frac{R_A}{2} < x >^2 - \frac{P}{2} < x-a >^2 + \frac{R_B}{2} < x-L >^2 - \frac{Pb}{6L}(L^2 - b^2) \tag{4.89}$$

$$EIy = \frac{R_A}{6} < x >^3 - \frac{P}{6} < x-a >^3 + \frac{R_B}{6} < x-L >^3 - \frac{Pb}{6L}(L^2 - b^2)x$$

따라서 식(4.89)에서 기울기 θ_A, θ_x 및 y_x를 계산하면 다음 식(4.90)과 같다.

$$y_A'(0) = \theta_A(0) = \frac{C_1}{EI} = -\frac{Pb}{6EIL}(L^2 - b^2) = \frac{Pb}{6EIL}(L^2 - b^2)\ (CW) \qquad (4.90)$$

$$y_x' = \theta_x(x) = \frac{1}{EI}\left(\frac{Pb}{2L}x^2 + C_1\right)$$

$$= -\frac{Pb}{6EIL}(L^2 - b^2 - 3x^2) = \frac{Pb}{6EIL}(L^2 - b^2 - 3x^2)\ (CW)$$

$$y_x(x) = \frac{1}{EI}\left(\frac{Pb}{6L}x^3 + C_1 x\right) =$$

$$= -\frac{Pbx}{6EIL}(L^2 - b^2 - x^2) = \frac{Pbx}{6EIL}(L^2 - b^2 - x^2)\ (\downarrow)$$

4.7.8 변형률 에너지

일반적으로 이상적인 보(정정보, 일정한 단면 등)를 대상으로 보에 1개의 외력이 작용하는 경우에는 보의 전단력, 굽힘모멘트 및 탄성곡선(처짐곡선)을 구하기 위해 앞 절에서 배운 미분방적식, 면적모멘트법 및 특이함수법 등을 사용해서 구할 수 있다. 그러나 여러 개의 외력이 작용하는 경우와 실제적인 보(부정정보, 단면적이 변하는 보 등)에는 기존의 방법으로는 해석할 수 없다.

또한, 하중이 에너지와 관련된 경우에는 정확한 외력의 하중값을 알 수 없는 경우가 많다. 이 경우에는 에너지 방법이 매우 효과적이고 편리한 방법이 될 수 있다.

보통 기계요소에 하중을 가하면 변형이 된다. 이상적인 조건으로 열과 같은 에너지 손실이 없다면, 외력이 한 일은 내부 일로 변환되고 이를 변형률 에너지(strain energy) 또는 변형에너지라고 하며, 변형된 물체 내에 저장된다.

일반적으로 역학에서는 에너지보존 법칙(principle of conservation energy)을 따르고 있다. 즉, 에너지는 추가로 생성되지도 않고 소멸되지도 않는다는 가정이다.

어떤 구조물에 정적 및 탄성영역 이내 상태에 있다고 가정하고, 에너지 보존 법칙을 적용하면, 외부 하중에 의한 외부 일 W는 내부의 일 또는 내부에 저장되는 탄성 변형에너지 U와 같게 되며, 다음 식(4.91)과 같다.

$$W = U \tag{4.91}$$

$$W = \frac{1}{2}P\delta, \qquad U = \lim_{\Delta V}\frac{\Delta U}{\Delta V} = \frac{dU}{dV}$$

그리고 외부의 하중이 여러 개가 작용할 경우, 선형성 및 중첩법을 이용하면 개별 일들을 산술적 합을 하면 되며, 다음 식(4.92)와 같다.

$$U = W = \frac{1}{2}\sum P_i\delta_i \tag{4.92}$$

따라서 식(4.92)의 탄성에너지로부터 변위를 구하는 방법을 일-에너지법(work -energy method) 또는 간단히 에너지법이라고 한다.

(1) 인장 하중인 경우

그림 4.38과 같이, 구조물에 축방향 하중 P(응력 σ)가 작용할 경우, 변위 δ(변형률 ε)가 발생한다. 이 경우 에너지법으로 변위를 구하기 위해서 변형에너지 U를 구하면 다음 식(4.93)과 같다. 즉 하중(응력)-변위(변형률) 선도에서 아래 부분의 면적이 변형에너지 U가 된다.

$$U = W = \frac{1}{2}P\delta = \frac{1}{2}\sigma\epsilon \tag{4.93}$$

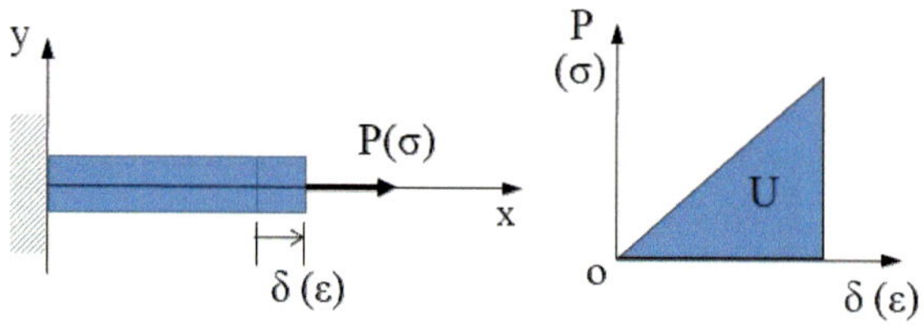

그림 4.39 인장 변형에너지(1)

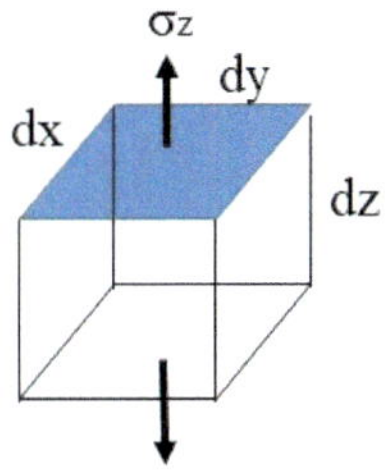

그림 4.40 인장 변형에너지(2)

3차원 구조물인 경우, 그림 4.39와 같이 미소 체적요소 dv(dx, dy, dz)에 축 방향의 하중이 작용하면, 축 방향의 힘 dP는 다음 식(4.94)와 같다.

$$dP = \sigma_x dA = \sigma_x dx dy \tag{4.94}$$

이 하중에 의해 미소요소가 $\epsilon_z dz$ 만큼 수직으로 늘어나게 된다. 이때 힘이 0에서 dP까지 균일하게 증가하는 동안 $\epsilon_z dz$ 만큼 늘어난 것으로 작용한 힘의 평균값을 곱하면 변형에너지는 다음 식(4.95)와 같다.

$$dU = \left(\frac{1}{2}dP\right)\epsilon_x dz \tag{4.95}$$

식(4.94)를 식(4.95)에 대입하면, 다음 식(4.96)과 같다.

$$dU = \left(\frac{1}{2}dP\right)\epsilon_x dz, \qquad \therefore U = \int_v \frac{\sigma\epsilon}{2} dv \tag{4.96}$$

특히 재료가 후크의 법칙을 따르고, 길이가 l인 보에 축하중이 작용하면, 변형에너지는 다음 식(4.97)과 같다.

$$U = \int_v \frac{\sigma^2}{2E} dv = \int_v \frac{P^2}{2EA^2} dv = \int_0^l \frac{P^2}{2EA} dx = \frac{P^2 l}{2EA} \tag{4.97}$$

(2) 전단 하중인 경우

그림 4.40과 같이, 구조물에 축에 수직 방향 하중 전단력 V(전단응력 τ)가 작용할 경우, 변위 δ(전단변형률 γ)가 발생한다. 이 경우 에너지법으로 변위를 구하기 위해서 변형에너지 U를 구하면 다음 식(4.99)와 같다. 즉 전단력(전단응력)-변위(전단변형률) 선도에서 아래 부분의 면적이 변형에너지 U가 된다.

$$U = W = \frac{1}{2} V\delta = \frac{1}{2}\tau\gamma \tag{4.99}$$

3차원 구조물인 경우, 그림 4.41과 같이 미소 체적요소 $dv(dx, dy, dz)$에 전단하중(V 또는 전단응력 τ)이 작용하면, 전단력 dV는 다음 식(4.100)과 같다.

$$dV = \tau dx dy \tag{4.100}$$

이 전단력에 의해 미소 요소가 γdz 만큼 변형하며, 변형에너지는 다음 식(4.101)과 같다.

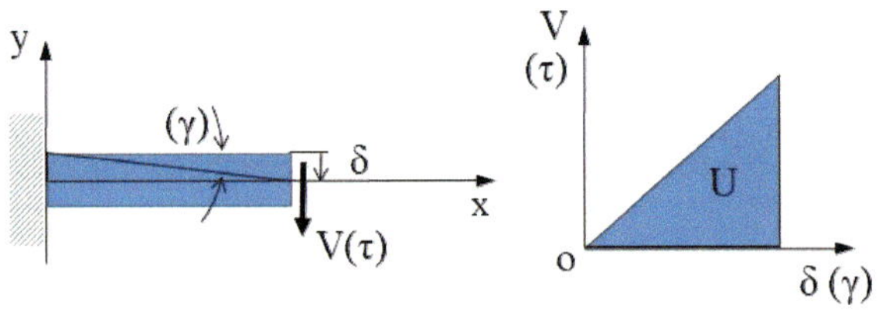

그림 4.41 전단력 변형에너지(1)

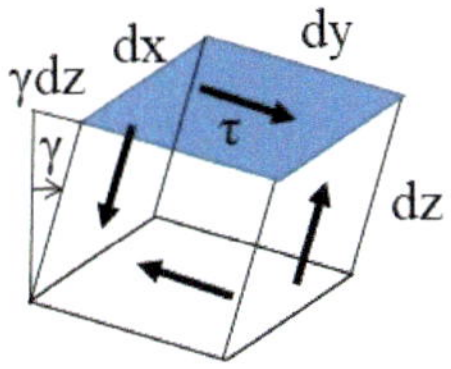

그림 4.42 전단 변형에너지(2)

$$dU = \frac{1}{2}(\tau dxdy)\gamma dz = \frac{1}{2}\tau\gamma dv \quad \therefore U = \int_v \frac{\tau\gamma}{2} dv \tag{4.101}$$

특히 재료가 후크의 법칙을 따르고, 길이가 l인 보에 전단하중이 작용하면, 변형에너지는 다음 식(4.102)와 같다.

$$\tau = G\gamma, \quad \therefore U = \int_v \frac{\tau^2}{2G} dv \tag{4.102}$$

(3) 굽힘모멘트일 경우

그림 4.42와 같이, 구조물에 굽힘모멘트 M이 작용할 경우, 변위 θ가 발생한다. 이 경우 변형에너지 U를 구하면 다음 식(4.103)과 같다. 즉 굽힘모멘트-굽힘각 선도에서 아래 부분의 면적이 변형에너지 U가 된다.

$$U = W = \frac{1}{2}M\theta \tag{4.103}$$

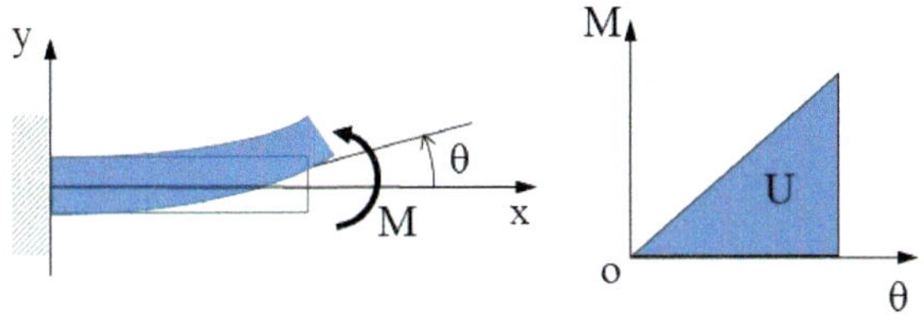

그림 4.43 굽힘모멘트일 경우 변형에너지

또한, 길이가 l인 보에 굽힘모멘트 M이 작용하면, 변형에너지는 다음 식(4.104)와 같다.

$$U=\int_v \frac{\sigma^2}{2E}dv=\int_v \frac{M^2y^2}{2EI^2}dv \tag{4.104}$$
$$=\int_0^l \frac{M^2}{2EI^2}\left(\int y^2 dA\right)dx=\int_0^l \frac{M^2}{2EI}dx$$

(4) 토크일 경우

그림 4.43과 같이, 구조물에 토크 T가 작용할 경우, 비틀림 변위 ϕ가 발생한다. 이 경우 에너지법으로 변위를 구하기 위해서 변형에너지 U를 구하면 다음 식(4.105)와 같다. 즉 토크-비틀림각 선도에서 아래 부분의 면적이 변형에너지 U가 된다.

$$U=W=\frac{1}{2}T\phi \tag{4.105}$$

길이가 l인 보에 토크 T가 작용하면, 변형에너지는 다음 식(4.106)과 같다.

$$U=\int_v \frac{\tau^2}{2G}dv=\int_v \frac{T^2r^2}{2GJ^2}dv \tag{4.106}$$
$$=\int_0^l \frac{T^2}{2GJ^2}\left(\int r^2 dA\right)dx=\int_0^l \frac{T^2}{2GJ}dx$$

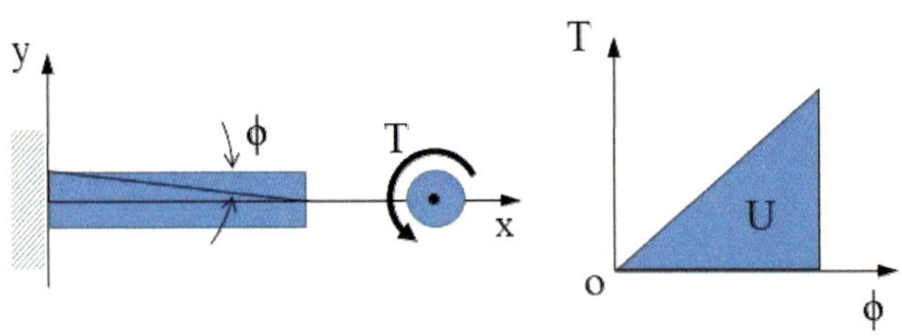

그림 4.44 토크일 경우 변형에너지

(5) 일반적인 응력일 경우

3D 구조물에 응력이 가해지면 총 변형에너지는 다음 식(4.107)과 같다.

$$U = \int_v \left(\frac{\sigma_x \epsilon_x}{2} + \frac{\sigma_y \epsilon_y}{2} + \frac{\sigma_z \epsilon_z}{2} \right) dv + \int_v \left(\frac{\tau_{xy} \gamma_{xy}}{2} + \frac{\tau_{yz} \gamma_{yz}}{2} + \frac{\tau_{xz} \gamma_{xz}}{2} \right) dv \quad (4.107)$$

(6) 카스틸리아노(Castigliano) 정리

구조물에 외력이 작용하면 변형이 발생하며, 이 변형을 구하기 위해서 일-에너지법이 정의된 바 있다. 이 에너지법을 이용하여 구조물의 변위를 간편하게 얻을 수 있는 방법으로 카스틸리아노 정리가 있다.

먼저 선형탄성체 구조물에 여러 개의 하중이 작용하면, 개별 하중이 한 일을 합하면 구조물의 변형에너지와 같으며, 다음 식(4.108)과 같다.

$$U = \frac{1}{2} \sum P_i \, \delta_i \quad (4.108)$$

식(4.108)에서 여러 개의 하중 P_i 중에서 하나의 하중 P_i에만 미소 크기의 dP_i 만큼 증가하고 나머지 하중은 변화하지 않는다면, 변형에너지의 증가는 다음 식(4.109)와 같다.

$$U' = U + \left(\frac{\partial U}{\partial P_i} \right) dP_i \quad (4.109)$$

그리고 미소 하중 dP_i가 가해지면 가해진 지점 i에서 변위 δ_i가 발생되어 일을 하게 된다. 여기서 전체 변형에너지는 다음 식(4.110)과 같다.

$$U' = U + dP_i \, (\delta_i) \quad (4.110)$$

따라서 식(4.109)와 식(4.110)으로부터 다음 식(4.111)을 얻게 된다.

$$\left(\frac{\partial U}{\partial P_i}\right)dP_i = dP_i(\delta_i), \qquad \therefore \ \delta_i = \frac{\partial U}{\partial P_i} \tag{4.111}$$

여기서 식(4.111)을 카스틸리아노 정리라고 한다. 이 정리는 변형에너지 U의 하중 P_i에 대한 편도함수는 하중 P_i가 작용하는 위치 i에서 하중 방향으로의 변위 δ_i와 같게 된다.

또한 구조물에 굽힘모멘트 M, 토크 T가 작용할 때, 각각 발생하는 기울기 θ, 비틀림각 ϕ에 대해서도 카스틸리아노 정리를 동일하게 적용할 수 있으며, 각각 식(4.112)와 식(4.113)과 같다.

$$\theta_i = \frac{\partial U}{\partial M_i} \tag{4.112}$$

$$\phi_i = \frac{\partial U}{\partial T_i} \tag{4.113}$$

그리고 하중(축력, 굽힘, 비틀림, 횡전단력)에 따른 변형에너지를 다음 표 4.3에 나타내었고, 카스틸리아노의 정리를 적용할 때, 참고하면 된다.

카스틸리아노 정리를 적용한 예로서, 보(beam)에 대한 변형에너지 U가 표 4.3으로부터 식(4.114)로 주어졌다면, 하중 P_i에 의한 변형 δ_i를 구하면 다음 식(4.115)와 같다. 또 굽힘모멘트 M_i에 대한 회전각 θ_i는 다음 식(4.116)과 같다.

$$U = \int \frac{M^2 dx}{2EI} \tag{4.114}$$

$$\delta_i = \frac{\partial U}{\partial P_i} = \int \frac{M}{EI}\frac{\partial M}{\partial P_i}dx \tag{4.115}$$

표 4.3 하중에 따른 변형에너지

부하 종류	변수	변형에너지 (변수가 x축 일정)	변형에너지 일반식
1. 축력	P, E, A	$U=\dfrac{P^2 l}{2EA}$	$U=\displaystyle\int_0^l \frac{P^2}{2EA}dx$
2. 굽힘	M, E, I	$U=\dfrac{M^2 l}{2EI}$	$U=\displaystyle\int_0^l \frac{M^2}{2EI}dx$
3. 비틀림	T, G, J	$U=\dfrac{T^2 l}{2GJ}$	$U-\displaystyle\int_0^l \frac{T^2}{2EJ}dx$
4. 횡전단력	V, G, A	$U=\dfrac{3V^2 l}{5GA}$	$U=\displaystyle\int_0^l \frac{3V^2}{5GA}dx$

$$\theta_i = \frac{\partial U}{\partial M_i} = \int \frac{M}{EI}\frac{\partial M}{\partial M_i}dx \tag{4.116}$$

카스틸리아노 정리는 하중이 작용하는 지점에 대한 변위를 구하는 일-에너지법이었다. 그런데 하중이 작용하지 않는 지점의 변위를 구하는 방법으로 가상일-에너지법이 있다. 즉 원하는 지점 및 방향으로 가상하중을 가하여 계산한 후, 가상하중을 영(zero)으로 하게 되면, 외력 하중이 작용하지 않는 지점의 변위를 구할 수 있다.

카스틸리아노 정리를 적용하는 과정을 정리하면 다음과 같다.

① 표 4.3을 이용해서 총 변형에너지를 구한다.

② 원하는 처짐의 위치와 방향은 갖는 가상의 힘 P_i를 구한다.

③ $\delta_i = \dfrac{\partial U}{\partial P_i}$으로 처짐을 구한다.

④ 하중 P_i가 가상의 힘이라면 P_i=0을 대입하여 결과를 구한다.

4.8 정하중 재료파손 이론

기계요소 설계 과정에서 다양한 원인에 의한 손상 또는 파손을 사전에 예측해서 설계에 반영하는 것이 매우 중요하다. 그러나 설계과정에서 주로 단일 하중에 의한 항복응력 조건을 고려하고 있으나, 실제로는 다수의 하중이 동시에 작용하기 때문에 항복응력 조건의 우선 순위를 결정하기가 쉽지 않다.

재료의 파손을 크게 2개 유형으로 나눈다면 연성재료와 취성재료의 파손을 들 수 있다. 취성재료는 외력을 받으면 미소 변위가 거의 없다가 갑자기 2개로 분리되며 파괴가 일어난다. 따라서 1축의 주응력이 항복응력을 기준으로 손상 또는 파괴를 판단하게 된다. 그러나 연성재료는 외력을 받으면, 1축 이외에도 2축, 3축 응력의 영향을 받아 미소 변위가 상당히 진행되다가 최종적으로 손상 또는 파손이 된다.

따라서 일반적으로 취성재료보다는 연성재료의 손상 예측이 더 복잡하고 어렵다. 특히 연성재료의 항복조건을 다양하게 연구해 오고 있으며, 주요 항복 조건 이론을 비교해서 그 특성을 알고자 한다. 주요 항복이론은 최대 주응력설, 최대 전단응력설 및 최대 전단변형에너지설 등이 있다.

4.8.1 최대 주응력설 (Rankine 이론)

일반적으로 구조물 소재에서 발생하는 최대 수직응력이 항복강도보다 크면 재료가 파손된다고 하는 이론으로 최대 주응력설(maximum principle stress theory) 또는 최대 수직응력설 또는 Rankine 이론이라고 한다.

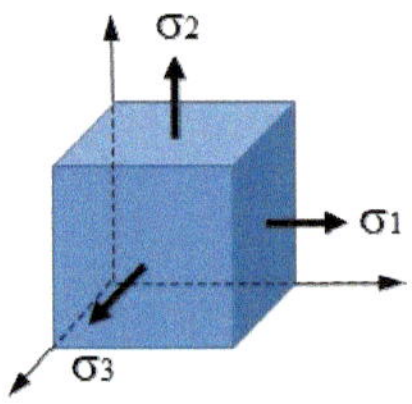

그림 4.45 3축 응력 요소

실제 3차원 구조물에서 주응력은 그림 4.44와 같이, 3축응력 요소 σ_1, σ_2, σ_3가 주어진다. 여기서 최대 주응력설에 따르면 다음 식(4.117)과 같다.

$$|\sigma_1| = \sigma_y \quad \text{or} \quad |\sigma_3| = \sigma_y \tag{4.117}$$

그러나 취성재료인 경우에는 연성재료와는 달리 미소 요소 변형이 매우 작고 급격하게 파단이 일어나기 때문에, 항복응력 σ_y 대신 극한강도 σ_u를 사용하게 되며, 다음 식(4.118)과 같다.

$$|\sigma_1| = \sigma_u \quad \text{or} \quad |\sigma_3| = \sigma_u \tag{4.118}$$

이를 평면응력 상태(σ_3=0)에서는 다음 식(4.119)로 나타낸다.

$$|\sigma_1| = \sigma_u \quad \text{or} \quad |\sigma_2| = \sigma_u \tag{4.119}$$

$$\sigma_{1,2} = \frac{\sigma_x + \sigma_y}{2} \pm \sqrt{\left(\frac{\sigma_x - \sigma_y}{2}\right)^2 + \tau_{xy}^2}$$

또한 식(4.119)를 그래프로 나타내면 다음 그림 4.45와 같다. 여기서 극한응력 σ_u이내 영역에서는 파손이 발생하지 않고, 그 이상일 경우 파손이 된다는 이론이다. 즉 색칠한 영역 내부에서는 안전하고, 영역 외부에서는 파손이 된다는 이론이다. 그리고 최대 주응력설은 취성재료인 경우 인장 및 압축 하중에는 잘 만족하나 연성재료에서는 잘 만족하지 않는다.

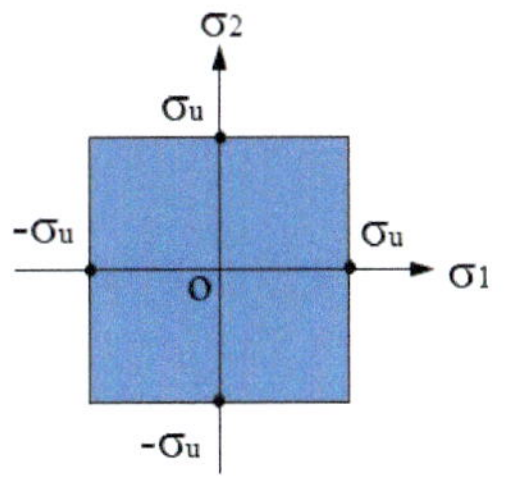

그림 4.46 최대 주응력설

4.8.2 최대 전단응력설 (Tresca 이론)

연성재료에서는 외력을 받으면 취성재료와는 달리, 수직응력 뿐만아니라 전단응력의 영향을 받게 된다. 따라서 사용 부재의 최대 전단응력 $\tau_{\max}$이 그 재료의 단순 인장시험의 항복점에서 전단 항복응력 τ_y보다 크면 파손이 발생한다는 이론이며, 이를 최대전단응력설(maximun shear stress theory) 또는 Tresca 이론이라고 한다. 즉 3차원 상태에서 최대 전단응력설에 따르면 최대 전단응력은 다음 식(4.120)과 같다.

$$\tau_{\max} = \max\left(\frac{|\sigma_1 - \sigma_2|}{2}, \frac{|\sigma_2 - \sigma_3|}{2}, \frac{|\sigma_3 - \sigma_1|}{2}\right) \tag{4.120}$$

평면응력 상태(σ_3=0)에서 최대 전단응력은 다음 식(4.121)과 같다.

$$\tau_{\max} = \frac{\sigma_1 - \sigma_2}{2} = \sqrt{\left(\frac{\sigma_x - \sigma_y}{2}\right)^2 + \tau_{xy}^2} \tag{4.121}$$

단순 인장시험 상태($\sigma_2 = \sigma_3 = 0$)에서 최대 전단응력은 식(4.122)와 같다.

$$\tau_{\max} = \frac{\sigma_1}{2}, \quad \because \sigma_2 = \sigma_3 = 0, \quad \therefore \tau_y = \frac{\sigma_y}{2} \tag{4.122}$$

만일 σ_1과 σ_2가 반대 방향으로 작용하면. 다음 식(4.123)을 만족해야 한다.

$$|\sigma_1 - \sigma_2| = \sigma_y \tag{4.123}$$

또한 σ_1과 σ_2가 같은 방향으로 작용하면, 다음 식(4.124)를 만족해야 한다.

$$|\sigma_1| = \sigma_y \ \text{ or } \ |\sigma_2| = \sigma_y \tag{4.124}$$

따라서 식(4.123)과 식(4.124)를 그래프로 나타내면 다음 그림 4.46과 같다.

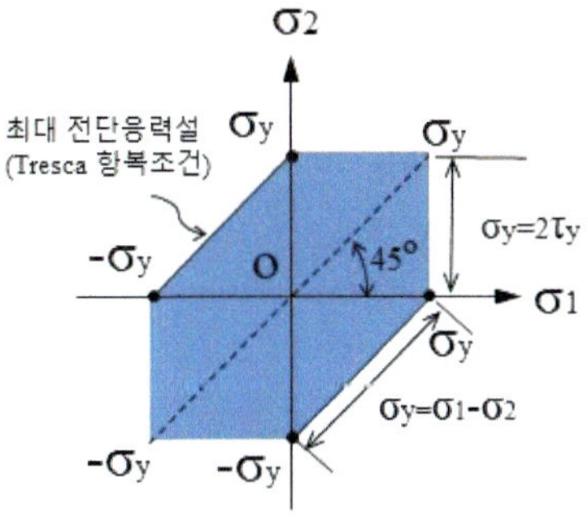

그림 4.47 최대 전단응력설

여기서 재료에 주응력의 방향이 같을 때는 최대 전단항복응력의 2배인 $2\tau_y$가 항복응력 σ_y 이내 영역에서는 파손이 발생하지 않고, 그 이상일 경우 파손이 된다는 이론이다. 또한 재료에 주응력의 방향이 서로 반대 방향일 때는 $|\sigma_1 - \sigma_2|$가 σ_y이내일 때 파손이 안되고, 이상일 경우 파손이 된다는 이론이다.

즉 그림 4.46에서 색칠된 영역인 안쪽은 항복이 일어나지 않고, 외부는 항복이 발생한다.

이 최대 전단응력설은 연성 재료인 경우, 실제 실험값과 비교적 잘 일치하고 있어서 설계 및 해석에 많이 사용하고 있다. 그러나 실제 값과 어느 정도 오차가 있다.

4.8.3 최대 전단변형에너지설 (von Mises 이론)

최대 전단변형에너지설은 앞에서 언급한 최대 전단응력설의 오차를 보완하기 위해서 von Mises와 Huber가 제안한 이론이다. 이 이론은 조합응력 상태에서 단위체적당 전단변형에너지가 순수 전단변형에너지 값에 도달하면 파손이 발생한다는 이론이며, 이를 최대 전단변형에너지설(maximun shear strain energy theory) 또는 von Mises 이론이라고 한다.

von Mises 이론은 결국 3차원 조합응력 상태에서 주응력(σ_1, σ_2, σ_3)간 차이의 제곱합 평균의 제곱근이 인장시험의 항복응력 σ_y에 도달하면 항복이 일어난다는 이론이며, 다음 식(4.125)와 같다.

$$\sqrt{\left[\frac{(\sigma_1-\sigma_2)^2+(\sigma_2-\sigma_3)^2+(\sigma_3-\sigma_1)^2}{3}\right]}=\sigma_y \tag{4.125}$$

여기서 순수 인장시험 조건(σ_2=σ_3=0)이라고 하면, 다음 식(4.126)과 같다.

$$\because\ \sigma_1=\sigma_y, \quad \sigma_2=\sigma_3=0 \tag{4.126}$$

$$\sqrt{\left[\frac{(\sigma_y-0)^2+(0-0)^2+(0-\sigma_y)^2}{3}\right]}=\sqrt{\left(\frac{2}{3}\right)}\sigma_y$$

$$(\sigma_1-\sigma_2)^2+(\sigma_2-\sigma_3)^2+(\sigma_3-\sigma_1)^2=2\sigma_y^2 \tag{4.127}$$

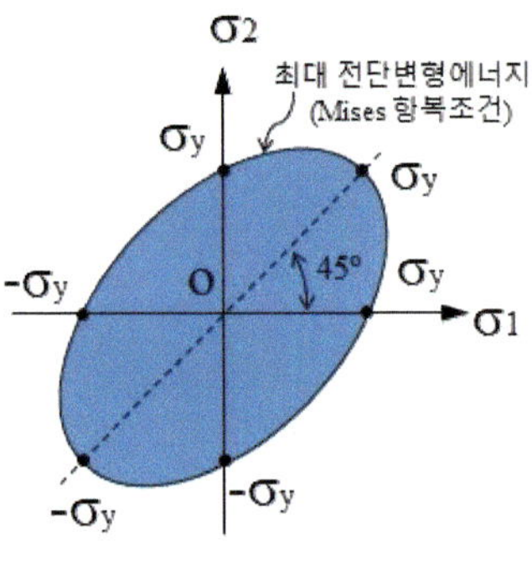

그림 4.48 최대 전단변형에너지설

여기서 평면응력 조건인 경우에는 식(4.127)은 다음 식(4.128) 또는 식(4.129)와 같이 타원형으로 그림 4.47에 나타내고 있다.

$$\sigma_1^2-\sigma_1\sigma_2+\sigma_2^2=\sigma_y^2 \qquad \because\ \sigma_3=0 \tag{4.128}$$

$$\left(\frac{\sigma_1}{\sigma_y}\right)^2 - \left(\frac{\sigma_1}{\sigma_y}\right)\left(\frac{\sigma_2}{\sigma_y}\right) + \left(\frac{\sigma_2}{\sigma_y}\right)^2 = 1 \tag{4.129}$$

따라서 그림 4.47에서 타원형 내부에서는 항복이 발생하지 않고, 외부에서는 항복이 발생한다는 이론이다.

일반적으로 이 이론은 연성재료에서는 최대 전단응력설의 오차를 줄여 주었으며, 실제 실험값과 잘 일치하며 설계에 널리 사용하고 있다.

4.8.4 주요 파손 이론 비교

재료의 파손 항복이론을 상대적으로 비교하기 위해서 최대 주응력설, 최대 전단응력설 및 최대 전단변형에너지설의 항복조건 영역을 단위 크기로서 항복응력 σ_y로 해서 겹쳐서 그리면, 다음 그림 4.48과 같다.

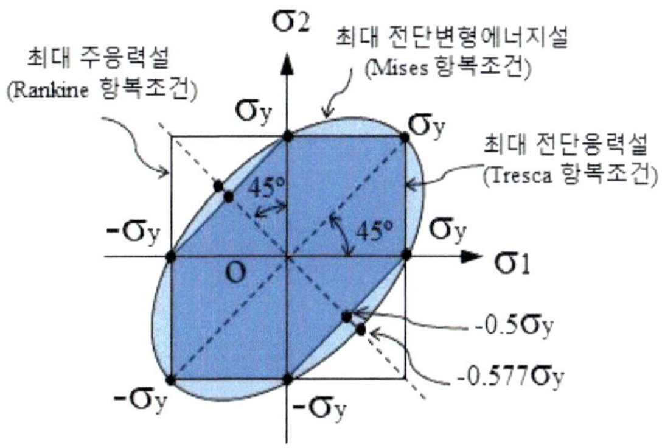

그림 4.49 파손 항복이론의 비교

여기서 직사각형 영역은 최대 주응력설(Rankine 항복조건), 6각형 영역은 최대 전단응력설(Tresca 항복조건), 타원형 영역은 최대 전단변형에너지설(Mises 항복조건)을 각각 나타내고 있다. 따라서 각 항복조건에서 영역 내부에서는 파손이 발생하지 않고, 영역 외부에서는 파손이 발생한다는 이론이다. 특히 순수전단($\tau = \sigma_1 = -\sigma_2$)일 경우, Mises 항복조건으로는 $0.577\sigma_y$이며, Tresca 항복조건으로는 $0.5\sigma_y$이며, 가장 큰 오차를 보인다.

결국 파손 이론을 설계에 반영할 경우, 가장 가혹한 설계조건(가장 안전한 설계조건)은 영역의 면적이 가장 작은 Tresca 항복조건이 될 것이다.

한편 연성재료[$\tau_y = (0.5 \sim 0.6)\sigma_y$]인 경우에는 Mises 항복조건이 더 유용하다.

[예제 4.1] 밀폐된 실린더 압력용기의 허용압력을 계산하시오? (단, 지름 d=550 mm, 두께 t=12 mm, 강재의 인장강도 σ_y=250 MPa, 안전계수 S=3이다.)

[풀이 4.1] 원통형 압력용기를 평면응력 조건으로 가정한다.

(1) 원주방향 응력, 축방향 응력은 다음과 같다.

$$\sigma_1 = \frac{pr}{t} = \frac{p(275)}{12} = 22.9p, \quad \sigma_2 = \frac{pr}{2t} = \frac{p(275)}{24} = 11.5p, \quad \sigma_3 = 0$$

(2) 안전계수 및 최대 전단응력설을 적용하면 다음과 같다.

$$|\sigma_1| = \sigma_y \; : \; |\sigma_1| = \frac{\sigma_y}{S} \quad , \qquad 22.9p = \frac{250}{3} \; , \quad \therefore p = 3.64\,MPa$$

(3) 안전계수 및 최대 전단변형에너지설을 적용하면 다음과 같다.

$$\sigma_1^2 - \sigma_1\sigma_2 + \sigma_2^2 = \sigma_y^2 \quad : \quad \sqrt{\sigma_1^2 - \sigma_1\sigma_2 + \sigma_2^2} = \frac{\sigma_y}{S}$$

$$p\sqrt{22.9^2 - (22.9)(11.5) + 11.5^2} = \frac{250}{3}, \quad \therefore p = 4.2\,MPa$$

(4) 따라서, 안전설계를 위해서는 $p = 3.64\,MPa$로 한다.

Chapter 5

기둥

5.1 서론

일반적으로 재료역학 또는 고체역학에서는 구조물이 외부 하중을 지지하는 부재의 강성, 강도 및 안정성 등을 판단하여 설계에 반영하게 된다. 보통 탄성한계 이내에 있는 구조물의 부재는 안정된 것으로 판단해 왔으나, 실제 구조물에 국부적인 변형, 응력집중 또는 임계 에너지 수준에 도달되면, 후크의 법칙을 만족하는 탄성한계 이내에서도 부재가 파손되는 경우가 있다.

한 예로서, 단면의 크기에 비해 길이가 길고 압축을 받는 부재를 기둥(column)이라고 정의한다. 이 기둥에 탄성한계 이내의 인장 하중을 가하면 파손되지 않고 안전하게 견딜 수 있다. 그러나 반대로 탄성한계 이내의 압축 하중을 가하면 인장 하중일 때와는 다르게, 탄성한계 이내에서도 횡 방향으로 휘어진다.

본 장에서는 기둥의 탄성 안정성과 지지점 형태에 미치는 영향, 그리고 탄성한계 이내에서도 횡 방향으로 휘어지는 현상을 예측하고자 한다.

5.2 기둥의 좌굴하중

기둥이 안정성을 잃고 급격히 큰 굽힘응력이 발생하는 현상을 좌굴(buckling) 현상이라고 한다. 이때 이 좌굴을 일으키는 최소의 하중을 그 기둥의 임계하중(critical load) 또는 좌굴하중(buckling load) P_{cr}이라고 정의한다.

5.3 기둥의 안정성

기둥에서 좌굴하중 P_{cr}을 기준으로 안정, 중립 또는 불안정 상태를 다음 식(5.1)과 같이 구분할 수 있으며, 불안정 상태에서 좌굴 현상이 발생한다.

$$P < P_{cr} \text{ : 안정 평형상태} \tag{5.1}$$

$$P = P_{cr} \text{ : 중립 평형상태}$$

$$P > P_{cr} \text{ : 불안정 평형상태(좌굴 발생)}$$

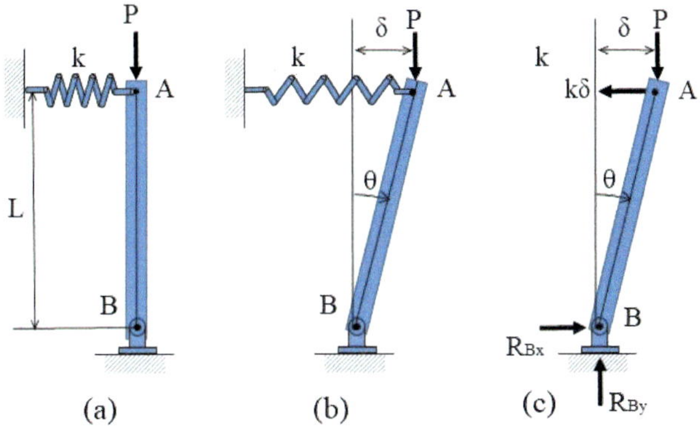

그림 5.1 스프링과 핀으로 지지된 기둥의 좌굴 상태

그림 5.1(a)와 같이, 스프링과 핀으로 연결된 기둥에 압축 하중 P를 가하면 그림 5.1(b)와 같이 횡 방향으로 변위 δ가 발생한다. 이때 변위 δ가 작을 때는 스프링의 복원력으로 평형 상태를 유지할 수 있다. 그러나 압축 하중 P가 매우 크면 좌굴 현상이 발생한다.

그림 5.1(c)의 자유물체도에서 힘의 평형조건으로부터 좌굴하중 P_{cr}은 다음 식(5.2)와 같다.

$$\sum M_B = 0 \ : \ k\delta L - P\delta = 0 \, , \quad \therefore P_{cr} = kL \tag{5.2}$$

5.4 양단이 핀 지지된 기둥의 오일러 공식

그림 5.2(a)와 같이, 기둥에 축 방향 압축 하중 P를 가하면, 그림 5.2(b)와 같이 횡 방향으로 기둥이 휘어지게 된다. 이때 기둥에는 좌굴에 의해 굽힘모멘트가 발생한다. 따라서 기둥의 휘어진 모양은 일반적인 보의 탄성곡선과 같이 미분방정식을 기둥에도 적용할 수 있다.

그림 5.2(c)에는 좌굴된 기둥의 임의 x지점을 절단한 단면에 대한 자유물체도를 나타내고 있다. 이 절단면에 힘의 평형조건을 적용하면, 굽힘모멘트 M은 다음 식(5.3)과 같다.

$$\sum M_A = 0 \ : M + Py = 0 \quad \therefore M = -Py \tag{5.3}$$

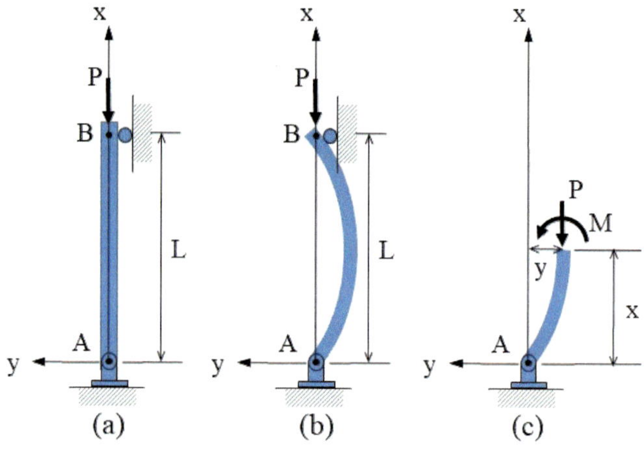

그림 5.2 양단 힌지된 기둥의 좌굴 상태

따라서 식(5.3)의 굽힘모멘트 M을 보의 탄성 미분방정식에 적용하면 다음 식(5.4)와 같다.

$$EIy'' = EI\frac{d^2y}{dx^2} = M = -Py \tag{5.4}$$

$$EI\frac{d^2y}{dx^2} + Py = 0 \ , \quad \frac{d^2y}{dx^2} + \frac{P}{EI}y = 0$$

편의상 상수값 k로 치환하면 지배방정식은 다음 식(5.5)와 같다.

$$\because k^2 = \frac{P}{EI}, \qquad \frac{d^2y}{dx^2} + k^2 y = 0 \tag{5.5}$$

식(5.5)의 미분방정식의 일반해는 다음 식(5.6)과 같다.

$$y - A\sin kx + B\cos kx \tag{5.6}$$

여기서 상수 A, B를 구하기 위해서 경계조건으로 다음 식(5.7)과 같다.

$$y = A\sin kx + B\cos kx \tag{5.7}$$

$$y(0) = 0 : \ B\cos kx = 0 \qquad \therefore B = 0$$
$$y(L) = 0 : \ A\sin kL = 0 \qquad \therefore A = 0 \text{ or } \sin kL = 0$$

여기서 A=0인 경우는 좌굴 없이 기둥이 직선을 유지하는 상태이며, 좌굴 발생 조건으로는 다음 식(5.8)과 같다.

$$\sin kL = 0 \tag{5.8}$$

식(5.8)을 만족하는 하중 P는 다음 식(5.9) 또는 식(5.10)과 같다.

$$kL = \sqrt{\frac{P}{EI}}L = n\pi \quad (n = 1, 2, 3, \cdots) \tag{5.9}$$

$$\therefore P = \frac{n^2\pi^2 EI}{L^2} \quad (n = 1, 2, 3, \cdots) \tag{5.10}$$

식(5.10)에서 n=1인 경우, 좌굴을 일으킬 수 있는 최소 하중 P_{cr}로서 의미가 있다. 따라서 최소 하중 P를 임계하중으로 정의하며, 다음 식(5.11)과 같으며, 이를 오일러 공식(Euler formular) 또는 오일러 좌굴하중이라고 한다.

$$\therefore P_{cr} = \frac{\pi^2 EI}{L^2} \quad (n=1) \tag{5.11}$$

관성모멘트 I와 회전 반경 r, 단면적 A를 적용하면, 다음 식(5.12)와 같다.

$$I = Ar^2, \quad r = \sqrt{\frac{I}{A}} \tag{5.12}$$

식(5.12)를 식(5.11)에 대입하면 다음 식(5.13)과 같다. 여기서 L/r을 세장비라고 정의한다.

$$P_{cr} = \frac{\pi^2 EA}{(L/r)^2} \tag{5.13}$$

또한 일반해 식(5.6)으로부터 임계하중에서 탄성곡선(처짐곡선) 방정식은 다음 식(5.14)와 같다.

$$y = A sin\frac{\pi x}{L} \tag{5.14}$$

5.5 오일러 공식의 확장

5.5.1 유효길이

앞 절의 식(5.11)의 오일러 공식에 적용한 임계하중은 기둥의 끝단 구속 조건 및 지지 조건에 따라서 같지 않기 때문에 기둥 끝단의 형태에 따라 오일러 공식을 그대로 적용하기 어렵다.

따라서 오일러 공식에 기둥 끝단의 조건에 따른 상수 C를 도입하면 다음 식(5.15)와 같다. 또한, 유효길이 L_e를 도입하면 다음 식(5.16)과 같다.

$$P_{cr} = C\frac{\pi^2 EI}{L^2}, \quad L_c = \frac{L^2}{C} \tag{5.15}$$

$$P_{cr} = C\frac{\pi^2 EI}{L^2} = \frac{\pi^2 EI}{\dfrac{L^2}{C}} = \frac{\pi^2 EI}{L_e^2} \tag{5.16}$$

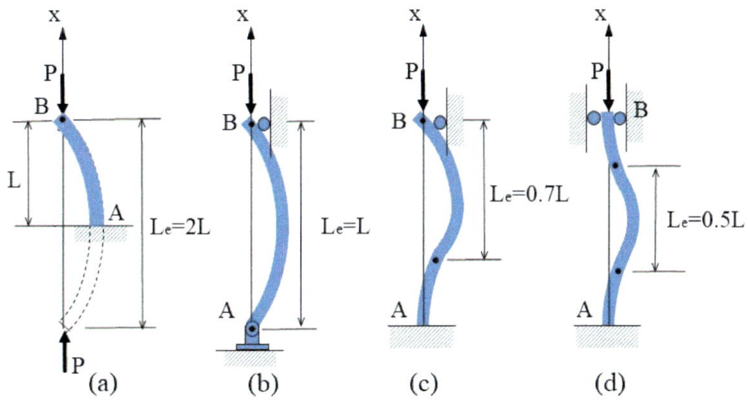

그림 5.3 기둥의 유효길이 정의

그림 5.3과 같이, 유효길이 L_e는 여러 지지점 끝단의 종류에 따라 정의한다. 즉, 그림 5.3(a)는 고정-자유단 조건($L_e = 2L$), 그림 5.3(b)는 핀-핀 조건($L_e = L$), 그림 5.3(c)는 고정-핀 조건($L_e = 0.7L$), 그림 5.3(d)는 고정-고정 조건($L_e = 0.5L$)의 유효길이를 정의한다.

5.5.2 유효 세장비

앞 절의 식(5.13)의 세장비에서 길이 L 대신 유효길이 L_e를 사용하면 다음 식(5.17)과 같다. 여기서 L_e/r를 유효 세장비라고 한다.

$$P_{cr} = \frac{\pi^2 EA}{(L_e/r)^2} \tag{5.17}$$

따라서 일반 오일러 공식에 유효길이 또는 유효 세장비를 적용하면, 다양한 지지단의 종류에도 불구하고 간편하게 좌굴하중을 계산할 수 있다.

5.5.3 임계 응력

기둥에 임계하중이 작용할 때, 기둥은 좌굴이 발생한다. 이때, 임계하중에 대한 응력을 임계응력(critical stress)이라고 하며, 다음 식(5.18)과 같다.

$$\sigma_{cr} = \frac{P_{cr}}{A} = \frac{\pi^2 E}{(L_e/r)^2} \tag{5.18}$$

실제 기둥 설계에서 좌굴 발생을 방지하기 위해서 다양한 방법을 시도하며 그 중에 한 방법으로는 임계응력-세장비 선도를 사용한다. 여기서 임계응력 대신 비례한계 응력 σ_p 또는 항복응력 σ_y을 사용하면 다음 식(5.19)와 같다.

$$\frac{L_e}{r} = \pi\sqrt{\frac{E}{\sigma_p}} \quad \text{or} \quad \frac{L_e}{r} = \pi\sqrt{\frac{E}{\sigma_y}} \tag{5.19}$$

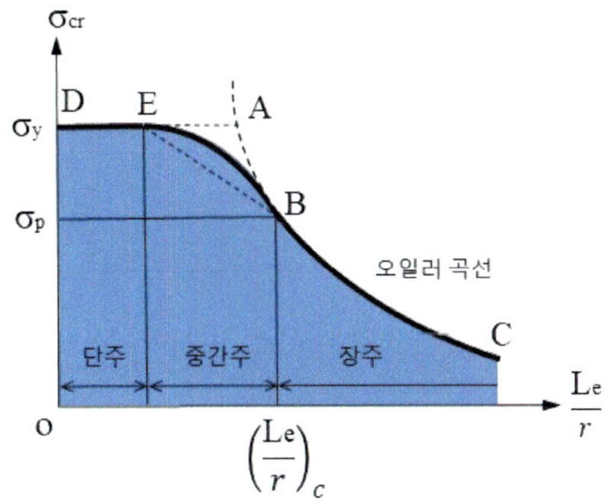

그림 5.4 오일러 곡선 (임계응력-세장비 선도)

그림 5.4에는 식(5.18)과 식(5.19)을 나타낸 임계응력-유효 세장비 선도를 나타내었으며, 이 선도를 오일러 곡선(Euler curve)이라고 한다.

여기서 ABC 곡선은 오일러 곡선이며, EB 곡선은 수정 보완된 선도이다. 이 선도에서 DEBC 곡선 아래 영역에서는 좌굴이 발생하지 않고, 그 위쪽(바깥) 영역에서는 좌굴이 발생하게 된다. 즉 DEBC 곡선이 좌굴 발생의 경계값이다.

그리고 점 B를 기준으로 유효 세장비가 작으면 단주, 중간주 그리고 크면 장주라고 정의하며, 점 B에서 임계 유효 세장비(critical effective slenderness ratio) $(L_e/r)_{cr}$이라고 한다.

따라서 주어진 기둥의 소재(탄성계수 E와 비례응력 σ_p)의 재료상수가 결정되면, 식(5.19)를 사용하여 유효 세장비를 계산해서 좌굴 발생 여부를 판단할 수 있다.

Chapter 6

원통의 응력과 변형

6.1 서론

내압 원통 구조물은 가스저장 원통, 음료수 캔 및 병, 연료 탱크, 유압 액추에이터, 수압 및 공압 배관 및 총신 등 다양하게 사용되고 있다.

실제 산업현장에서는 구부러진 판이 구조 부재로 사용하는 경우가 많다. 특히, 다음 그림 6.1(a)와 같이, 일정한 두께 t에 내부 압력 p가 작용하는 압력용기를 많이 사용하고 있다.

일반적으로 압력용기의 두께 t에 대한 반경 r의 비율이 $r/t \geq 10$ 인 경우에 두께가 얇은 압력용기라고 하고, 이 경우 두께 방향으로 응력 분포가 일정하다고 가정한다.

이 장에서는 주로 얇은 원통형 용기에 내부에 압력이 가해지는 원통의 설계 및 안전성을 확인하고자 한다. 기계적 안전성은 주로 구조물의 응력과 변형률을 검토하여 구조물 재료의 허용 응력과 비교하게 된다.

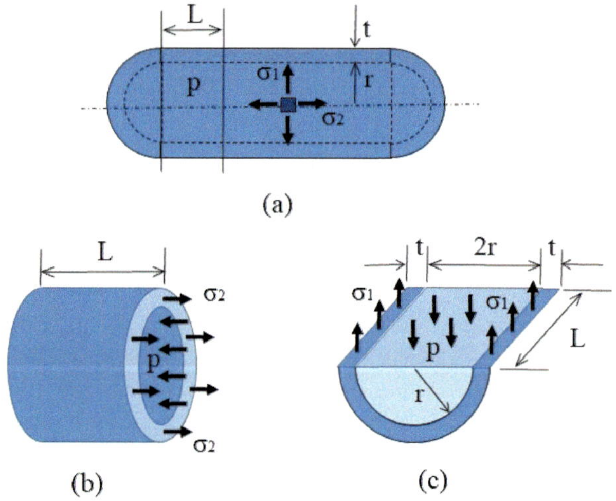

그림 6.2 원통형 압력용기

6.2 얇은 원통형 압력용기

그림 6.1(a)와 같은 얇은 원통형 압력용기 내부에 압력 p가 작용할 때, 원통축에 수직과 평행한 방향에 작용하는 응력 σ_1과 σ_2를 구하고자 한다. 여기서 σ_1을 원주 방향 응력(circumferential stress), 후프응력(hoop stress), 접선방향 응력(tangential stress)이라고 한다. σ_2는 축 방향 응력(axial stress) 또는 길이 방향 응력(longitudinal stress)이라고 한다.

6.2.1 축 방향 응력

길이 방향 응력을 구하기 위하여 그림 6.1(b)에는 길이 L에 대한 수직 방향 절단면의 자유물체도를 나타내고 있다.

여기서 두께 t인 벽에서 발생하는 내력(응력x면적)은 $\sigma_2(2\pi rt)$이다. 그리고 유체 압력 p에 의한 힘(압력x면적)은 $p(\pi r^2)$과 같다. 따라서 평형방정식을 적용하면 길이 축 방향 응력 σ_2는 다음 식(6.1)과 같다.

$$\sum F = 0 : \quad \sigma_2(2\pi rt) - p(\pi r^2) = 0 \tag{6.1}$$
$$\therefore \sigma_2 = \frac{pr}{2t}$$

6.2.2 원주 방향 응력

원주 방향 응력을 구하기 위하여 그림 6.1(c)에는 길이 L에 대한 수평 방향 절단면의 자유물체도를 나타내고 있다.

여기서 두께 t인 벽에서 발생하는 내력(응력x면적)은 $\sigma_1(2Lt)$이다. 그리고 유체 압력 p에 의한 힘(압력x면적)은 $p(2rL)$과 같다. 따라서 평형방정식을 적용하면 원주 방향 응력 σ_1은 다음 식(6.2)와 같다.

$$\sum F = 0: \quad \sigma_1(2Lt) - p(2rL) = 0 \tag{6.2}$$
$$\therefore \sigma_1 = \frac{pr}{t}$$

따라서 식(6.1)과 식(6.2)로부터 원주 방향 응력은 길이 방향 응력의 2배가 됨을 알 수 있으며, 다음 식(6.3)과 같다.

$$\therefore \sigma_1 = 2\sigma_2 \tag{6.3}$$

6.2.3 원주 방향 변형률

식(6.3)에서와 같이 원주 방향 응력 σ_1이 길이 방향 응력 σ_2보다 2배로 크게 작용하기 때문에, 설계시에는 최대응력이 가장 중요하며 이에 의한 원주 방향 변형률을 구하고자 한다.

원주 방향 변형률은 변형에 의해서 발생한 반경의 변화를 δ_c라고 가정하면, 변형률 ϵ_1는 다음 식(6.4)와 같다.

$$\therefore \epsilon_1 = \frac{[2\pi(r+\delta_c) - 2\pi r]}{2\pi r} = \frac{\delta_c}{r} \tag{6.4}$$

또한 평면응력 상태라고 가정하고 후크의 법칙을 적용하면, 다음 식(6.5)와 같다. 여기서, E는 탄성계수, ν는 프와송 비이다.

$$\therefore \epsilon_1 = \frac{[\sigma_1 - \nu\sigma_2]}{E} \tag{6.5}$$

식(6.4)와 식(6.5)로부터 원통 반경의 증가량 δ_c는 다음 식(6.6)과 같다.

$$\delta_c = \epsilon_1 r \qquad \therefore \delta_c = \frac{pr^2(2-\nu)}{2Et} \tag{6.6}$$

6.3 얇은 구형 압력용기

그림 6.2(a)와 같은 반지름 r, 두께 t인 얇은 구형 압력용기 내부에 압력 p가 작용할 때, 구형 표면의 미소 요소에 수직 방향과 수평 방향으로 작용하는 응력을 구하고자 한다. 여기서 구형 및 대칭이어서 응력은 σ_1으로 동일하다.

응력 σ_1을 구하기 위하여 그림 6.2(b)에는 반지름 r에 대한 절단면의 자유물체도를 나타내고 있다. 여기서 두께 t인 벽에서 발생하는 내력(응력x면적)은 $\sigma_1(2\pi rt)$이다. 그리고 유체 압력 p에 의한 힘(압력x면적)은 $p(\pi r^2)$과 같다.

따라서 평형방정식을 적용하면 접선 방향 응력 σ_1는 다음 식(6.7)과 같다.

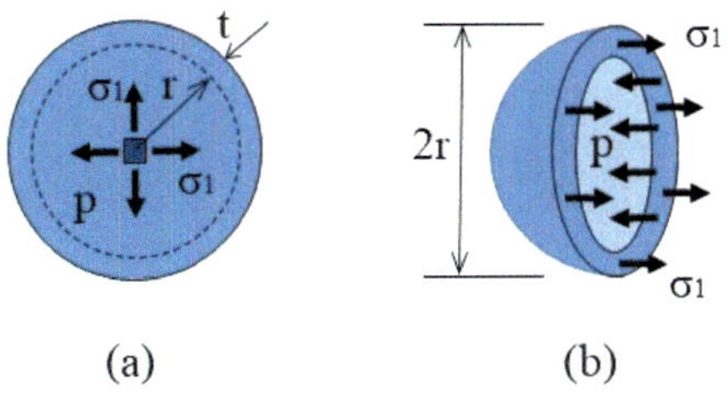

그림 6.3 구형 압력용기

$$\sum F = 0, \quad \sigma_1(2\pi rt) - p(\pi r^2) = 0 \tag{6.7}$$
$$\therefore \sigma_1 = \frac{pr}{2t}$$

또한 구형에 대한 식(6.7)과 원통형에 대한 식(6.2)를 비교하면 구형인 경우가 원통형인 경우에 비해 응력이 1/2이 됨을 알 수 있으며, 구형이 더 최적화된 압력용기라고 할 수 있다.

또한 구형에 대한 원주 방향 변형률은 변형에 의해서 발생한 반경의 변화를 δ_s라고 가정하면, 변형률 ϵ_1는 다음 식(6.8)과 같다.

$$\therefore \epsilon_1 = \frac{[2\pi(r+\delta_s)-2\pi r]}{2\pi r} = \frac{\delta_s}{r} \tag{6.8}$$

그리고 평면응력 상태라고 가정하고 후크의 법칙을 적용하면, 다음 식(6.9)와 같다. 여기서 E는 탄성계수, ν는 프와송 비이다.

$$\therefore \epsilon_1 = \frac{[\sigma_1 - \nu\sigma_1]}{E} \tag{6.9}$$

식(6.8)과 식(6.9)로부터 구형 반경의 증가량 δ_s는 다음 식(6.10)과 같다.

$$\delta_s = \epsilon_1 r \qquad \therefore \delta_s = \frac{pr^2(1-\nu)}{2Et} \tag{6.10}$$

6.4 공차와 맞춤

6.4.1 표준화

각종 제품의 규격은 표 6.1과 같이, 국가마다 표준화 및 국제적으로 표준화하고 있다. 이 규격에는 형상, 치수 및 재료 등 다양하다. 특히 표준화는 제품의 호환성을 높이고 대량생산을 통한 제품 생산 단가를 줄일 수 있다.

우리나라에서는 1962년에 한국산업표준(KS 표준)을 제정하였으며 한국표준협회(KSA), 한국표준정보망(KSSN) 등에서 관련 자료를 얻을 수 있다.

다음 표 6.2에는 한국산업표준의 분류체계를 나타내었으며, 특히 21개 대분류 기호를 나타내었다.

표 6.3에는 표 6.2의 기계부문(KS B)의 분류번호를 나타내었다. 예로서, 기계부문 기계요소의 분류기호는 KS B 1001 - B 2809 이다.

표 6.1 주요국의 공업규격

규격번호	규격 명칭	제정 년도
ISO	국제 표준화 기구	1928
KS	한국 공업규격	1962
BS	영국 공업규격	1901
DIN	독일 공업규격	1917
ANSI	미국 공업규격	1917
SNV	스위스 공업규격	1917
NF	프랑스 공업규격	1917
JIS	일본 공업규격	1917

표 6.2 한국산업표준의 분류체계(21개 대분류)

분류기호	부문	분류기호	부문	분류기호	부문
A	기본	H	식료품	Q	품질경영
B	기계	I	환경	R	수송기계
C	전기	J	생물	S	서비스
D	금속	K	섬유	T	물류
E	광산	L	요업	V	조선
F	건설	M	화학	W	항공우주
G	일용품	P	의료	X	정보

표 6.3 기계부문(KS B)의 분류번호

분류번호	기계부문의 상세분류
KS B 0001 - B 0905	기계기본
KS B 1001 - B 2809	기계요소
KS B 3001 - B 4000	기계공구
KS B 4001 - B 4920	공작기계
KS B 5201 - B 5631	측정계산용 기계기구, 물리기계
KS B 6003 - B 6831	일반기계
KS B 7001 - B 7099	산업기계
KS B 7101 - B 7920	농업기계
KS B 8001 - B 8204	열사용 및 가스기기

6.4.2 공차

기계 가공품의 형상이나 치수는 우수한 가공 기계를 사용하여 정밀 가공으로 만들었다고 해도 설계도면 상의 이론적으로 정확한 치수나 형상을 만들 수 없다. 다만 적절한 방법으로 이론적 치수에 가깝게 만들게 된다.

아울러 제품 가공시 온도의 변화로 열변형이 발생해서 치수나 형상이 변하고, 사용 환경 및 보관 방법 등에 따라 부식 및 변형이 일어난다. 따라서 가공품의 호환성이나 기능적으로 정확한 치수나 형상에서 벗어나는 정도를 허용하는 표현을 공차(tolerance)라고 한다. 이 공차로부터 부품의 가공 방법을 결정하게 된다. 그리고 생산자는 설계도면을 통해 설계자의 의도를 정확하게 전달받을 수 있어야 한다. 즉, 설계도면을 표준화해서 누구나 도면을 보면 부품상호간의 기능 및 상관관계, 제품의 공차 및 치수 검사방법 등을 공유할 수 있어야 한다.

공차에는 치수에 대한 범위를 나타내는 치수공차와 형상에 대한 범위를 나타내는 형상공차 또는 기하공차(geometric dimensioning and tolerancing)가 있다.

일반적인 공차의 분류는 다음과 같다.

① 치수(size) 특성 : 길이 치수 공차, 각도 치수 공차
② 기하(geometry) 특성 : 모양 공차, 자세 공차, 위치 공차

6.4.3 치수공차

KS 규격(ISO 규격)에는 치수공차와 기하공차를 독립적으로 적용하도록 규정하고 있다.

(1) 치수용어

① 실제치수(actural size) : 실제 가공된 치수
② 허용 한계치수(limit of size) : 최대 허용치수와 최소 허용치수
③ 최대 허용치수 = 기준치수 + 위 치수 허용차
④ 최소 허용치수 = 기준치수 + 아래 치수 허용차
⑤ 기준치수=호칭치수(basic size) : 허용 한계치수의 기준이 되는 치수
⑥ 치수공차(tolerance) = 최대 허용치수 - 최소 허용치수
⑦ 축(shaft) : 원통형 외측 형체, 바깥쪽에 치수(소문자 표시)를 갖는 형체
⑧ 구멍(hole) : 원통형 내측 형체, 안쪽에 치수(대문자 표시)를 갖는 형체

(2) IT(ISO tolerance) 기본 공차의 정밀도 등급

공작물을 같은 정밀도로 가공해도 치수가 커지면 가공오차가 커짐으로 치수의 변화에 따라 가공물 공차의 크기를 달리해야 한다.

KS규격(KS B 0401)에는 0~500 mm 이하에서는 20등급으로 분류하고, 500~ 3150 mm 이하에서는 18등급으로 분류한다. 등급이 높아지면 공차가 커진다.

다음 표 6.4에는 공차등급의 적용 예를 나타낸다.

표 6.4 IT 공차등급의 적용

정밀도 \ 치수의 종류	축	구멍
고 정밀도 공차	IT 1 ~ IT 4	IT 1 ~ IT 5
일반 끼워맞춤 부분 공차	IT 5 ~ IT 9	IT 6 ~ IT 10
끼워맞춤이 없는 부분	IT 10 ~ IT 18	IT 11 ~ IT 18

(3) 공차역(tolerance zone)

최대와 최소 허용치수의 2개 직선 사이의 영역을 공차역이라고 한다.

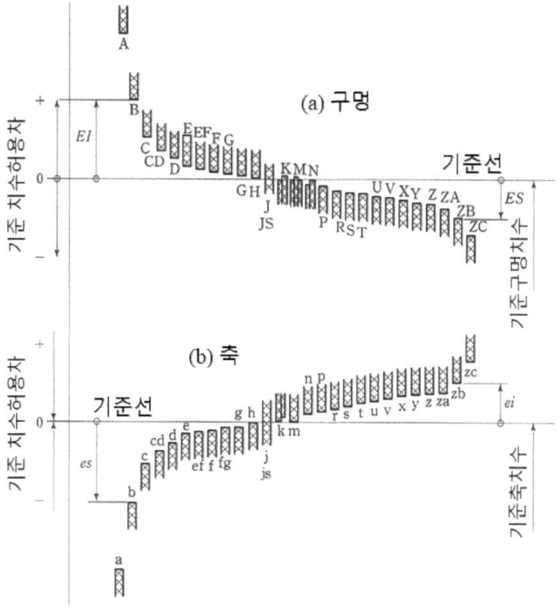

그림 6.4 구멍과 축의 공차역

그림 6.3에는 구멍과 축에 대한 공차역(KS B 0401-1988)을 각각 나타낸다. 치수공차역은 영문자로 표기하며, 기준선으로부터 상대적인 공차를 나타낸다. 여기서 구멍인 경우 대문자, 축인 경우에는 소문자를 사용한다.

그림 6.3(a)에서 H점에서는 최소 허용치수가 기준치수와 일치하며, A 방향으로 갈수록 구멍의 치수가 커진다.(+치수허용차) ZC 방향으로 갈수록 구멍의 치수가 작아진다.(-치수허용차)

그림 6.3(b)에서 h점에서는 최대 허용치수가 기준치수와 일치하며, a 방향으로 갈수록 축의 치수가 작아진다.(-치수허용차) zc 방향으로 갈수록 축의 치수가 커진다.(+치수허용차)

(4) 공차표기법(치수기입법)

공차역의 위치(예, H)와 공차등급(예, 7)을 조합(예, H7)한 것을 공차역 등급 또는 치수공차 기호라고 한다.

길이 치수의 공차표기는 치수공차 기호만 사용하는 방법, 치수공차 기호와 치수허용차를 표시하는 방법, 치수공차 기호와 허용 한계치수를 표시하는 방법이 있다.

① 일반공차에 의한 표기 방법 : $\text{기준치수}^{\text{위치수 허용차}}_{\text{아래치수 허용차}}$

표기 예 : $50^{+0.025}_{-0.012}$, 50 ± 0.035

② 기호에 의한 표기 방법 : 기준치수 + 공차역위치 + 공차등급

표기 예 : $50F7$

③ 한계치수공차에 의한 표기 방법 : $\begin{matrix}\text{최대허용치수}\\ \text{최소허용치수}\end{matrix}$

표기 예 : $\begin{matrix}+35.198\\ -32.196\end{matrix}$

(5) 끼워맞춤(fits)

축과 구멍의 상대적 치수로서 다음 그림 6.4(a)와 같이, 틈새(clearance)는 축이 작고 구멍이 커서 결합시 헐겁게 끼워맞춤이 될 때의 치수차이다. 그림 6.4(b)와 같이, 죔새(interference)는 반대로 축이 크고 구멍이 작아서 결합시 억지로 끼워맞춤이 될 때의 치수차이다.

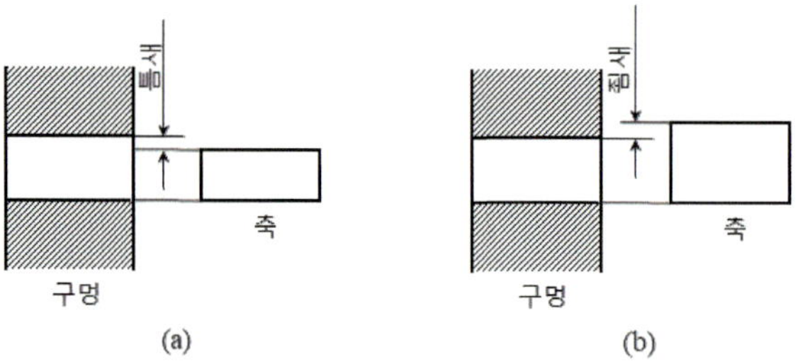

그림 6.5 틈새와 죔새

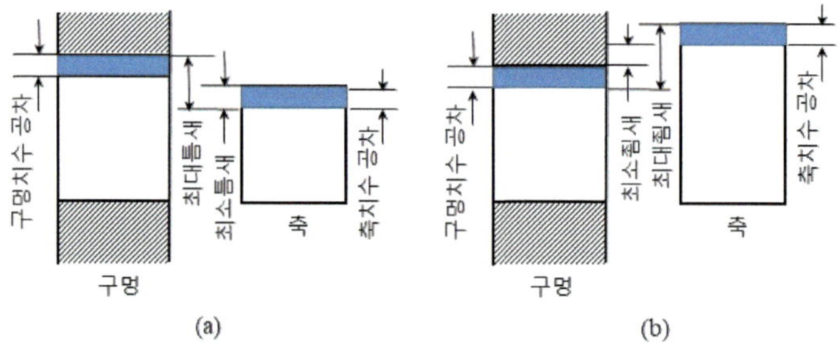

그림 6.6 구멍기준 끼워맞춤 종류

틈새와 죔새의 크기에 따라 끼워맞춤을 분류하면 다음과 같으며, 그림 6.5(a)에는 헐거운 끼워맞춤, 그림 6.5(b)에는 억지 끼워맞춤을 나타낸다.

① 헐거운 끼워맞춤(clearance fit) : 결합시 항상 틈새가 있는 끼워맞춤

최소 틈새 = 구멍의 최소 치수 - 축의 최대 치수

최대 틈새 = 구멍의 최대 치수 - 축의 최소 치수

② 억지 끼워맞춤(interference fit) : 결합시 항상 죔새가 있는 끼워맞춤

최대 죔새 = 축의 최대 치수 - 구멍의 최소 치수

최소 죔새 = 축의 최소 치수 - 구멍의 최대 치수

③ 중간 끼워맞춤(slide fit) : 결합시 항상 틈새 또는 죔새가 있는 끼워맞춤

표 6.5 일반 목적에 적용되는 끼워맞춤 조합(구멍 기준)

기준 구멍	구멍에 대한 공차등급																	
	헐거운 끼워맞춤							중간				억지 끼워맞춤						
H6						g5	h5	js5	k5	m5		n5	p5					
H7					f6	g6	h6	js6	k6	m6	n6		p6	r6	s6	t6	u6	x6
H8				e7	f7		h7	js7	k7	m7					s7		u7	
			d8	e8	f8		h8											
H9			d8	e8	e8		h8											
H10	b9	e9	d9	e9	e9		h9											
H11	b11	e11	d10				h10											

표 6.6 일반 목적에 적용되는 끼워맞춤 조합(축 기준)

기준 축	축에 대한 공차등급																	
	헐거운 끼워맞춤							중간				억지 끼워맞춤						
h5						G6	H6	JS6	K6	M6		N6	P6					
h6					F7	G7	H7	JS7	K7	M7	N7		P7	R7	S7	T7	U7	X7
h7				E8	F8		H8											
h8			D9	E9	F9		H9											
H9				E8	F8		H8											
			D9	E9	F9		H9											
	B1	C10	D10				H10											

표 6.5에는 일반적인 구멍을 기준으로 끼워맞춤 조합을 나타낸 것이며, 표 6.6에는 축을 기준으로 끼워맞춤 조합을 나타내었다. 동일한 축 상에 여러 가지 끼워맞춤을 하는 경우, 같은 등급의 공차를 갖는 구멍의 내면보다 축의 외면 가공이 쉽고, 가공 후 측정도 쉽다. 즉 구멍의 크기를 정하고, 축의 바깥지름으로 끼워맞춤 정밀도를 조절하는 것이 편리하다. 따라서 그림 6.5와 같이 주로 구멍기준으로 끼워맞춤 조합을 사용한다.

그림 6.6에 보인 바와 같이, 한꺼번에 치수를 기입하고자 하면 구멍 및 축의 공통 기준치수를 기입한 후, 먼저 구멍의 공차역과 정밀도 등급을 쓰고, 계속해서 축의 공차역과 정밀도 등급을 다음과 같이 기입한다.

$$\text{표기예 : } \varnothing 60H8/f6\,(\varnothing 60H8-f6 \text{ 또는 } \varnothing 60\frac{H8}{f6})$$

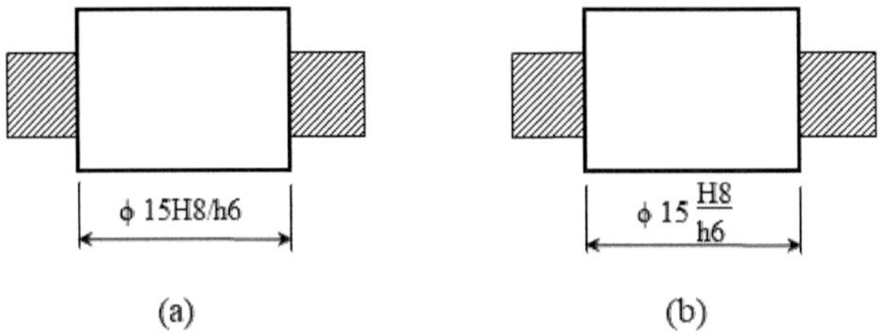

그림 6.7 끼워맞춤 부품의 치수 기입 방법(1)

도면에 끼워 맞춤된 제품의 공차기입은 그림 6.7(a),(b),(c)와 같이 표기한다.

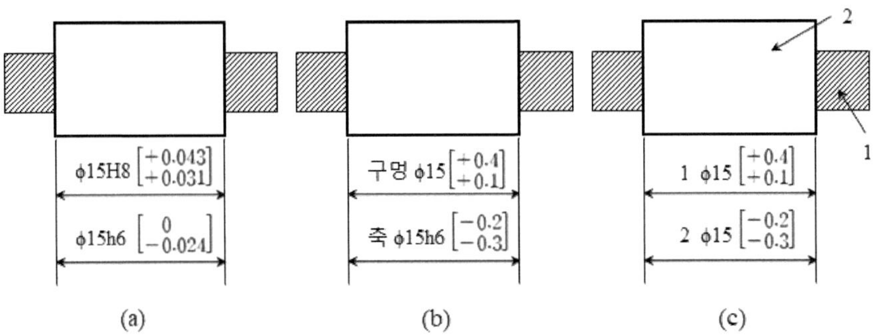

그림 6.8 끼워맞춤 부품의 치수 기입 방법(2)

6.4.4 기하공차

기하공차(geometric tolerance)는 대상품의 모양 편차, 자세 편차, 위치 편차 및 흔들림 편차 등을 총괄하여 기하학적으로 정확한 위치나 모양으로부터 벗어남의 정도로 정의하며, 통상 형상공차라고도 한다.

(1) 기하공차의 필요성

초창기 소량 생산 등 개별적인 기계요소 부품들을 가공해서 끼워맞춤을 하던 때에서 주로 치수공차를 조절해서 기하공차를 관리하였다. 그러나 기존의 치수 및 공차 허용한계 및 표면거칠기 등에 대한 도면정보의 문제점이 드러났다. 즉 가공품에 대한 표면의 상태가 반영이 안되어 조립이 어려운 문제가 발생하였다.

다음 그림 6.8과 같이, 핀(축) 부품의 치수공차와 기하공차의 차이점을 확인할 수 있다. 즉, 치수공차 관점에서 실제 치수가 같은 핀과 구멍은 기하공차의 문제로 억지 끼워맞춤이 된다. 그 원인은 핀과 구멍의 각 단면이 정확한 형상이 아니고, 길이 방향도 정확한 직선이 아니며 또한 표면거칠기도 다르기 때문이다. 따라서 제품의 치수도 규제하고, 형상도 규제할 필요가 있다.

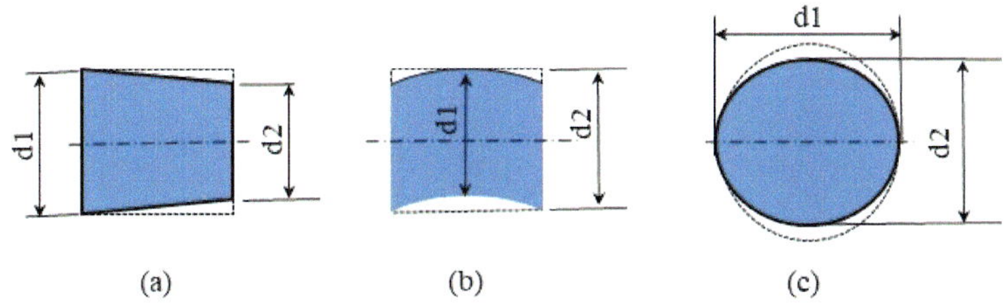

그림 6.9 핀 부품의 치수공차와 형상공차 비교

(2) 기하공차의 종류

기하공차는 표 6.7에 보인 바와 같이, 형상공차, 자세공차, 위치공차 및 흔들림 공차가 있다. 형상공차는 진직도, 평면도, 진원도, 원통도, 선의 윤곽도, 면의 윤곽도 공차가 있다. 자세공차에는 평행도, 직각도, 경사도 공차가 있다.

위치공차는 위치도, 동심도, 대칭도 공차가 있다. 흔들림 공차에는 원주 흔들림과 온 흔들림 공차가 있다.

표 6.7 기하공차의 종류와 기호

공차의 종류		기호	적용
형상공차	진직도(straightness)	⏤	단독 형체
	평면도(flatness)	⏥	
	진원도(circularity)	○	
	원통도(cylindricity)	⌭	
	선의 윤각도(line profile)	⌒	단독 형체 또는 관련 형체
	면의 윤각도(surface profile)	⌓	
자세공차	평행도(parallelism)	∥	관련 형체
	직각도(perpendicularity)	⊥	
	경사도(angularity)	∠	
위치공차	위치도(position)	⌖	
	동심도(concentricity)	◎	
	대칭도(symmetry)	⌯	
흔들림 공차	원주 흔들림(circular runout)	↗	
	온 대칭도(total runout)	⌰	

6.4.5 표면거칠기

앞 절에서 설명한 부품의 치수공차 및 기하공차에 영향을 주는 표면거칠기(surface roughness)가 있다. 또한 설계시 부품의 표면거칠기는 가공 방법과 비용을 고려해서 설계할 필요가 있다. 보통 부품의 가공비는 표면거칠기의 3제곱에 비례하기 때문에, 정밀하게 가공하도록 설계하는 것보다 적절한 표면거칠기를 선정해서 가공비를 절감할 필요가 있다.

다음 표 6.8에는 용도에 따른 표면거칠기의 지정 기준을 나타낸다.

표 6.8 표면거칠기의 지정 기준

다듬질 정도	표면거칠기 기호	적용
매끄러운 생지		가공이 필요하지 않은 부분 - 주물 표면부
거친 다듬질		- 밀링, 선반 등의 공작기계로 절삭가공만 할 경우 - 주조 또는 용접부품으로 타부품과 맞춤면 - 볼트머리, 너트, 와셔 등의 좌면 - 가공면 표면거칠기 R_z=25~100 μm
보통 다듬질	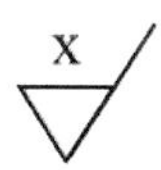	- 타부품과 끼워맞춤하나 상대적 마찰 운동이 없는 고정된 면 - 속도가 느린 회전축에서 축과 회전체의 끼워맞춤 면 - 드릴에 의한 구멍 뚫기 면 - 보통 공차로 절삭한 면 - 가공면 표면거칠기 R_z=6.3~25 μm
절삭 다듬질면		끼워맞춤되어 서로 회전운동, 직선 왕복운동을 하는 표면 - 오일실, 패킹, O링 면 - 천천히 미끄러지는 면 - 일반 베어링과 축이 닿는 부문 - 끼워맞춤 공차를 지정한 면 - 가공면 표면거칠기 R_z=0.8~6.3 μm
담금질, 도금, 연마 다듬질면		끼워맞춤되어 서로 회전운동, 직선 왕복운동을 하는 표면 - 신뢰성이 필요한 면 - 내마모성이 중요한 미끄럼면, 위치결정 기준면 - 캠면, 정밀기어 잇면, 구름베어링 내/외륜 - 가공면 표면거칠기 R_z=0.8~6.3 μm

Chapter 7

축 및 축 관련 요소

7.1 서론

축(shaft)은 원형 단면의 긴 부재로서 회전하면서 동력을 전달하는 기계요소이다. 이 축에는 기어, 스프로켓, 풀리 및 캠 등과 같은 부재들이 한 개 또는 여러 개가 핀, 키, 스플라인 및 스냅링 등으로 연결되어 있다.

축의 단면은 보통 원형으로 되어 있지만, 반드시 원형이 아니고 회전하지 않는 경우도 있다. 즉 움직이지 않으면서 회전하는 부재를 지지하기도 한다. 자동차 바퀴를 지지하고 구동시키는 축을 차축(axles)이라고 한다.

축에 작용하는 부하로서 굽힘, 비틀림 및 축 하중 등이 조합 하중을 들 수 있다. 즉, 동력을 전달하는 축은 일정한 토크를 받으며 방향이 바뀌는 굽힘력을 동시에 받게 된다.

축 설계시 강도(strength) 조건을 만족시키는 것 뿐만 아니라 강성(stiffness) 측면 즉, 축의 변형(처짐 등)이 허용 한계 이내가 되도록 설계할 필요가 있다. 축의 지나친 처짐은 기어 성능을 떨어뜨리고 소음 진동의 원인이 되기도 한다. 또한 축을 지지하고 있는 베어링이 손상될 수 있다. 따라서 축의 유연성이 커질수록 축의 위험속도는 낮아지고, 축의 사용 수명이 줄어든다.

7.2 정하중 축 설계

7.2.1 굽힘모멘트와 비틀림

그림 7.1(a)에 보인 바와 같이, 축에 부착된 기어 등에 하중 P가 작용하면, 축에 굽힘 모멘트(M)가 작용하면, 이때 최대 응력은 다음 식(7.1)과 같다.

$$\sigma_x = \frac{Mc}{I} \tag{7.1}$$

동시에 축에 비틀림(T)이 작용하면, 이때 최대 전단응력은 다음 식(7.2)과 같다.

$$\tau_{xy} = \frac{Tc}{J} \tag{7.2}$$

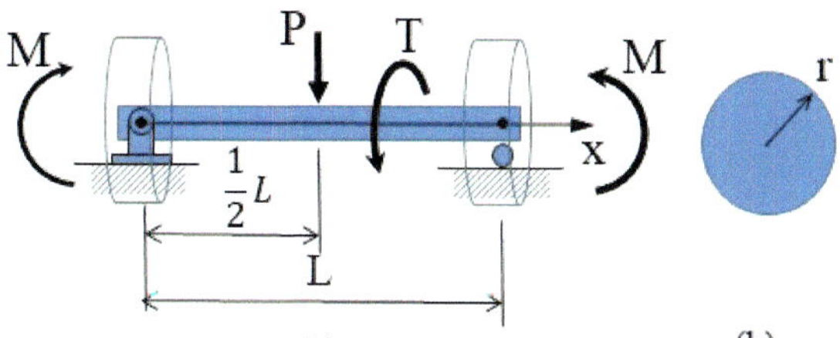

그림 7.2 굽힘모멘트와 토크가 동시 작용

그림 7.1(b)와 같이, 원형 단면(지름 d)에 적용하면 다음 식(7.3)과 같다.

$$I = \frac{\pi d^4}{64}, \quad J = \frac{\pi d^4}{32}, \quad c = \frac{d}{2} \tag{7.3}$$

식(7.3)을 식(7.1)과 식(7.2)에 대입하면 각각 다음 식(7.4)와 같다.

$$\sigma_x = \frac{Mc}{I} = \frac{M(d/2)}{\pi d^4/64} = \frac{32M}{\pi d^3} \tag{7.4}$$

$$\tau_{xy} = \frac{Tc}{J} = \frac{T(d/2)}{\pi d^4/32} = \frac{16T}{\pi d^3}$$

여기서 평면응력 상태로 가정하고, $\sigma_y = 0$ 상태에서 축에 작용하는 주응력은 다음 식(7.5)과 같다.

$$\sigma_{1,2} = \frac{\sigma_x - 0}{2} \pm \sqrt{\left(\frac{\sigma_x - 0}{2}\right)^2 + \tau_{xy}^2} \tag{7.5}$$

식(7.5)에 식(7.4)를 대입하면 다음 식(7.6)과 같다.

$$\sigma_{1,2} = \frac{16M}{\pi d^3} \pm \sqrt{\left(\frac{16M}{\pi d^3}\right)^2 + \left(\frac{16T}{\pi d^3}\right)^2} = \frac{16}{\pi d^3}\left[M \pm \sqrt{M^2 + T^2}\right] \qquad (7.6)$$

$\sigma_y = 0$ 상태에서 축에 작용하는 주 전단응력은 다음 식(7.7)와 같다.

$$\tau_{1,2} = \pm\sqrt{\left(\frac{\sigma_x - 0}{2}\right)^2 + \tau_{xy}^2} \qquad (7.7)$$

식(7.7)에 식(7.4)를 대입하면 다음 식(7.8)과 같다.

$$\tau_{1,2} = \pm\sqrt{\left(\frac{\sigma_x}{2}\right)^2 + \tau_{xy}^2} = \pm\frac{16}{\pi d^3}\sqrt{M^2 + T^2} \qquad (7.8)$$

(1) 최대 전단변형에너지설 (von Mises 이론) 적용

최대 전단변형에너지설을 적용하면, 폰미세스(von Mises) 응력이 다음 식(7.9)에 도달하면 재료가 손상되었다고 평가한다. 여기서, σ_y는 항복응력, S는 안전계수, σ_a는 허용응력이다.

$$\sigma_a = \sqrt{(\sigma_1^2 + \sigma_2^2 - \sigma_1\sigma_2)} = \frac{\sigma_y}{S} \qquad (7.9)$$

식(7.6)을 식(7.9)에 대입하면 다음 식(7.10)과 같다.

$$\frac{16}{\pi d^3}\sqrt{(4M^2 + 3T^2)} = \frac{\sigma_y}{S} \qquad (7.10)$$

따라서, 축의 최소 지름 d(또는 안전계수 S)는 다음 식(7.11)과 같다.

$$\therefore\ d = \left(\frac{32S}{\pi\sigma_y} \sqrt{(M^2 + \frac{3}{4}T^2)} \right)^{1/3} \tag{7.11}$$

$$S = \frac{\pi d^3 \sigma_y}{32\sqrt{(M^2 + \frac{3}{4}T^2)}}$$

(2) 최대 전단응력설 (Tresca 이론) 적용

최대 전단응력설을 적용하면, 응력이 다음 식(7.12)에 도달하면 재료가 손상되었다고 평가한다.

$$\left| \sigma_1 - \sigma_2 \right| = \frac{\sigma_y}{S} \tag{7.12}$$

식(7.6)을 식(7.12)에 대입하면 다음 식(7.13)과 같다.

$$\frac{32\sqrt{M^2 + T^2)}}{\pi d^3} = \frac{\sigma_y}{S} \tag{7.13}$$

따라서, 축의 최소 지름 d(또는 안전계수 S)는 다음 식(7.14)와 같다.

$$\therefore\ d = \left(\frac{32S}{\pi\sigma_y} \sqrt{(M^2 + T^2)} \right)^{1/3} \tag{7.14}$$

$$S = \frac{\pi d^3 \sigma_y}{32\sqrt{(M^2 + T^2)}}$$

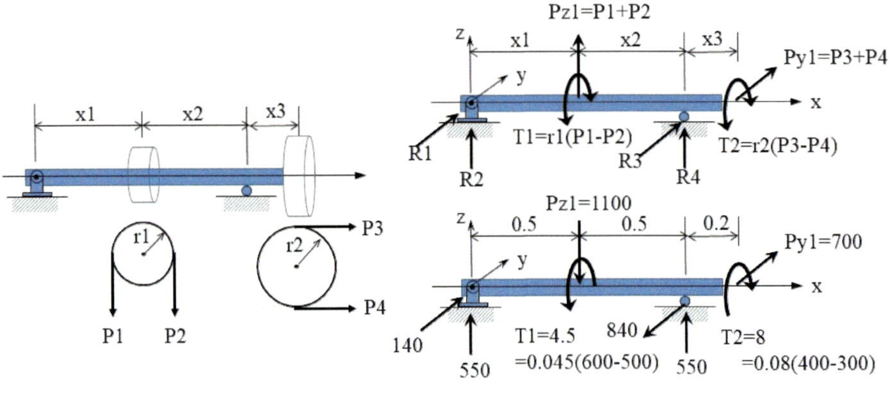

(a) (b)

그림 7.3 예제 7.1(1)

[예제 7.1] 그림 7.2(a)와 같이, 밸트 구동축에 인장력이 작용하고 있다. 축은 마찰이 없는 미끄럼 베어링으로 지지되어 있다. 축 재료의 항복응력은 600 MPa, 안전계수는 2.5인 조건에서, 축의 자유물체도, 모멘트 및 투크 선도를 그리고, 최대 전단변형에너지설 (von Mises 이론)과 최대 전단응력설 (Tresca 이론)을 적용하여 최소 축지름을 구하시오? (여기서, x1=0.5 m, x2=0.5 m, x3=0.2 m, 밸트 장력 P1=600 N, P2=500 N, P3=400 N, P4=300 N, 풀리 반경 r1=0.045 m, r2=0.08 m)

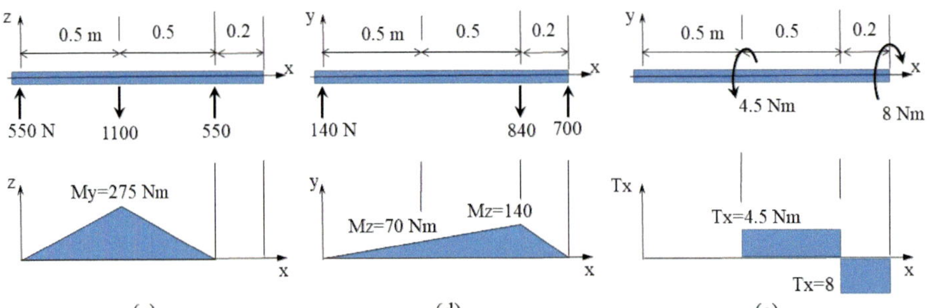

(c) (d) (e)

그림 7.4 예제 7.1(2)

[풀이 7.1] 그림 7.2(b)에는 그림 7.2(a)의 자유물체도를 나타내었다.

그림 7.3(c)에는 x-y평면 모멘트 선도, 그림 7.3(d)에는 x-z평면 모멘트 선도, 그림 7.3(e)에는 토크 선도를 각각 나타내었다. 여기서 최대 모멘트는 다음과 같다.

$$M_{\max} = \sqrt{275^2 + 70^2} = 283.8\,Nm$$

(1) 최대 전단변형에너지설 (von Mises 이론) 적용

$$d = \left(\frac{32S}{\pi\sigma_y}\sqrt{(M^2 + \frac{3}{4}T^2)}\right)^{1/3}$$

$$= \left[\frac{32(2.5)}{\pi(600\times10^6)}\sqrt{(283.8)^2 + \frac{3}{4}(4.5)^2}\right]^{1/3} = 0.02292\,m = 22.9\,mm$$

(2) 최대 전단응력설 (Tresca 이론) 적용

$$\therefore\ d = \left(\frac{32S}{\pi\sigma_y}\sqrt{(M^2 + T^2)}\right)^{1/3}$$

$$= \left[\frac{32(2.5)}{\pi(600\times10^6)}\sqrt{283.8^2 + 4.5^2}\right]^{1/3} = 0.02292\,m = 22.9\,mm$$

따라서 최대 전단변형에너지설와 최대 전단응력설로 예측한 최소 축 직경이 거의 같게 나왔다. 따라서 가공의 용이성 등을 고려하여 정수값으로 반올림하여 직경을 선정하면 축 직경을 23 mm로 설계한다.

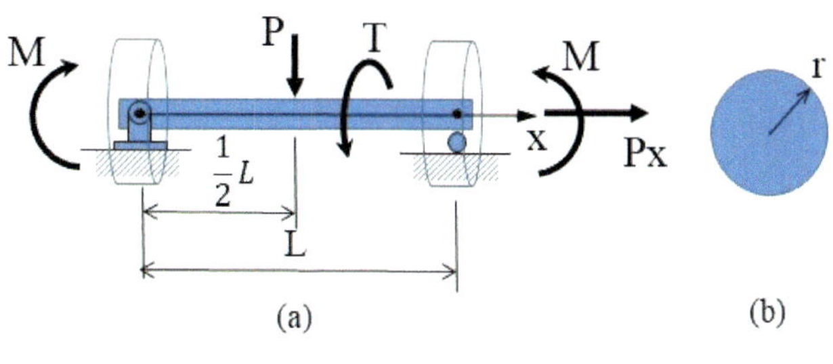

그림 7.5 굽힘, 비틀림, 축 방향 하중

7.2.2 굽힘, 비틀림, 축 방향 하중

그림 7.1(a)와 같이, 축에 굽힘모멘트, 비틀림 및 축 방향 하중이 동시에 작용하면, 축에 작용하는 응력은 다음 식(7.15)와 같다.

$$\sigma_x = \frac{32M}{\pi d^3} + \frac{4P}{\pi d^2}, \quad \tau_{xy} = \frac{16T}{\pi d^3} \tag{7.15}$$

따라서 주응력은 다음 식(7.16)과 같다.

$$\begin{aligned} \sigma_{1,2} &= \left(\frac{16M}{\pi d^3} + \frac{2P}{\pi d^2}\right) \pm \sqrt{\left(\frac{16M}{\pi d^3} + \frac{2P}{\pi d^2}\right)^2 + \left(\frac{16T}{\pi d^3}\right)^2} \\ &= \frac{2}{\pi d^3}\left[8M + Pd \pm \sqrt{(8M+Pd)^2 + (8T)^2}\right] \end{aligned} \tag{7.16}$$

또한 전단 주응력은 다음 식(7.17)과 같다.

$$\tau_{1,2} = \pm \frac{2}{\pi d^3}\sqrt{(8M+Pd)^2 + (8T)^2} \tag{7.17}$$

7.3 일반적인 축 설계

일반적인 축 설계 원리는 다음과 같다.

① 가능한 축을 짧게 하고, 베어링을 하중 작용점에 가깝게 설치한다.

② 가능한 응력이 높은 축 부위에서 응력을 높이는 요소를 띄어 놓는다. 이것이 어렵다면, 반지름을 크게 하고 표면 마무리를 좋게 하고, 표면경화처리 등을 한다.

③ 축의 소재로 탄소강을 사용할 경우, 보통 탄성계수가 비슷함으로 축의 처짐이 중요할 경우 값싼 탄소강을 사용한다.

④ 중실 축의 소재량이 제한되면 중공 축으로 설계한다. 즉, 동일한 강성을 얻게 되나, 소재량은 줄어들어 경량화할 수 있다.

또한 축의 최대 허용 처짐은 축의 위험속도, 기어와 베어링 등에 의한 요구조건으로 결정한다. 특히 기어와 베어링에 대한 축 처짐 허용량은 다음과 같이 결정한다.

① 축의 처짐으로 의해 맞물린 기어이 사이가 약 0.13 mm 이내 및 두 기어 축 사이 경사도가 약 0.03° 이내로 한다.

② 저널 부위의 처짐은 유막 두께 이내로 한다.

③ 베어링이 자동 조심형이 아닐 경우, 볼 또는 롤러 베어링에서 축의 각 변형은 0.04° 이내로 한다.

7.4 회전축의 임계속도

축은 회전하는 동안 변형이 발생한다. 변형량은 축 재료의 강성, 지지부, 축과 연결된 기계요소의 무게 그리고 감쇠량 등에 의해 결정된다.

축의 임계속도(critical speed)는 고유진동수(natural frequency)라고도 하며, 동역학적으로 불안정하고 진동을 수반하는 큰 변형이 일어나기 쉬운 속도이다. 임계속도(고유진동수)는 저주파에서 고주파까지 무한한 값이 있지만, 가장 작은 값을 의미하며 축 설계에 중요하게 작용한다.

7.4.1 단일 질량 시스템

임계속도(고유진동수)는 주기적 운동 과정에서 시스템의 운동에너지와 위치에너지가 상호 변환되는 비율로서 알 수 있다. 축에 연결된 단일 질량은 그림 7.5(a)에 보인 바와 같이, 단순 스프링과 질량의 조합과 같다.

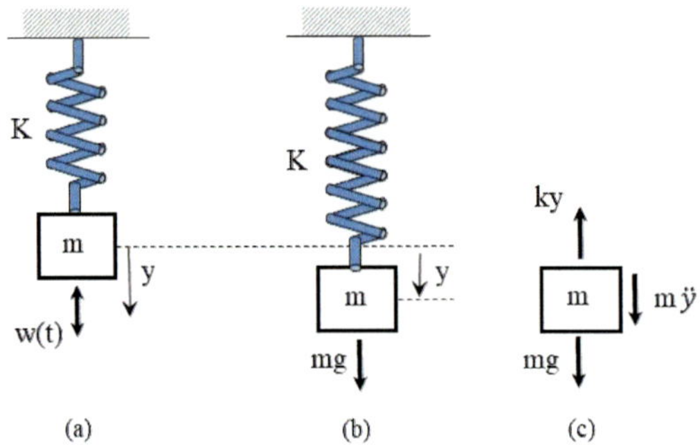

그림 7.6 단일 질량 시스템

단일 질량 시스템이 평형상태에서, 그림 7.5(b)와 같이, 변위 y를 가하고 자유진동 상태라고 하면, 그림 7.5(c)와 같은 자유물체도와 같다. 뉴턴의 힘의 법칙을 적용하면 다음 식(7.18)과 같다.

$$m\ddot{y} + ky = w(t) = 0 \tag{7.18}$$

그리고 시스템의 위치에너지는 다음 식(7.19)와 같다. 여기서, m=질량(kg), g=중력가속도(9.8 m/s^2), k=스프링 상수(N/m), y=변형량(m)이다.

$$U = \int_0^y (mg + ky)dy - mgy = \frac{1}{2}ky^2 \tag{7.19}$$

또한 시스템의 운동에너지는 다음 식(7.20)과 같다.

$$K = \frac{1}{2}mv^2 = \frac{1}{2}m(\dot{y})^2 \tag{7.20}$$

전체 에너지(위치에너지+운동에너지)는 항상 일정하며, 다음 식(7.21)과 같다.

$$\frac{d}{dt}(U+K)=0 \tag{7.21}$$

따라서 식(7.21)은 식(7.22) 및 식(7.23)과 같다.

$$\frac{d}{dt}\left[\frac{1}{2}ky^2+\frac{1}{2}m(\ddot{y})^2\right]=ky\dot{y}+m\dot{y}\ddot{y}=0 \tag{7.22}$$

$$\dot{y}(ky+m\ddot{y})=0\,,\quad m\ddot{y}+ky=0\,,\quad \ddot{y}+\frac{k}{m}y=0 \tag{7.23}$$

$$\because\ \omega=\sqrt{k/m}\,,\qquad \therefore\ \ddot{y}+\omega^2 y=0$$

그리고 식(7.23)의 일반해를 구하면 다음 식(7.24)와 같다.

$$y=C_1\sin(\omega t+\phi) \tag{7.24}$$

여기서 C_1=적분상수, ω는 임계속도(고유진동수)이다
따라서, 식(7.23)으로부터 임계속도는 다음 식(7.25)와 같다.

$$\because k=\frac{W}{y}\,,\ m=\frac{W}{g}\qquad \therefore\ \omega=\sqrt{\frac{k}{m}}=\sqrt{\frac{W/y}{W/g}}=\sqrt{\frac{g}{y}} \tag{7.25}$$

7.4.2 다중 질량 시스템

앞 절 식(7.20)의 단일 질량에서 다음 그림 7.6에 보인 바와 같이, n개의 질량에 대한 운동 에너지는 다음 식(7.26)과 같다.

$$K = \sum_{1}^{n} \frac{1}{2} m_i v_i^2 = \sum_{1}^{n} \frac{1}{2} m_i (\dot{y_i})^2 \tag{7.26}$$

$$= \frac{1}{2} m_1 (\dot{y_1})^2 + \frac{1}{2} m_2 (\dot{y_2})^2 + \cdots + \frac{1}{2} m_n (\dot{y_n})^2$$

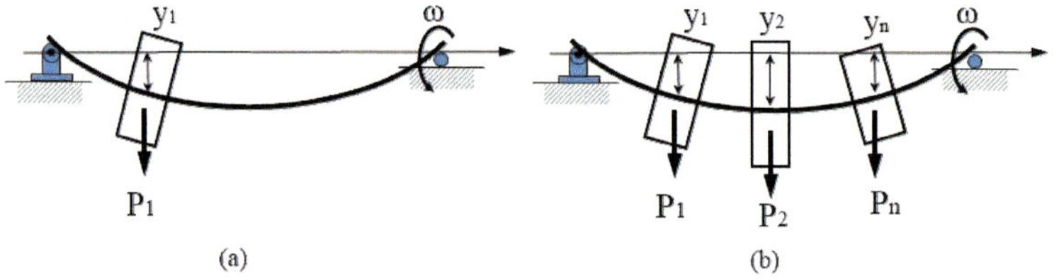

그림 7.7 단일 및 여러 회전체가 있는 회전축

식(7.20)으로부터, n개 질량에 대한 최대 운동에너지는 다음 식(7.27)과 같다.

$$y_{\max} = C_1 , \quad \dot{y}_{\max} = C_1 \omega = y_{\max} \omega \tag{7.27}$$

$$K_{\max} = \frac{\omega^2}{2} \sum_{1}^{n} m_i (y_{i,\max})^2$$

앞 절 식(7.19)로부터, n개 질량에 대한 위치에너지는 다음 식(7.28)과 같다.

$$U = \sum_{1}^{n} \frac{1}{2} k_i y_i^2 = \frac{1}{2} k_1 y_1^2 + \frac{1}{2} k_2 y_2^2 + \cdots + \frac{1}{2} k_n y_n^2 \tag{7.28}$$

n개 질량에 대한 최대 위치에너지는 다음 식(7.29)와 같다.

$$U_{\max} = \frac{1}{2} \sum_{1}^{n} k_i (y_{i,\max})^2 \tag{7.29}$$

$$= \frac{1}{2} k_1 (y_{1,\max})^2 + \frac{1}{2} k_2 (y_{2,\max})^2 + \cdots + \frac{1}{2} k_n (y_{n,\max})^2$$

레일리 이론(Rayleigh method)에 따라 최대 위치에너지($U_{\max}$)와 최대 운동에너지($K_{\max}$)가 같다고 가정하면, 다음 식(7.30) ~ 식(7.32)와 같다.

$$U_{\max} = K_{\max} \ : \quad \frac{1}{2}\sum_{1}^{n} k_i \left(y_{i,\max}\right)^2 = \frac{1}{2}\omega^2 \sum_{1}^{n} m_i \left(y_{i,\max}\right)^2 \tag{7.30}$$

$$\omega^2 = \frac{\sum_{1}^{n} k_i \left(y_{i,\max}\right)^2}{\sum_{1}^{n} m_i \left(y_{i,\max}\right)^2} \qquad \because \ k_i = \frac{W_i}{y_{i,\max}}, \ m_i = \frac{W_i}{g} \tag{7.31}$$

$$\therefore \ \omega_{cr} = \sqrt{\frac{g \sum_{1}^{n} W_i \, y_{i,\max}}{\sum_{1}^{n} W_i \left(y_{i,\max}\right)^2}} \tag{7.32}$$

따라서 식(7.32)를 레일리 식(Rayleigh equation)이라고 한다. 그러나 실제 변형량이 식(7.32)에서 계산한 정적 변형량보다 크기 때문에 과소평가될 수 있다. 결국 최대 허용속도를 실제보다 더 크게 예측하는 문제점이 있다. 이런 문제점을 해결하기 위해서, 또 다른 방법으로서 다음 식(7.33)을 사용한다.

$$\because \ \omega_i = \sqrt{\frac{g}{y_i}} \qquad \therefore \ \frac{1}{\omega_{cr}^2} = \frac{1}{\omega_1^2} + \frac{1}{\omega_2^2} + \frac{1}{\omega_3^2} + \cdots + \frac{1}{\omega_n^2} \tag{7.33}$$

여기서, ω_1=질량 1이 존재할 경우 임계속도

ω_2=질량 2가 존재할 경우 임계속도

ω_n=질량 n번째 존재할 경우 임계속도

따라서 식(7.33)을 던컬리 식(Dunkerley equation)이라고 한다. 이 식은 임계속도를 실제보

다 더 작게 예측한다. 즉 레일리 식과 던컬리 식의 차이점은 변형량이다. 실제 설계에서는 간편한 레일리 식을 더 많이 사용하고 있다.

[예제 7.2] 다음 그림 7.7과 같이, 단순보 형태 축 요소가 있다. 여기서 축 직경 d=55 mm, 축 재료(탄소강)의 탄성계수 E=200 GPa이다. (여기서, x_1=0.5 m, x_2=0.7 m, x_3=0.3 m, 하중 P_a=400 N, P_b=600 N). 이 축의 임계속도(레일리 방법과 던컬리 방법)를 각각 구하여 비교하시오?

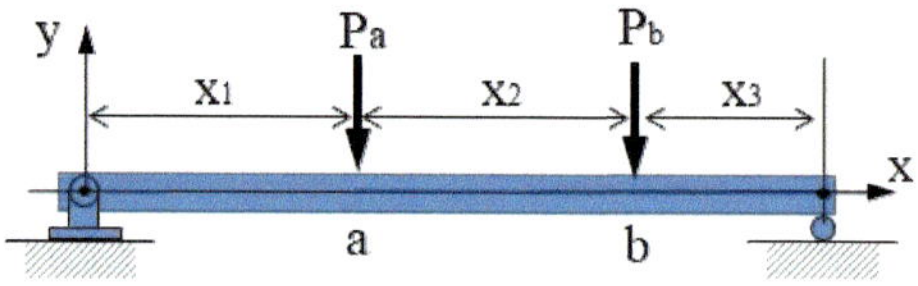

그림 7.8 예제 7.2

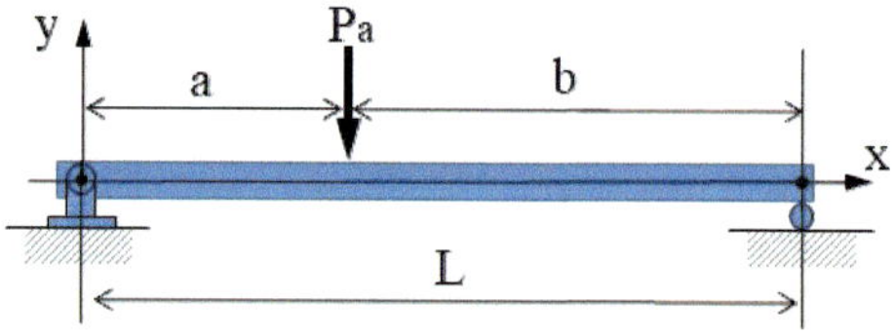

그림 7.9 단순보 축 요소

[풀이 7.2] 다음 그림 7.8에는 단순보에 외력이 작용하는 축 요소에 대한 자유물체도이다. 그림 7.8과 같은 축 요소의 일반 처짐곡선은 다음과 같다.

$$(0 \le x \le a):\quad y(x) = \frac{Pbx}{6LEI}(L^2 - x^2 - b^2)$$

$$(a \le x \le L):\quad y(x) = \frac{Pa(L-x)}{6LEI}(2Lx - x^2 - a^2)$$

주어진 조건은 다음과 같다.

d=0.055 m, E=200 GPa, P_a=400 N, P_b=600 N

x_1=0.5 m, x_2=0.7 m, x_3=0.3 m (L=1.5 m)

여기서 관성 모멘트(I)는 다음과 같다.

$$I = \frac{\pi d^4}{64} = \frac{\pi (0.055)^4}{64} = 4.492 \times 10^{-7} m^4$$

그림 7.7에서 하중 P_a와 P_b가 동시에 작용하지만, 중첩법을 적용하여, 각각 독립적으로 작용할 경우 각각 처짐량을 구해서 중첩한다.

① 하중 P_a=400 N 만 작용할 경우, a점에서 변위 : y_{aa}

조건 : a=x_1, x=0.5 m, b=x_2+x_3=1.0 m

$$(0 \le x \le a) :$$
$$\begin{aligned} y_{aa}(0.5) &= \frac{P_a bx}{6LEI}(L^2 - x^2 - b^2) \\ &= \frac{(-400)(1)(0.5)}{6(1.5)(200\times 10^9)(4.49\times 10^{-7})}(1.5^2 - 0.5^2 - 1.0^2) \\ &= -0.000248\, m = -0.248\, mm \end{aligned}$$

② 하중 P_b=600 N 만 작용할 경우, a점에서 변위 : y_{ab}

조건 : a=x_1+x_2, x=0.5 m, b=x_3=0.3 m

$$(0 \le x \le a) :$$
$$\begin{aligned} y_{ab}(0.5) &= \frac{P_b bx}{6LEI}(L^2 - x^2 - b^2) \\ &= \frac{(-600)(0.3)(0.5)}{6(1.5)(200\times 10^9)(4.49\times 10^{-7})}(1.5^2 - 0.5^2 - 0.3^2) \\ &= -0.000213\, m = -0.213\, mm \end{aligned}$$

따라서 a점에서 총 변위는 다음과 같다.

$\therefore\ y_a = y_{aa} + y_{ab} = -0.248 - 0.213 = -0.461\,mm$

③ 하중 P_b=600 N 만 작용할 경우, b점에서 변위 : y_{bb}

조건 : x=a=x_1+x_2=1.2 m, x=1.2 m, b=0.3 m

$(0 \le x \le a)$:

$$y_{bb}(1.2) = \frac{P_b b x}{6LEI}(L^2 - x^2 - b^2)$$
$$= \frac{(-600)(0.3)(1.2)}{6(1.5)(200\times10^9)(4.49\times10^{-7})}(1.5^2 - 1.2^2 - 0.3^2)$$
$$= -0.000192\,m = -0.192\,mm$$

④ 하중 P_a=400 N 만 작용할 경우, b점에서 변위 : y_{ba}

조건 : a=x_1=0.5 m, x=x_1+x_2=1.2 m, b=x_2+x_1=1.0 m

$(a \le x \le L)$:

$$y_{ba}(1.2) = \frac{P_a a(L-x)}{6LEI}(2Lx - x^2 - a^2)$$
$$= \frac{(-400)(0.5)(1.5-1.2)}{6(1.5)(200\times10^9)(4.49\times10^{-7})}[2(1.5)(1.2) - 1.2^2 - 0.5^2]$$
$$= -0.000142\,m = -0.142\,mm$$

따라서 b점에서 총 변위는 다음과 같다.

$\therefore\ y_b = y_{ba} + y_{bb} = -0.142 - 0.192 = -0.334\,mm$

(1) 레일리 방법 적용: 앞 절의 식(7.32)를 사용한다.

$$\therefore\ \omega_{cr} = \sqrt{\frac{g\sum_{1}^{2} W_i\, y_{i,\max}}{\sum_{1}^{2} W_i\, (y_{i,\max})^2}} = \sqrt{\frac{g(P_a y_a + P_b y_b)}{P_a y_a^2 + P_b y_b^2}}$$

$$= \sqrt{\frac{(9.81)[(400)(0.000461) + (600)(0.000334)]}{(400)(0.000461)^2 + (600)(0.000334)^2}} = 157.6\ rad/s$$

$$= 1505\ rpm$$

(2) 던컬리 방법 적용: 앞 절의 식(7.33)를 사용한다.

$$\omega_{cr,a} = \sqrt{\frac{g}{y_{aa}}} = \sqrt{\frac{9.81}{0.000248}} = 198.9\,rad/s\ = 1899\ rpm$$

$$\omega_{cr,b} = \sqrt{\frac{g}{y_{bb}}} = \sqrt{\frac{9.81}{0.000193}} = 225.5\ rad/s = 2153\ rpm$$

$$\therefore\ \frac{1}{\omega_{cr}^2} = \frac{1}{\omega_{cr,a}^2} + \frac{1}{\omega_{cr,b}^2} = \frac{1}{198.9^2} + \frac{1}{225.5^2}$$

$$\therefore\ \omega_{cr} = \sqrt{\frac{1}{\frac{1}{198.9^2} + \frac{1}{225.5^2}}} = 149.2\ rad/s = 1425\ rpm$$

(3) 최종 위험속도는 안전을 고려해서 다음 범위 내에 있을 것이며, 이 범위에서 운전하지 않도록 결정한다.

$$\therefore\ \omega_{cr} = 1425 \sim 1505\ rpm$$

7.5 키, 스플라인, 핀 및 코터

회전하는 축에는 기어, 풀리 및 캠과 같은 여러 기계요소와 연결된다. 그리고 이 기계요소가 축과 연결되는 부분을 허브(hubs)라고 한다. 이 허브와 축을 연결하는 방법은 여러 가지가 있으며, 여기서는 키, 핀 등에 대해 설명한다.

그림 7.9(a)와 같이, 일반적인 단순 사각형의 평형키 홈과 키이다. 키 홈에서 축에 응력집중이 발생하여 사용 중 대부분의 파괴는 축이 아닌 키에서 발생한다. 즉, 키는 축에 규정된 응력 또는 토크에서 파단되도록 설계한다.

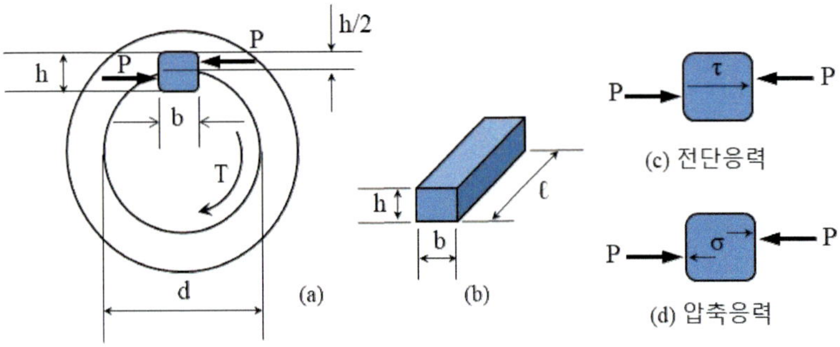

그림 7.10 평행키의 응력

7.5.1 키 설계

그림 7.9(c)와 같이, 전단에 의한 파괴를 고려하면, 키($b \times h \times l$)에 작용하는 전단응력 및 압축응력은 다음 식(7.34)와 식(7.35)와 같다.

$$\tau = \frac{P}{A_s} = \frac{P}{bl} \tag{7.34}$$

$$\sigma_c = \frac{P}{A_c} = \frac{P}{l(2/h)} \tag{7.35}$$

식(34)와 식(35)로부터 식(7.36)와 같다.

$$h = b\frac{2\tau}{\sigma_c}, \quad \because \sigma_c = 2\tau \quad \therefore h = b \tag{7.36}$$

키의 전단응력과 토크와의 관계는 다음 식(7.37)과 같다.

$$T = \frac{2}{d}P, \quad \therefore \tau = \frac{2T}{bld} \tag{7.37}$$

축이 받는 토크에 의한 전단응력은 다음 식(7.38)과 같다.

$$\tau = \frac{Tr}{J} = \frac{16T}{\pi d^3} \tag{7.38}$$

축과 키가 받는 토크가 같고 전단응력이 같다면, 식(7.37), 식(7.38)로부터 다음 식(7.39)와 같다.

$$\frac{2T}{bld} = \frac{16T}{\pi d^3} \quad \because l = 1.5d, \quad \therefore b = \frac{\pi}{12}d \fallingdotseq \frac{1}{4}d \tag{7.39}$$

[예제 7.3] 축 지름이 40 mm의 전동축이 600 rpm으로 15 kW 동력을 전달한다. 보통 키의 호칭치수(bxh)는 8x8 mm이며, 허용 압축강도는 25 kg_f/mm^2, 전단강도는 15 kg_f/mm^2이다. 여기서 다음 표 7.1을 참고하여 키의 길이를 결정하시오?

표 7.1 보통 키의 표준길이 예

6	8	10	12	14	16	18	20	22	25	28	32	36	40	45
50	56	63	70	80	90	10 0	11 0	12 5	14 0	15 0	16 0	17 0	18 0	20 0

[풀이 7.3]

주어진 조건 : 지름 d=40 mm, 회전속도 N=600 rpm, 동력 H_{kw}=15 kW

압축강도 σ_c=25 kg_f/mm^2. 전단강도 τ=15 kg_f/mm^2 키의 bxh=8x8 mm

$$T = 974000 \times \frac{H_{kw}}{N} = 974000 \times \frac{15}{600} = 24350\ kg_f mm$$

$$\sigma_c = \frac{4T}{hld}, \quad \therefore\ l = \frac{4T}{\sigma_c hd} = \frac{4(24350)}{(25)(8)(40)} = 12.18\,mm$$

$$\tau = \frac{2T}{bdl}, \quad \therefore\ l = \frac{2T}{\tau bd} = \frac{2(24350)}{(15)(8)(40)} = 10.15\,mm$$

안전을 위해서 더 큰 값을 선택하면, 12.18 mm가 되며, 표 7.1에서 14 mm로 선택한다. 따라서 결정한 키는 다음과 같다.

$b \times h \times l$ = 8 x 8 x 14 mm

7.5.2 스플라인 설계

스플라인(splines)은 이빨이 있는 허부와 그에 맞도록 반대편 이빨이 가공되어 있는 기계요소이다. 스플라인은 큰 토크를 전달하기 위한 것으로 원주를 따라 같은 간격으로 여러 개의 키 홈을 가공한 축이다. 그림 7.10에 보인 바와 같이, 스플라인 축, 축에 끼워지는 상대측 허브를 스플라인이라고 한다.

스플라인의 호칭은 8x23x26(홈수x작은지름x큰지름: $N \times d \times D$)으로 표시한다. 그리고 스플라인은 홈의 형상에 따라 각형 스플라인(strsight sided spline)과 인벌루트 스플라인(involute spline)이 있다. 각형 스플라인은 단면이 사각형이고, 인벌루트 스플라인은 단면이 인벌루트 곡선으로 되어 있다.

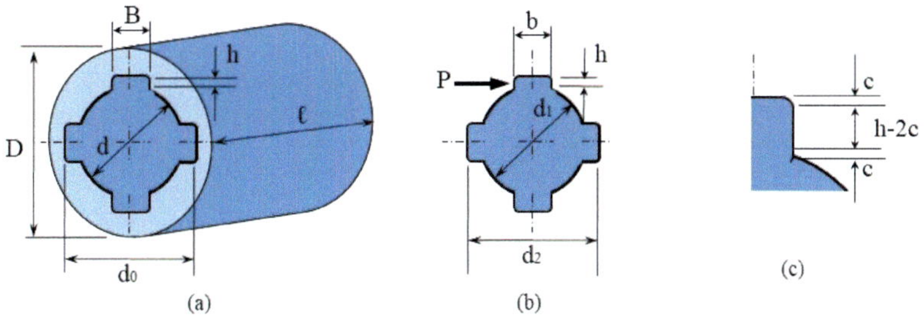

그림 7.11 스플라인 허브 및 축

각형 스플라인보다 인벌루트 스플라인이 정밀도가 좋고, 이뿌리 강도가 더 크다. 스플라인의 모양이 삼각형 산모양인 것을 세레이션(serration)이라고 한다.

각형 스플라인의 전달토크 계산에서, 스플라인 축은 잇수가 많아서 전단강도는 문제가 없다고 가정하며, 치면의 압축강도를 고려해서 전달할 수 있는 최대 토크를 다음과 같이 계산한다.

그림 7.10(b),(c)와 같이, 한 개의 치면에 전달할 수 있는 회전력 P_1은 다음 식(7.40)과 같다.

$$P_1 = \sigma_a (h - 2c) l \tag{7.40}$$

c는 모따기, l은 축방향 길이, σ_a는 허용면압력, $h = (d_2 - d_1)/2$는 이 높이다.

한 개의 치면에 전달할 수 있는 토크 T_1은 다음 식(7.41)과 같다.

$$T_1 = P_1 \frac{d_m}{2}, \qquad d_m = \frac{d_2 - d_1}{2} \tag{7.41}$$

접촉효율 η, Z개의 치면에 작용하는 전체 토크 T은 다음 식(7.42)와 같다.

$$\therefore\ T = \eta Z P_1 \frac{d_m}{2} = \eta Z\, \sigma_a (h - 2c) l\, \frac{d_m}{2} \tag{7.42}$$

[예제 7.4] 다음 조건일 경우, 스플라인 축이 전달할 수 있는 동력 H_{PS}을 구하시오? (여기서, 회전속도 1500 rpm, 허용면압력 1.5 kg_f/mm^2, 스플라인 길이 110 mm, 잇수 8

개, d_2=55 mm, d_1=51 mm, 모따기 c=0.3 mm, 이너비 b=10 mm, 접촉효율 75%이다.)

[풀이 7.4]

주어진 조건 : d_2=55 mm, d_1=51 mm, N=1500 rpm, σ_a=1.5 kg_f/mm^2

Z=8개, c=0.3 mm, b=10 mm, η=75%

$$h = \frac{d_2 - d_1}{2} = \frac{55-51}{2} = 2\,mm$$

$$T = \eta Z(h-2c)\sigma_a l \frac{d_2 + d_1}{4}$$

$$= (0.75)(8)[2-2(0.3)](1.5)(110)\left(\frac{55+51}{4}\right) = 36729\ kg_f mm$$

$$T = 716200\frac{H_{PS}}{N},\ \therefore H_{PS} = \frac{TN}{716200} = \frac{(36729)(1500)}{716200} = 76.92\,PS$$

7.5.3 핀 설계

그림 7.11에는 핀의 형상 및 외력에 의한 핀에 작용하는 응력을 나타내었다. 핀(pin)은 키 대신 사용하기도 하고, 코터가 사용 중 빠져 나오지 못하게 고정하거나, 부품의 위치를 결정하는데 사용한다. 핀의 종류에는 평행핀, 테이터핀 및 분할핀 등이 있다. 핀에 작용하는 응력은 축 하중에 의한 접촉면압, 전단면의 전단강도가 있다.

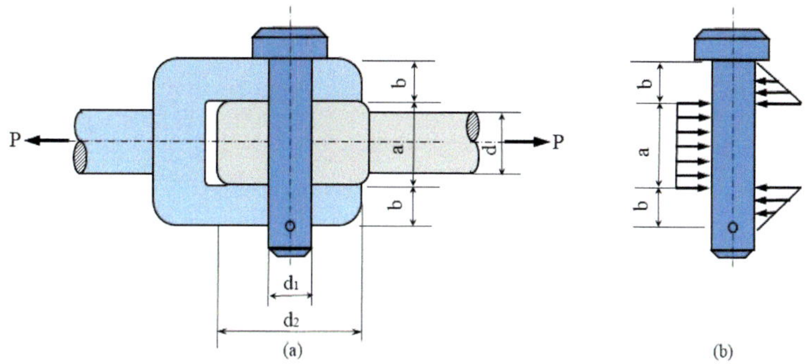

그림 7.12 핀의 형상 및 응력

(1) 핀의 접촉면압

그림 7.11(b)에는 핀의 자유물체도를 나타낸다. 여기서 축하중 P는 다음 식(7.43)과 같다.

$$P = q(d_1 a) \tag{7.43}$$

여기서, q는 접촉면압이며, 보통 핀의 허용 접촉면압은 1.4~2.1 kg_f/mm^2이다. 핀의 지름 d_1은 다음 식(7.44)과 같다.

$$\because\ a = md_1\ ,\ m = 1 \sim 1.5 \qquad \therefore\ d_1 = \sqrt{\frac{P}{mq}} \tag{7.44}$$

(2) 핀의 전단강도

그림 7.11(b)의 자유물체도에서, 축하중 P는 핀의 전단이 일어나는 2개 면(A)에서 작용하여 전단응력이 발생하며 다음 식(7.45)와 같다.

$$P = (2A)\tau = 2\left(\frac{\pi d_1^2}{4}\right)\tau, \qquad \therefore\ \tau = \frac{2P}{\pi d_1^2} \tag{7.45}$$

7.5.4 코터 설계

그림 7.12에 보인 바와 같이, 단면이 평판 모양의 쐐기를 코터라고 하며, 주로 인장 또는 압축을 받는 2개(로드와 소켓) 축을 연결하는 이음에 사용하며 이를 코터 이음이라고 한다. 코터 이음에서 코터는 그림 7.12(b)와 같이, 주로 굽힘모멘트를 받는다. 코터의 구배로서 자주 분해하는 경우에는 1/5~1/10, 일반적인 경우에는 1/25, 분해하지 않는 영구 결합인 경우에는 1/50을 사용한다.

(1) 코터의 자립조건

코터는 구배로 인해 사용 중에 풀어지는 것을 방지하기 위한 자립조건이 필요하다.

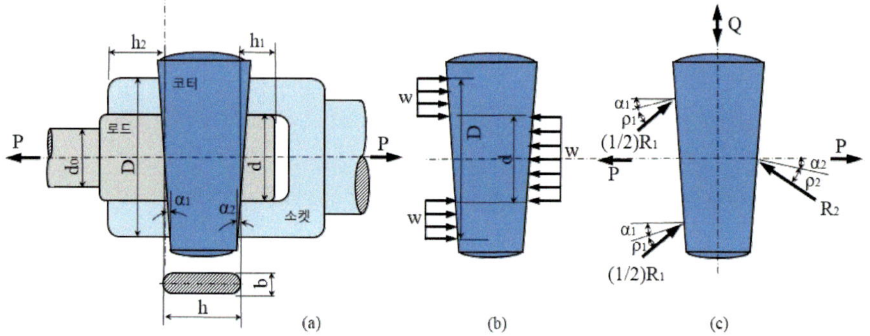

그림 7.13 코터의 자유물체도

그림 7.12(a),(c)와 같이, 축 인장력 P, 코터의 반력은 R_1, R_2, 코터의 구배는 α_1, α_2, 마찰각은 ρ_1, ρ_2, 코터의 체결력을 Q라고 가정하면, 다음과 같이 코터의 자립 조건은 다음과 같다.

먼저 코터의 체결력 Q는 다음 식(7.46)과 식(7.47)과 같다.

$$Q = R_1 \sin(\alpha_1 + \rho_1) + R_2 \sin(\alpha_2 + \rho_2) \tag{7.46}$$

$$P = R_1 \cos(\alpha_1 + \rho_1) + R_2 \cos(\alpha_2 + \rho_2)$$

$$\therefore\ Q = P\{\tan(\alpha_1 + \rho_1) + \tan(\alpha_2 + \rho_2)\} \tag{7.47}$$

그리고 코터의 빼는 힘을 Q'라고 하면, 자립조건은 다음 식(7.48)과 같다.

$$\therefore\ Q' = P\{\tan(\alpha_1 - \rho_1) + \tan(\alpha_2 - \rho_2)\} \le 0 \tag{7.48}$$

코터가 양쪽 구배($\alpha_1 = \alpha_2 = \alpha$, $\rho_1 = \rho_2 = \rho$)인 경우, 다음 식(7.49)와 같다.

$$Q' = 2P\tan(\alpha - \rho) \le 0,\quad (\alpha - \rho) \le 0 \quad \therefore \alpha \le \rho \tag{7.49}$$

코터가 한쪽 구배($\alpha_1 = \alpha$, $\alpha_2 = 0$, $\rho_1 = \rho_2 = \rho$)인 경우, 다음 식(7.50)과 같다.

$$Q' = P\{\tan(\alpha - \rho) - \tan\rho\} \le 0,\quad (\alpha - \rho) \le \rho \quad \therefore \alpha \le 2\rho \tag{7.50}$$

(2) 코터 이음의 강도

① 접촉면압 :

그림 7.12(b)에서 코터와 로드엔드의 접촉면압 σ_c, 코터와 소켓의 접촉면압 σ_c'이라고 하면, 그리고 만일 $\sigma_c = \sigma_c'$인 경우, 다음 식(7.51)과 같다.

$$\sigma_c = \frac{P}{bd},\quad \sigma_c' = \frac{P}{b(D-d)} \tag{7.51}$$

$$\sigma_c = \sigma_c' \quad \therefore d = \frac{D}{2}$$

② 인장응력 :

그림 7.12(a),(b)에서 축 지름 d_0, 축 인장응력 σ_t, 로드엔드의 유효단면적에 작용하는 인장응력 σ_t' 이라고 하면, 그리고 만일 $\sigma_t = \sigma_t'$인 경우, 다음 식(7.52)와 같다.

$$\sigma_t = \frac{P}{\frac{\pi d_0^2}{4}}, \qquad \sigma_t' = \frac{P}{\left(\frac{\pi d_0^2}{4} - bd\right)} \tag{7.52}$$

$$\text{가정 : } \sigma_t = \sigma_t', \ d = \frac{4}{3}d_0 \qquad \therefore b = \left(\frac{1}{3} \sim \frac{1}{4}\right)d$$

③ 굽힘응력 :

그림 7.12(a),(b)에서 코터에 작용하는 굽힘모멘트 M, 굽힘응력 σ_b라고 하면, 다음 식(7.53)과 같다.

$$M = \frac{P}{8} = \frac{bh^2\sigma_b}{6}, \qquad \therefore \sigma_b = \frac{3PD}{4bh^2} \tag{7.53}$$

$$\text{가정 : } b = \frac{d}{4}, D = 2d, \ d_0 = \frac{3d}{4}, P = \frac{\pi d_0^2 \sigma_t}{4}, \sigma_t = \frac{2\sigma_b}{3} \qquad \therefore h = \left(\frac{2}{3} \sim \frac{3}{2}\right)d$$

④ 전단강도 :

그림 7.12(a),(b)에서 코터에 작용하는 전단응력 τ, 로드엔드의 전단응력 τ_r, 소켓 끝의 전단응력 τ_s라고 하면, 다음 식(7.54)와 같다.

$$\tau = \frac{P}{2bh}, \ \tau_r = \frac{P}{2h_1 d}, \ \tau_s = \frac{P}{2h_2 9(D-d)} \tag{7.54}$$

$$\text{가정 : } b = \frac{d}{3}, D = 2d, \ P = \frac{\pi d_0^2 \sigma_t}{4} \qquad \therefore h_1 = h_2 = \left(\frac{2}{3}\right)h$$

(3) 코터 이음의 각 부위 파괴강도

그림 7.12(a),(b)의 자유물체도에서 코터 이음 각 부분(10 위치)에 대한 파괴강도는 다음 식(7.55)~식(7.64)와 같으며, 가장 약한 부분을 기준으로 설계한다.

① 축의 인장력 :

$$P = \frac{\pi d_0^2 \sigma_t}{4} \tag{7.55}$$

② 로드 엔드 부분의 인장력 :

$$P = \left(\frac{\pi d^2}{4} - db\right)\sigma_t \tag{7.56}$$

③ 로드 엔드 부분의 전단력 :

$$P = 2dh_1\tau_s \tag{7.57}$$

④ 코터에 접하는 로드 엔드 부분의 압축력 :

$$P = bd\sigma_c \tag{7.58}$$

⑤ 로드 엔드 칼라 부분의 압축력 :

$$P = \frac{\pi}{4}(d_2^2 - d^2)\sigma_c \tag{7.59}$$

⑥ 로드 엔드 칼라 부분의 전단력 :

$$P = \pi d h_2 \tau_s \tag{7.60}$$

⑦ 소켓에서 코터 구멍이 있는 부분의 인장력 :

$$P = \left\{\frac{\pi}{4}(D^2 - d^2) - (D-d)b\right\}\tau_t \tag{7.61}$$

⑧ 소켓 끝 부분의 전단력 :

$$P = 2(D-d)h_2\tau_s \tag{7.62}$$

⑨ 코터에 작용하는 전단력 :

$$P = 2bh\tau_s \tag{7.63}$$

⑩ 코터 구멍이 있는 소켓 부분의 압축력 :

$$P = (D-d)b\sigma_c \tag{7.64}$$

[예제 7.5] 그림 7.13과 같은 코터 이음이 있다. 다음 조건일 경우, 각 부의 응력을 계산하시오? (여기서, 축하중 5000 kg_f, d=80 mm, b=25 mm, h=75 mm, D=170 mm, 안전계수=1.5)

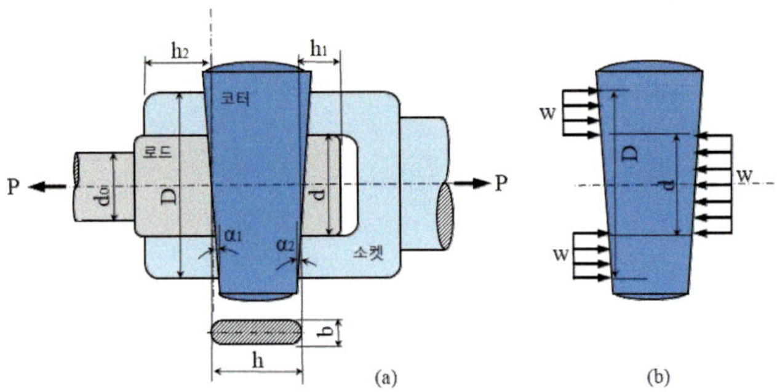

그림 7.14 예제 7.5

[풀이 7.5] 주어진 조건 : P=5000 kg_f, d=80 mm, b=25 mm, h=75 mm, D=170 mm, S=1.5

① 코터의 안전 허용 하중 : $P_a = P \times S = 5000 \times 1.5 = 7500\, kg_f$

② 코터와 로드 엔드의 접촉면압 : $\sigma_c = \dfrac{P_a}{bd} = \dfrac{7500}{25 \times 80} = 3.75\ kg_f/mm^2$

③ 소켓의 인장응력 : $\sigma_c' = \dfrac{P_a}{b(D-d)} = \dfrac{7500}{25(170-80)} = 3.33\ kg_f/mm^2$

④ 코터와 소켓의 접촉면압 :

$$\sigma_t = \frac{P_a}{\left(\dfrac{\pi d^2}{4} - db\right)} = \frac{7500}{\left(\dfrac{\pi(80)^2}{4} - 80 \times 25\right)} = 2.48\ kg_f/mm^2$$

⑤ 코터의 굽힘응력 : $\sigma_b = \dfrac{3P_aD}{4bh^2} = \dfrac{3(7500)(170)}{4(25)(75)^2} = 6.8\, kg_f/mm^2$

⑥ 코터의 전단응력 : $\tau = \dfrac{P_a}{2bh} = \dfrac{7500}{2(25)(75)} = 2\ kg_f/mm^2$

7.6 커플링

커플링(coupling)은 2개의 축을 연결하는데 사용하는 기계요소이다. 일반적으로 모터에서 동력을 얻어서 입력 축, 클러치 및 동력전달장치 등과 연결하기 위해서는 축과 축을 연결하는 커플링이 필요하다. 연결하는 2개의 축이 일직선 상에 정렬되어 있으면, 주로 고정형 커플링(rigid coupling)을 사용한다. 그러나 2개의 축이 정렬되어 있지 않거나, 평행 또는 일정한 각도로 엇갈려 있으면, 유연 커플링(flexible coupling)을 사용할 필요가 있다.

그림 7.14에는 플랜지(flange) 커플링과 그림 7.15에는 조오(jaw) 커플링의 형상을 나타낸다. 그리고 표 7.2에는 커플링의 고정형 커플링과 유연 커플링의 종류별 특징을 나타내었다.

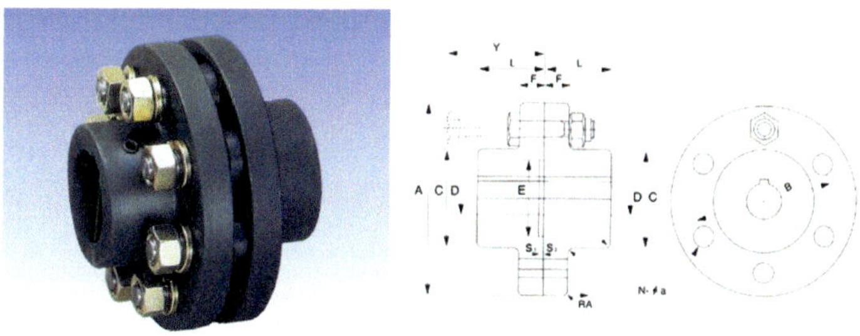

그림 7.15 플렌지 커플링 예

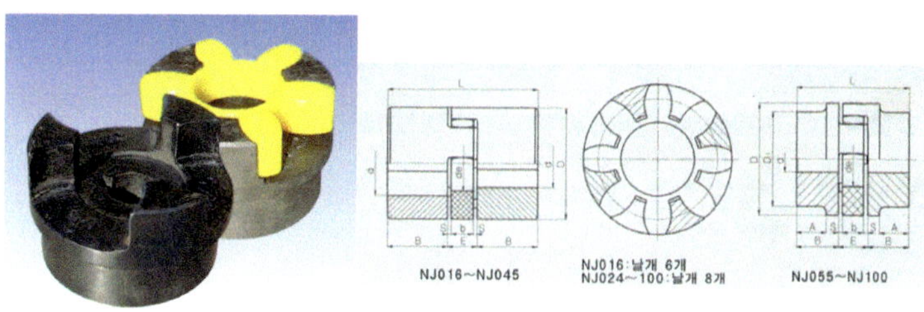

그림 7.16 조오 커플링 예

표 7.2 커플링 종류 및 특징

종류	비정렬 허용도			댐핑	비고
고정커플링					
플랜지 커플링	3	0	0	0	축을 자주 분리할 경우에 사용함.
슬리브 커플링	2	0	0	0	플렌지 커플링과 유사하나 장착과 분리가 편리함. 고강도 나사가 필요하며, 축과 슬리브 사이 공차가 작아야 함.
압축 슬리브 커플링	3	0	0	0	축과 커플링 사이의 마찰력으로 작동함. 큰 직경의 축이나 높은 토크가 필요한 장치에 부적합함.
유연커플링					
고무 커플링	1	1	0~2	14	축 직경에 따라 비틀어짐. 고정커플링에 비해 토크 용량이 적음. 조의 디자인에 따라 백레시가 발생가능함.
유연금속 커플링	3	3	1	0~2	고무 커플링보다 주어진 직경에서 높은 토크를 전달할 수 있고, 고온에서 작동 가능함.
벨로우즈 커플링	1	4	3	0	고정 커플링보다 토크 용량이 적고, 피로파괴에 취약함. 백레시가 없고, 중간정도의 비정렬 상태에 적합함.
기어 커플링	4	2	0~2	0	큰 토크 전달에 적합함.
나선형 커플링	2	3	1	0	매우 적은 토크를 전달할 때 사용함. 각도 비틀림 비정렬에 사용하기 적합함.
슈미츠 커플링	0	0	5	1	평형 비정렬에 적합함. 적은 동력을 전달할 때 사용함.
유니버셜 커플링	1	5	3~5	0	비정렬이 매우 큰 경우에 매우 적합함.
유체 커플링	2	0	0	5	진동이나 충격을 차단함.

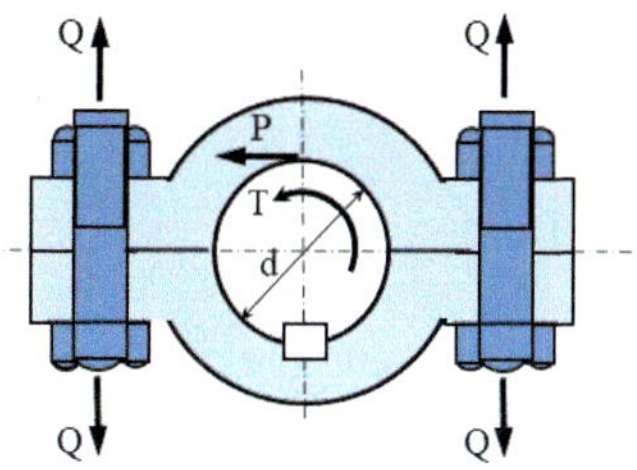

그림 7.17 클램프 커플링

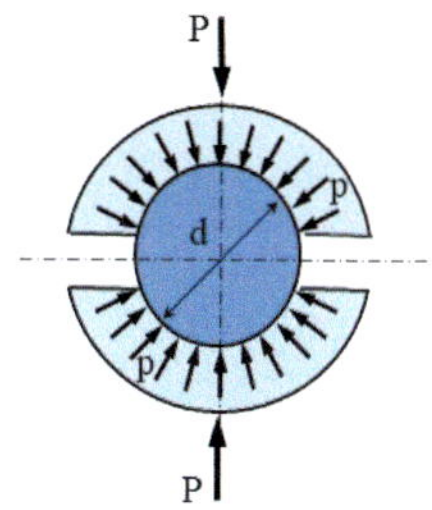

그림 7.18 원통 커플링

7.6.1 분할형 원통 커플링의 역학

그림 7.16과 그림 7.17에 보인 바와 같이, 분할형 원통 커플링은 축의 양 끝에 2개로 분리된 반원통 커플링을 나사로 결합한다. 전달 토크가 작을 때는 키를 사용하지 않아도 된다. 그림 7.16에는 클램프 커플링, 그림 7.17에는 원통 커플링의 자유물체도를 각각 나타내었다. 여기서 축 지름 d, 커플링 조이는 힘 P, 원통과 축 사이의 접촉 압력 p, 볼트의 지름 δ, 볼트 수 z, 볼트 한 개에 걸리는 인장력 Q, 볼트의 인장응력 σ_{bt}, 축의 전단응력 τ, 축과 원통의 접촉길이 l, 마찰계수 μ라고 가정한다.

(1) 접촉 면압 :

접촉면압 p는 다음 식(7.65)와 같다.

$$p = \frac{P}{dl} \tag{7.65}$$

(2) 회전 토크 :

마찰면에 작용하는 수직력 총합 F는 접촉면압 p와의 관계는 다음 식(7.66)과 같다.

$$F = p(\pi dl) = \pi P \tag{7.66}$$

따라서 전달 토크 T는 다음 식(7.67)과 같다.

$$T = \mu F \frac{d}{2} = \mu p(\pi d l)\left(\frac{d}{2}\right) = \mu \pi P\left(\frac{d}{2}\right) \tag{7.67}$$

(3) 볼트의 인장력 :

볼트 한 개에 걸리는 인장력 Q는 다음 식(7.68)과 같다.

$$P = \left(\frac{z}{2}\right)Q \qquad \therefore\ Q = \sigma_{bt}\left(\frac{\pi\delta^2}{4}\right) \tag{7.68}$$

(4) 회전 토크와 나사 응력 :

전달 가능한 토크 T와 축을 죄는 힘 P와의 관계는 다음 식(7.69)와 같다.

$$T = \mu\pi P\left(\frac{d}{2}\right) = \mu\pi\left(\frac{z}{2}Q\right)\left(\frac{d}{2}\right) = \mu\pi\left(\frac{z}{2}\right)\left(\sigma_{bt}\frac{\pi}{4}\delta^2\right)\left(\frac{d}{2}\right) \tag{7.69}$$

(5) 볼트 갯수 :

축의 토크 T와 축 단면 전단응력 τ_s와의 관계는 다음 식(7.70)과 같다.

$$\tau_s = \frac{T(d/2)}{\pi d^4/32} \qquad \therefore\ T = \tau_s\left(\frac{\pi d^3}{16}\right) \tag{7.70}$$

식(7.69)와 식(7.40)이 같다고 하면, 볼트 갯수는 다음 식(7.71)과 같다.

$$T = \mu\pi\left(\frac{z}{2}\right)\left(\sigma_{bt}\frac{\pi}{4}\delta^2\right)\left(\frac{d}{2}\right) = \tau_s\left(\frac{\pi d^3}{16}\right) \qquad \therefore\ z = \frac{\tau_s d^2}{\mu\pi\sigma_t\delta^2} \tag{7.71}$$

7.6.2 플랜지 커플링의 역학

그림 7.18과 같이, 플랜지 커플링의 형상 및 자유물체도를 나타내었다.

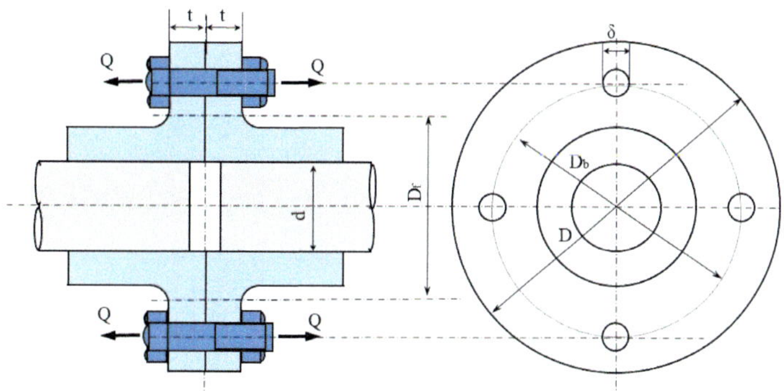

그림 7.19 플랜지 커플링 자유물체도

여기서, 볼트의 지름 δ, 볼트의 전단응력 τ_B, 볼트의 개수 z, 볼트 중심간 거리 D_B, 마찰면의 평균 지름 D_m, 축의 전단응력 τ_s, 볼트 한 개에 작용하는 인장력 Q, 마찰계수 μ라고 가정한다.

플랜지가 전달할 수 있는 토크 T는 전단 응력을 받는 볼트가 전달할 수 있는 토크 T_1과 마찰저항에 의해 전달할 수 있는 토크 T_2의 합과 같다.

(1) 전단응력 τ_B를 받는 볼트가 전달할 수 있는 토크 T_1은 식(7.72)와 같다.

$$T_1 = \left(\frac{\pi\delta^2}{4}\right)\tau_B z\left(\frac{D_B}{2}\right) \tag{7.72}$$

(2) 마찰저항에 의해서 전달할 수 있는 토크 T_2은 다음 식(7.73)과 같다.

$$T_2 = z\mu Q\left(\frac{D_m}{2}\right) \tag{7.73}$$

(3) 플랜지가 전달할 수 있는 토크 T는 다음 식(7.74)와 같다.

$$T = T_1 + T_2 \quad \because T_1 \gg T_2 \quad \therefore T \fallingdotseq T_1 = \frac{\pi z \delta^2 \tau_B D_B}{8} \tag{7.74}$$

(4) 축이 전달할 수 있는 토크 T_s와 식(7.74)의 커플링이 전달할 수 있는 토크 T가 같고, 축과 볼트의 전단응력이 같다면, 볼트의 지름 δ는 다음 식(7.75)와 같다.

$$\tau_s = \frac{T_s (d/2)}{J} \qquad \therefore T_s = \tau_s \frac{\pi d^3}{16} = \frac{\pi z \delta^2 \tau_B D_B}{8} = T \tag{7.75}$$
$$\therefore \delta = 0.5 \sqrt{\frac{2 d^3}{z D_B}} = 0.71 \sqrt{\frac{d^3}{z D_B}}$$

[예제 7.6] 분할 원통 커플링에서, 연결된 축 지름 55 mm, 지름 12 mm인 10개의 체결 볼트를 사용한다. 여기서, 축에 의한 전달 토크가 커플링에 의한 전달 토크가 같다고 가정하면, 다음을 계산하시오? (축의 허용 전단응력은 2 kg_f/mm^2, 마찰계수는 0.25, 마찰력만으로 동력을 전달한다.)

(1) 축이 전달할 수 있는 토크?
(2) 전체 볼트가 커플링을 죄는 힘?
(3) 볼트에 발생하는 인장응력?

[풀이 7.6] 그림 7.16과 그림 7.17의 자유물체도를 이용한다.

주어진 조건 : μ=0.25, $\tau_s = 2\, kg_f/mm^2$, d=55 mm, z=10개, δ=12 mm

(1) 축이 전달할 수 있는 토크?

$$\tau_s = \frac{T_s(d/2)}{J} \quad \therefore T_s = \tau_s \frac{\pi d^3}{16} = (2)\frac{\pi(55)^3}{16} = 65335.3\ kg_f mm$$

(2) 전체 볼트가 커플링을 죄는 힘?

$$T = \mu\pi P\left(\frac{d}{2}\right) \quad \therefore P = \frac{2T}{\mu\pi d} = \frac{(2)(65335.3)}{(0.25)\pi(55)} = 3025\ kg_f$$

(3) 볼트에 발생하는 인장응력?

$$P = \frac{z}{2}F = \frac{z}{2}\frac{\pi\delta^2}{4}\sigma_t \quad \therefore \sigma_t = \frac{8P}{\pi\delta^2 z} = \frac{(8)(3025)}{\pi(12)^2(10)} = 5.35\ kg_f/mm^2$$

Chapter 8

윤활과 미끄럼 베어링

8.1 서론

베어링(bearing)은 축과 하우징 사이에서 상대운동을 부드럽게 하며, 축으로부터 전달되는 하중을 지지하는 기계요소이다. 하중을 지지하는 방향에 따라 반경 방향 하중과 축 방향 하중 그리고 임의 방향으로 작용하는 합성 하중으로 구분할 수 있다. 베어링은 하중이 전달되면서 접촉하는 여러 표면들을 대표하는 용어이다. 특히 베어링과 만나는 축 부분을 저널(journal)이라고 한다.

베어링 표면 사이에서 상대운동이 일어날 때, 즉 하우징과 축이 상대운동의 결과로 마찰력이 발생하여 동력을 전달하며, 마찰(friction)로 인해 마모(wear) 및 열이 발생하여 동력손실로 이어진다. 따라서 베어링을 설계할 때, 마찰과 마모를 최소로 하기 위해 윤활(lubrication)을 하게 된다. 즉, 마찰, 마모 및 윤활을 고려하는 트리이볼로지(tribology) 문제를 설계에 반영할 필요가 있다.

8.2 미끄럼 베어링의 종류

베어링 내부의 접촉 방식에 따라 구름 베어링(rolling bearing)과 미끄럼 베어링(sliding bearing)으로 분류할 수 있다. 구름 베어링에서는 전동체에서 구름 마찰이 발생하고, 미끄럼 베어링에서는 축과 베어링 사이의 윤활유에 의한 유막이 형성되어 이 유막에서 미끄럼 마찰이 발생한다.

또한 자기 베어링(magnetic bearing)은 자기력의 극성 원리를 이용한 베어링으로 자석에서 발생하는 자기의 반발력과 흡인력으로 회전체를 지지한다. 이 베어링은 강성을 제어할 수 있어서 고속운전에 적합하다.

그리고 베어링의 축 하중을 지지하는 방향에 따라 축에 직각인 반경 방향 하중을 지지하는 레이디얼 베어링(radial bearing)과 축 방향 하중을 지지하는 스러스트 베어링(thrust bearing)으로 분류할 수 있다. 레이디얼 베어링은 베어링의 종류에 따라 약간의 축 방향 하중을 지지하는 경우도 있다.

8.3 마찰 및 윤활의 종류

8.3.1 상대운동에 의한 종류

(1) 미끄럼 마찰 : 마찰은 두 면 사이의 상대속도에 따라 분류한다. 정지하고 있는 물체에 점차적으로 증가하는 하중을 가하면, 물체에 가해지는 하중이 어느 한도까지는 움직이지 않는다. 이는 접촉면에서 마찰력이 발생해서 이 움직임을 방해하기 때문이다. 여기서 그림 8.1(a)에 보인 바와 같이, 마찰력 F는 물체에 작용하는 견인력 P와 크기는 같고 반대 방향으로 작용한다. 상대운동을 시작하는 순간 마찰력은 마찰계수 μ와 수직 하중 W의 곱이 되며 다음 식(8.1)과 같다. 여기서 그림 8.1(b)의 자유물체도에서 마찰각 ρ라고 하면 마찰계수와 마찰각의 관계는 다음 식(8.2)와 같다.

$$F = \mu W \leq P \tag{8.1}$$

$$\tan\rho = \frac{F}{W} = \frac{\mu W}{W} = \mu \tag{8.2}$$

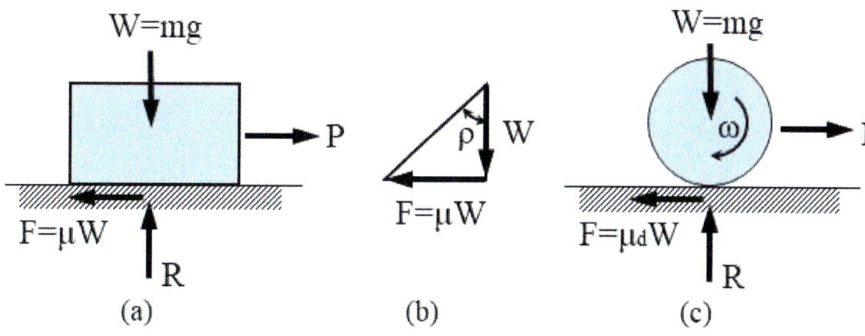

그림 8.2 마찰력

(2) 구름 마찰 : 구름 마찰은 그림 8.1(c)와 같이, 회전체가 굴러가는 경우에는 마찰계수(정마찰계수) μ 대신 동마찰계수 μ_d를 사용하면 되며 다음 식(8.3)과 같다. 그리고 동마찰계수는 마찰계수 보다 작다.

$$F = \mu_d W \leq P, \quad \mu_d \leq \mu \tag{8.3}$$

8.3.2 마찰면 및 윤활면에 의한 종류

(1) 고체마찰 : 마찰면에 윤활제가 없는 건조한 상태로서 마찰저항이 커서 발열량이 많다. 마찰계수는 접촉면의 상태와 상대속도의 영향을 받으며, 보통 0.1~1.0 사이이다.

(2) 유체마찰, 유체윤활(hydrodynamic lubrication) : 그림 8.2(a)와 같이, 마찰면 사이에 유막이 형성되어 두 면이 완전히 분리되어 상대운동을 한다. 표면을 가까이 밀어 붙이는 하중은 표면의 상대운동으로 발생하는 유압으로 완전히 지탱된다. 표면에서는 직접 접촉이 없으며, 마찰은 윤활막 내에서만 발생한다. 윤활막의 최소 두께는 0.008~0.02 mm, 마찰계수는 대략 0.002~0.01 정도이다.

(3) 혼합윤활(mixed film lubrication) : 그림 8.2(b)와 같이, 표면의 최고점들이 간헐적으로 서로 접촉하며, 부분적으로 유체윤활 상태이다. 이때, 상대적으로 표면 마모가 적고, 마찰계수는 대략 0.004~0.10 정도이다.

(4) 경계윤활(boundary lubrication) : 그림 8.2(c)와 같이, 표면의 요철부분이 계속적으로 광범위하게 서로 접촉하며, 윤활제는 표면 위에 반복적으로 공급되고, 마찰과 마모를 감소시키는 흡착표면 막이 반복적으로 형성되며, 마찰계수는 대략 0.05~0.20 정도이다.

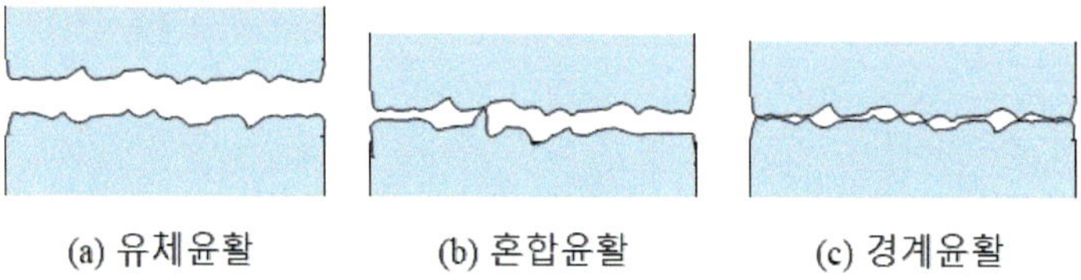

그림 8.3 윤활의 3종류

그림 8.2(a)에서 가장 바람직한 윤활 종류로는 유체윤활이며, 완전한 표면분리 상태는 정압윤활(hydrostatic lubrication) 방법으로 가능하다. 여기서 고압으로 압축된 공기, 오일 및 물 등의 유체를 하중을 받는 부위에 주입한다. 유체가 외부에 의한 방법으로 압축되기 때문에 표면 사이의 상대운동과 관계없이 완전한 표면 분리가 가능하다. 정압윤활 방식은 시동시와 저속시 항상 극히 낮은 마찰 상태에 있게 되는 것이 장점이다. 그러나 비용, 복잡성 및 외부 유압원의 크기가 단점이다. 따라서 정압윤활은 특수한 용도에만 사용한다.

8.4 점성 유체에 대한 뉴턴의 법칙

그림 8.3에 보인 바와 같이, 유체의 전단력 τ는 속도구배 du/dy와 점성계수(점도) η의 곱이며, 다음 식(8.4)와 같다. 그리고 이 식을 만족하는 유체를 뉴턴유체라고 하며, 만족하지 못하면 비뉴턴 유체라고 한다.

$$\tau = \eta \frac{du}{dy} \tag{8.4}$$

여기서, 외부 힘 F를 받아 움직이는 판의 면적이 A라고 하면, 유체의 전단력은 다음 식(8.5)와 같다.

$$\tau = \frac{F}{A} = \eta \frac{du}{dy} = \eta \frac{U}{h} \tag{8.5}$$

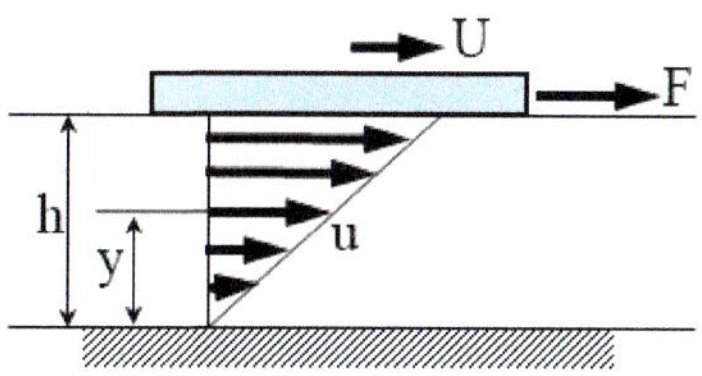

그림 8.4 뉴턴 유체의 전단력

8.5 점도

8.5.1 동점도

유체의 점도 η는 점도(viscosity) 또는 절대점도(absolute viscosity)라고 한다. 그림 8.4(a)와 같이, 고체의 전단 강성계수 G와 그림 8.4(b)와 같이, 유체의 점도와 유사한 특성을 보이며, 다음 식(8.6)과 같다.

$$\delta = \frac{Fh}{AG}, \qquad U = \frac{Fh}{A\eta} \tag{8.6}$$

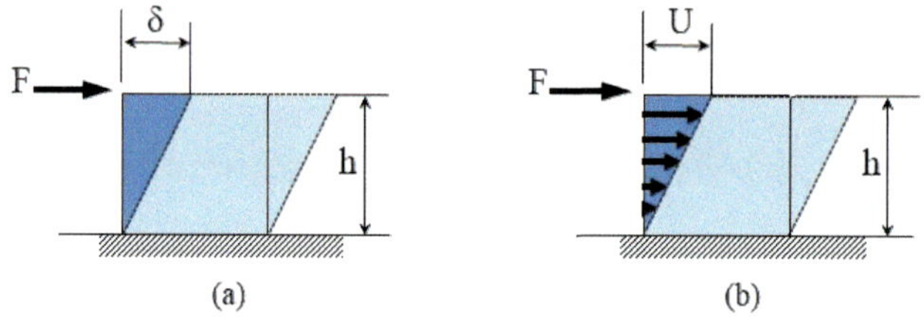

그림 8.5 전단 강성계수와 유체 점도의 유사성

식(8.6)에서 절대점도 η는 다음 식(8.7)과 같다.

$$\eta = \frac{Fh}{AU}, \qquad 단위 = N\,s/m^2 \tag{8.7}$$

그리고 실제 설계에 사용되는 단위로 자유막두께 1 cm, 면적 1 cm^2인 판을 1 m/s 속도로 움직이는데 필요한 힘이 1 dyne인 경우, 이 때 점도를 1 포아즈(poise)라고 하며 다음 식(8.8)과 같다.

$$\frac{1\,dyne}{cm^2} = 1\,poise\,\frac{1\,cm/s}{1\,cm} \tag{8.8}$$

$$\therefore\ 1\,poise = 1\,dyne\ s/cm^2 = 0.1\,Pa\ s$$

또한 동점도(dynamic viscosity) ν, 점도 η 및 밀도 ρ의 관계는 다음 식(8.9)와 같다. 단위는 스토크(stoke)를 사용한다.

$$\nu = \frac{\eta}{\rho},\quad \text{단위} = cm^2/s = \text{스토크}(stoke) \tag{8.9}$$

8.5.2 점도에 미치는 온도의 영향

그림 8.5와 그림 8.6에는 온도에 대한 미국 SAE(자동차기술자협회, Society of Automotive Engineers) 등급의 점도 변화를 나타낸다. SAE 등급은 점도의 범위값을 허용하고, 대략적인 점도를 나타낸다. 그림 8.5와 그림 8.6에 보인 바와 같이, 보통 오일의 점도는 온도가 증가하면 감소한다. 따라서 점도를 표시할 때에는 반드시 온도를 명시해야 한다.

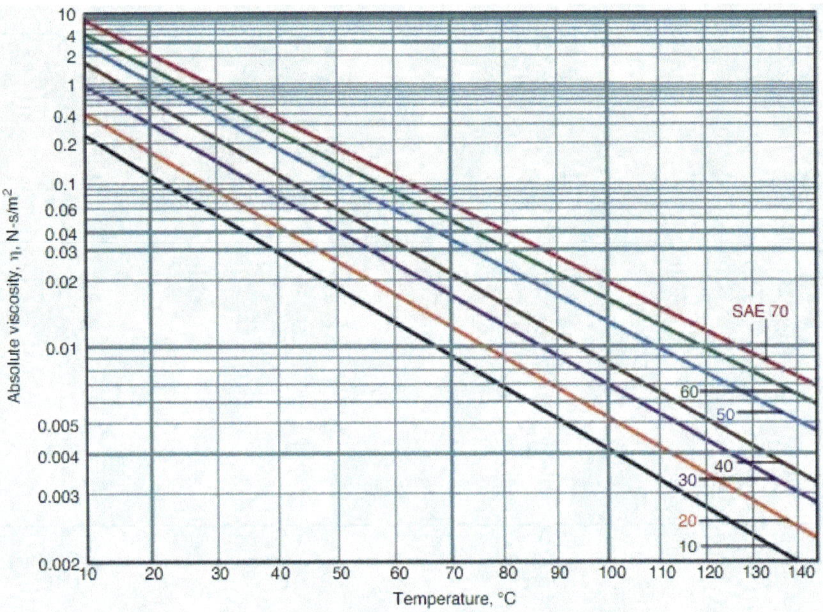

그림 8.6 SAE 윤활유의 절대점도-단일등급 오일

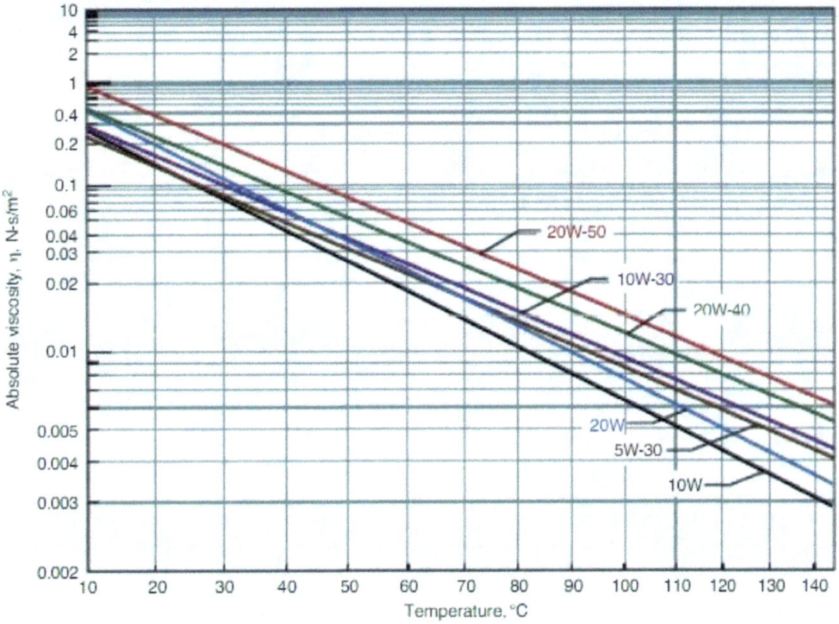

그림 8.7 SAE 윤활유의 절대점도-다중등급 오일

표 8.1 SAE 단일등급 오일의 곡선 맞춤 데이터

SAE 등급	상수 C_1 (Ns/m^2)	상수 C_2
10	1.58×10^{-4}	1157.5
20	1.36×10^{-4}	1271.6
30	1.41×10^{-4}	1360.0
40	1.21×10^{-4}	1474.4
50	1.70×10^{-4}	1509.6
60	1.87×10^{-4}	1564.0

그림 8.5의 단일 등급 오일인 경우, 100℃에 대해서만 점도를 나타낸다. 그림 8.6의 다중등급 오일인 경우, -18℃에 대해서만 점도를 나타낸다. 결과적으로 점도는 온도의 영향을 받기 때문에 특정 윤활유 온도 t_c에서의 점도 요구범위를 SAE 등급으로부터 유추해서 사용하며, 다음 식(8.10)과 같다.

$$\eta = C_1 \exp\left(\frac{C_2}{1.8t_c + 127}\right) \tag{8.10}$$

여기서 상수 C_1, C_2는 표 8.1에 있는 SAE 등급에 따라 선정한다.

8.6 베어링 재료

8.6.1 베어링 재료의 특성

베어링 재료로서 두꺼운 막 윤활 상태를 유지하고, 충분한 압축강도와 매끄러운 표면을 가진 재료는 대부분 사용할 수 있다. 그러나 시동 및 멈춤 시에는 베어링이 얇은 막 윤활 상태가 되기 때문에 베어링 재료가 저널 재료에 녹아 붙게 되거나 용착이 되면 저널이 손상된다.

그리고 오일 내에 최소 베어링 유막 두께 h_o보다 더 큰 외부 입자가 있을 경우에도 이 외부 입자가 상대적으로 부드러운 베어링 재료에 박혀들지 못한다면, 움직이면서 저널 표면을 손상시킬 수 있다.

따라서 베어링 재료의 특성 요구 조건은 다음과 같다.

(1) 기계적 특성 : 축 처짐과 오정렬 등으로부터 발생하는 국부적으로 높은 압력을 방지하거나 줄일 수 있는 일치성(conformability), 변형성(deform- ability) 및 박힘성(embedability)이 우수하고, 표면 돌기를 쉽게 매끄럽게 하는 낮은 전단강도를 가져야 한다. 또한 하중을 지지하고 반복하중을 견딜 수 있는 충분한 압축강도와 피로강도를 가져야 한다.

(2) 금속적 특성 : 용착(welding), 녹아붙음(seizing) 및 스코링(scoring) 등을 견딜 수 있는 저널 재료와의 적합성이 양호해야 한다.

(3) 화학적 특성 : 윤활재의 산화작용으로 발생하는 산(acid)과 외부 오염에 의한 내부식성이 양호해야 한다.

(4) 온도 특성 : 시동 시 금속과 금속의 국부적인 점이 맞닿는 부분 및 일반 작동 시 윤활막으로부터 열을 전도시키는 열전도성이 양호하고, 열팽창계수는 베어링의 하우징과 저널의 재료가 비슷할 필요가 있다.

8.6.2 베어링 재료의 종류

미끄럼 베어링에 주로 사용하는 금속 재료의 특성은 표 8.2와 같다.

표 8.2 미끄럼 베어링용 금속 재료의 특성

베어링 재료	베어링 경도 H_B	축 경도 H_B	허용압력 MPa	허용온도 ℃
주철	160~180	200~250	3~6	150
포금(gun metal)	50~100	200	7~20	200
청동	80~150	200	15~60	200
인청동	100~200	300	6~10	250
Sn기 화이트메탈	20~30	150 이하	6~8	150
Pb기 화이트메탈	15~20	170 이하	8~10	250
알칼리 경화 납	22~26	200~250	10~14	250
카드늄 합금	30~40	200~250	10~18	170
연동	20~30	300	20~32	220~250
연청동	40~800	300	28	100
알루미늄 합금	45~50	300	30 이상	150

(1) 금속 재료 :

① 주철 : 내마모성이 강하고, 열전도도(Thermal conductivity)가 나쁘나 가격이 저렴해서 저속 저압용 베어링에 사용한다.

② 구리합금 : 견고하고 융점이 높고 열전도도가 좋으며 내마모, 내충격이 좋다. 황동은 Cu와 Zn의 합금으로 피로강도가 크며 중고속, 고하중용 베어링에 사용한다. 청동은 Cu와 Sn의 합금으로 고압력에 내력이 있으며, 중속, 고하중용 베어링에 사용한다. 포금은 Cu, Zn, Sn의 합금으로 청동과 황동의 중간 특성을 보이며, 베어링 소재로 광범위하게 사용한다. 인청동은 청동에 P(인)을 첨가한 것으로 내마모성이 좋고, 강성이 크다. 켈밋(kelmet)은 Cu와 Pb의 합금으로, 열전도도 및 내구성이 우수하여 고속, 고하중용 베어링에 사용한다.

③ 화이트 메탈(white metal) : 연한 금속(Sn, Pb, Zn 등)을 주성분으로한 백색 합금의 총칭이다. 화이트 메탈은 연한 금속 합금이어서 청동, 주강, 주철 등의 다른 금속의 백메탈(back metal)로 얇게 라이닝하여 사용한다. 특히 Sn기 화이트 메탈을 배빗 메탈(babbitt metal)이라 하며, 하중을 지지하도록 만들어진 금속간 화합물이 윤활유 공급에 필요한 흠이 형성되도록 만든 표면 특성으로 가장 널리 사용한다.

④ 알루미늄 합금 : 주로 Al과 Sn의 합금으로 가볍고, 내마모성, 열전도성이 우수하여 고속, 고하중용 베어링에 사용한다. 하지만, 표면에 산화물 피막이 형성되어 축이 손상될 수 있다.

⑤ 카드늄 합금 : Cd를 주성분으로 Ag, Cu, Ni를 첨가시켜 강인성을 높인 것으로 강도가 크고 내열성이 좋아서 고하중 내연기관 등에 사용한다.

⑥ 포유소결합금 : Cu, Fe 등의 분말을 가압 소결한 합금으로, 여러 개의 미세한 구멍이 형성되어 공기 및 기름을 함유할 수 있다. 운전 중 온도가 상승하면, 윤활유가 마찰면에 스며나와 윤활 작용을 하고, 운전을 정지하면 윤활유가 흡수된다. 따라서 급유가 어렵거나 급유를 하지 않는 베어링에 사용한다. 특히 포유소결합금으로 만든 베어링을 무급유 베어링(oilless bearing)이라고 한다.

⑦ 비금속 재료 : 흑연으로 만든 베어링은 카본 자체가 고체 윤활제이어서 별도의 윤활제 없이 사용한다. 나일론, 테프론 등의 플라스틱으로 만든 베어링은 윤활제가 없어도 마찰계수가 작고 내마멸성이 크다. 가격이 저렴하고 부식에 강하나 열에 약하기 때문에 열변형이 발생하기 쉽다.

8.7 저널 슬라이더 베어링

저널 베어링(journal bearing)은 축을 지지하고 레이디얼 하중을 지지하며, 구조상 동력 손실 및 마모가 매우 적다. 저널 베어링은 축(저널)을 감싸고 있는 평평한 원통형 슬리브(또는 부싱)이며, 다양한 형태로 사용한다.

8.7.1 페트로프(Petroff) 베어링 방정식

페트로프 베어링 방정식은 앞 절의 식(8.4)를 만족하는 뉴턴 유체로 가정하고, 이상적인 조건에서 베어링 운동 특성을 나타낸 것이다.

따라서 페트로프 방정식을 적용하기 위한 가정은 다음과 같다.

① 베어링에 사용되는 유체는 뉴턴 유체이다.

② 회전 시, 축 중심과 베어링 중심이 일치하는 동심 베어링이다.

③ 반경 방향 유체의 속도 분포가 선형적으로 변한다.

④ 축과 베어링 사이의 틈새가 베어링 반지름에 비해 매우 작아서, 축과 베어링 사이의 상대운동은 두 평판에서 일어나는 유체의 운동이다.

⑤ 유체의 전단응력에 의한 토크 손실과 마찰력에 의한 토크 손실이 같다.

⑥ 유체의 누유가 없다.

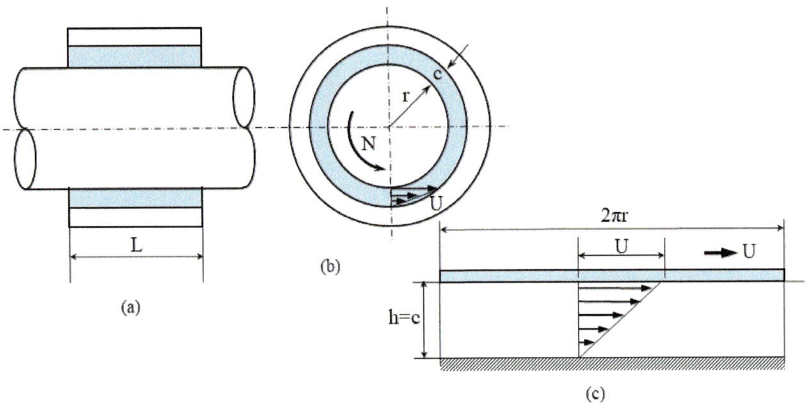

그림 8.8 동심 저널 베어링(Petroff 베어링 방정식)

그림 8.7에 나타낸 자유물체도에서 축의 반지름 r, 축과 베어링 사이의 유막두께 c, 저널 길이 L, 축의 회전속도 N(rpm)이라고 하면, 축과 베어링의 상대운동으로 발생하는 유막의 전단응력 τ는 앞 절 식(8.5)로부터 다음 식(8.11)과 같다.

$$\tau = \eta \frac{du}{dy} \qquad \therefore \tau_{\max} = \eta \frac{U}{h} = \eta \frac{1}{c}\left(\frac{2\pi r N}{60}\right) \tag{8.11}$$

$$\because h = c, \quad U = r\omega, \quad \omega = \frac{2\pi N}{60}$$

유막의 전단응력에 전단면적을 곱하면 전단력이 되며, 이 전단력에 축의 회전 반경을 곱하면 유막에 발생하는 토크 T_1이 되며, 다음 식(8.12)와 같다.

$$T_1 = Fr = (\tau A)r = \eta \frac{2\pi r}{c}\left(\frac{N}{60}\right)(2\pi r L)r = \eta \frac{\pi^2 r^3 L N}{c(15)} \tag{8.12}$$

마찰면에 작용하는 수직하중 P를 투영면적(2rL)으로 나누면, 베어링 면의 평균 압력 p는 다음 식(8.13)과 같다.

$$p = \frac{P}{2rL} \tag{8.13}$$

따라서 축과 베어링의 상대운동으로 발생한 마찰력은 μP이며, 이 마찰력에 회전 반경을 곱하면 마찰력에 의한 토크 T_2가 되며, 다음 식(8.14)와 같다.

$$T_2 = Fr = (\mu P)r = \mu(p2rL)r = 2\mu r^2 Lp \tag{8.14}$$

여기서 유막에 의한 토크 T_1과 마찰에 의한 토크 T_2가 같다면 다음 식(8.15)와 같으며, 이 식을 페트로프 베어링 방정식이라고 한다.

$$T_1 = T_2\,, \quad \eta\frac{\pi^2 r^3 LN}{c(15)} = 2\mu r^2 Lp \tag{8.15}$$

$$\therefore\ \mu = \left(\frac{\pi^2}{30}\right)\left(\eta\frac{N}{p}\right)\left(\frac{r}{c}\right)$$

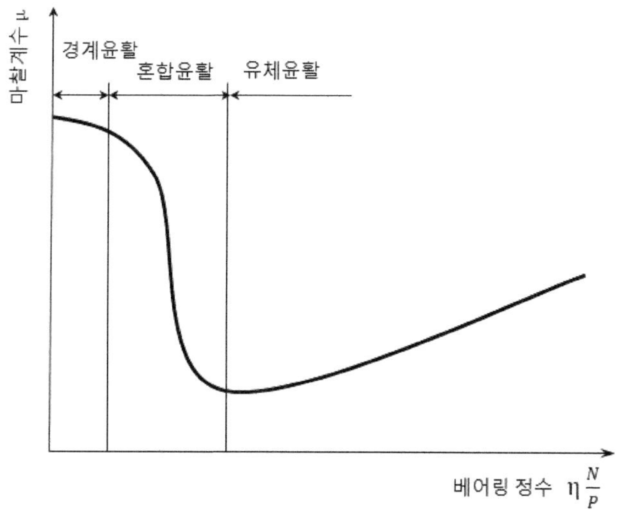

그림 8.9 스트리백(Stribeck) 선도

여기서, $(\eta N/p)$를 베어링 정수, $\phi = c/r$를 틈새비(보통 1/1000)라고 한다. 이 2개 변수는 베어링의 성능을 결정하는 중요한 변수이다. 이 식은 이상적인 조건으로 즉, 축이 가볍고 고속 회전인 경우 축 중심이 베어링 중심 가까이에 있는 경우의 유체마찰 구간에서 잘 일치한다. 그러나 축이 저속으로 운전하는 경우에는 축의 중심이 베어링 중심으로부터 편심되어 페트로프 방정식의 가정을 만족할 수 없게 된다.

따라서 실제 베어링에서 마찰계수 μ와 베어링 정수 $(\eta N/p)$의 관계는 다음 그림 8.8에 나타낸 스트리백(Stribeck) 선도와 같다. 여기서 윤활 영역은 완전 윤활과 불완전 윤활구간으로 나눈다. 완전 윤활구간(유체윤활)에서는 μ가 $(\eta N/p)$에 비례하며 페트로프 방정식이 잘 일치한다.

그러나 불완전 윤활 구간은 경계윤활과 혼합윤활 구간으로 구분된다. 경계윤활에서는 축과 베어링 사이에 고체마찰이 발생해서 마찰계수가 크고 거의 일정한 반면, 혼합윤활 구간에서는 μ가 $(\eta N/p)$에 반비례하며, 급격히 감소한다.

[예제 8.1] 다음 그림 8.9에 보인 바와 같이, 회전 축이 베어링으로 지지되고, 이 베어링은 오일로 윤활되면서 반지름 방향 하중 P가 베어링에 전달한다. 여기서 베어링의 이상적인 조건하에서 페트로프(Petroff) 베어링 방정식으로 베어링 마찰계수와 동력 손실을 구하시오?

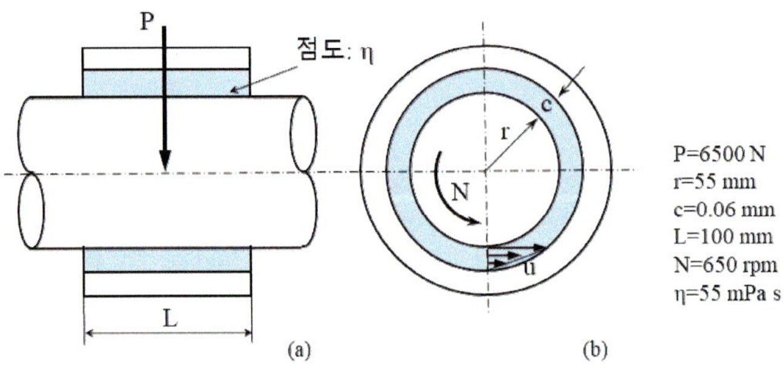

그림 8.10 예제 8.1

[풀이 8.1] 그림 8.9의 자유물체도를 이용한다.

주어진 조건: P=6500 N, η=56 mPas, r=55 mm, c=0.06 mm, L=100 mm, N=650 rpm, 베어링은 이상 조건에서 운전한다고 가정한다.

① 페트로프 베어링 방정식으로 마찰계수 μ를 계산하면 다음과 같다.

$p = P/dL$:

$$\mu = \left(\frac{\pi^2}{30}\right)\left(\eta\frac{N}{p}\right)\left(\frac{r}{c}\right) = \left(\frac{\pi^2}{30}\right)\left(\frac{(0.056\,Pa\,s)650\,rpm}{\dfrac{6500}{0.11\times 0.1}N/m^2}\right)\left(\frac{55\,mm}{0.06\,mm}\right) = 0.0186$$

② 식(8.14)로부터 마찰에 의한 토크 T를 계산하면 다음과 같다.

$$T = \mu \mathrm{P\,r} = (0.0186)(6500)(0.055) = 6.65\,Nm$$

③ 따라서 필요한 동력 손실은 다음과 같다.

$$Power = \omega T = 2\pi NT = 2\pi\left(\frac{650}{60}\right)(6.65) = 452.7\ W$$

8.7.2 레이놀드(Reynold) 방정식

레이놀드 방정식은 베어링 내에서 유체의 흐름을 나타낸 방정식이다. 레이놀드 방정식은 비선형 편미분방정식인 나비에-스토크스 방정식(Navier-Stokes equations)으로부터 베어링에 적합한 조건으로 가정하여 구할 수 있다. 따라서 레이놀드 방정식은 다음 조건을 만족한다고 가정한다.

① 베어링 내의 유체는 뉴턴 유체이다.

② 비압축성 유체이고, 윤활유의 관성은 전단력에 비해 작아서 무시한다.

③ 윤활유의 점도는 일정하다.

④ 베어링 내 반경 방향(틈새 방향)의 압력은 일정하며, 반경 방향 흐름이 없고, 축 방향과 회전 방향으로 압력 차이가 있다.

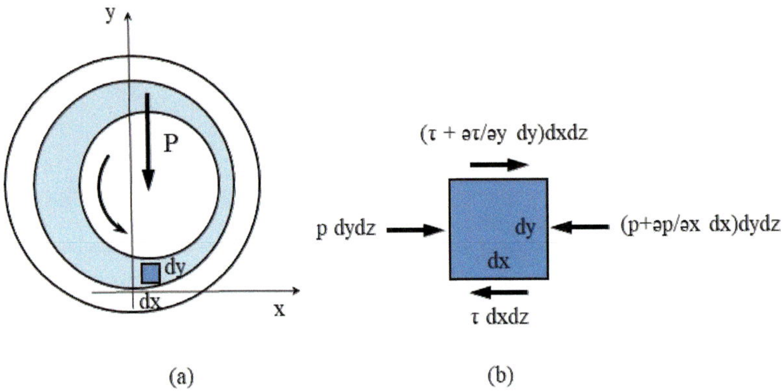

그림 8.11 베어링 내에 접선방향 힘 자유물체도

그림 8.10에서 유체 윤활막의 임의 미소 요소 체적 dV(dxdydz)에 작용하는 x방향(접선 방향) 힘의 평형조건으로부터 다음 식(8.16)과 같다.

$$\sum P_x = 0 : \qquad (8.16)$$

$$pdydz - \left(p + \frac{\partial p}{\partial x}dx\right)dydz - \tau dxdz + \left(\tau + \frac{\partial \tau}{\partial y}dy\right)dxdz = 0$$

$$\therefore \frac{\partial p}{\partial x} = \frac{\partial \tau}{\partial y}$$

그리고 뉴턴유체의 전단응력은 다음 식(8.17)과 같다.

$$\tau_x = \eta \frac{\partial u}{\partial y} \qquad (8.17)$$

식(8.17)을 식(8.16)에 대입하면 다음 식(8.18)과 같다.

$$\frac{\partial p}{\partial x} = \eta \frac{\partial u^2}{\partial y^2} \ , \qquad \frac{\partial u^2}{\partial y^2} = \frac{1}{\eta}\frac{\partial p}{\partial x} = \frac{1}{\eta}\frac{dp}{dx} \qquad (8.18)$$

여기서 압력은 틈새 방향(반경 방향)으로 일정하다면, 식(8.18)을 적분하면 다음 식(8.19)와 같다.

$$\frac{\partial u}{\partial y} = \frac{1}{\eta}\left(\frac{dp}{dx}y + C_1\right) \tag{8.19}$$

$$u = \frac{1}{\eta}\left(\frac{dp}{dx}\frac{y^2}{2} + C_1 y + C_2\right)$$

여기서 적분 상수 C_1, C_2는 경계조건으로 구하면 다음 식(8.20)과 같다.

$$u = 0 \ \ at \ y = 0 \ , \quad u = U \ \ at \ y = h \tag{8.20}$$

$$C_1 = \frac{U\eta}{h} - \frac{h}{2}\frac{dp}{dx} \ , \qquad C_2 = 0$$

식(8.20)을 식(8.19)에 대입하면, 다음 식(8.21)과 같다.

$$u = \frac{1}{\eta}\left[\frac{dp}{dx}\frac{y^2}{2} + \left(\frac{U\eta}{h} - \frac{h}{2}\frac{dp}{dx}\right)y\right] \tag{8.21}$$

$$= \frac{1}{2\eta}\frac{dp}{dx}\left(y^2 - hy\right) + \frac{U}{h}y$$

식(8.21)은 반경 방향 거리 y 위치에 따른 윤활막의 속도 분포 u(y)를 나타낸다. 즉, 거리 y, 압력구배, 회전 축 표면 속도 U의 함수이다. 그리고 속도는 선형 분포와 포물선 분포로 이루어진 중첩 포물선 분포가 된다. 그리고 단위 폭당 유량 Q는 속도 u를 반경 방향으로 적분하면 다음 식(8.22)와 같다.

$$Q = \int_0^h u dy = \frac{Uh}{2} - \frac{h^3}{12\eta}\frac{dp}{dx} \tag{8.22}$$

여기서 윤활제가 비압축성이라고 하면 다음 식(8.23) 및 식(4.24)와 같다.

$$\because \ \frac{dQ}{dx}=0\,, \quad \frac{dQ}{dx}=\frac{U}{2}\frac{dh}{dx}-\frac{d}{dx}\left(\frac{h^3}{12\eta}\frac{dp}{dx}\right)=0 \tag{8.23}$$

$$\therefore \ \frac{d}{dx}\left(\frac{h^3}{12\eta}\frac{dp}{dx}\right)=6\,U\frac{dh}{dx} \tag{8.24}$$

여기서, 식(8.24)를 접선 방향 1차원 흐름을 나타낸 일반적인 레이놀드 방정식이라 한다. 또한 접선 방향(x 방향)과 축 방향(z 방향) 2차원 흐름을 나타내는 레이놀드 방정식은 다음 식(8.25)와 같다.

$$\therefore \ \frac{\partial}{\partial x}\left(\frac{h^3}{12\eta}\frac{\partial p}{\partial x}\right)+\frac{\partial}{\partial z}\left(\frac{h^3}{12\eta}\frac{\partial p}{\partial z}\right)=6\,U\frac{\partial h}{\partial x} \tag{8.25}$$

최근에는 전통적인 베어링 길이 L보다 더 짧아지고 있다. 베어링 길이 대 지름 비(L/d)는 약 0.25~0.75 정도이다. 이것은 축 방향(z 방향)의 유동이 중요한 설계 요소가 되었다. 짧은 베어링에는 식(8.25)에서 접선 방향(x 방향) 항을 무시하면 다음 식(8.26)과 같다.

$$\therefore \ \frac{\partial}{\partial z}\left(\frac{h^3}{12\eta}\frac{\partial p}{\partial z}\right)=6\,U\frac{\partial h}{\partial x}\,, \quad (L/d=0.25\sim 0.75) \tag{8.26}$$

8.7.3 저널 베어링 설계 변수

(1) 베어링 평균 압력 : 베어링의 평균 압력은 레이디얼 하중 P를 투영면적 dL로 나눈 값으로 다음 식(5.27)과 같다.

$$p_m=\frac{P}{dL} \tag{8.27}$$

(2) 폭경 비(L/d) : 베어링의 폭경 비는 베어링 폭 L을 축지름 d로 나눈 값이다. 폭경 비는 베어링 내의 압력을 조절하기 위한 기준값으로 보통 0.25~2.0로 한다. 고하중에서 고속 회전하는 경우 0.25~0.5로 한다.

(3) 틈새 비(ϕ) : 베어링의 틈새 비는 축 반지름에 대한 틈새 비이며, 다음 식(8.28)과 같다. 틈새 비 표준값은 1/1000 이다.

$$\phi = \frac{h}{r} \tag{8.28}$$

(4) 발열 계수(pv) : 베어링의 발열 계수는 베어링의 평균 압력 p와 원주속도 v를 곱한 값으로 pv로 나타낸다. 회전수가 증가하면, 베어링의 온도가 상승하여 윤활유의 점도가 저하된다. 이 점도 변화는 베어링의 성질이 변하게 된다. 따라서 발열 계수 pv값에 따라 베어링 재료, 윤활유 선정, 윤활 방법 등을 다르게 선정한다.

(5) 베어링 정수($\eta N/p$) : 고속용 베어링 설계에서는 발열 계수 pv 값을 사용하지만, 일반 베어링에서는 베어링 정수 $\eta N/p$을 기준으로 설계한다. 이 베어링 정수는 페트로프 베어링 방정식에 하나의 변수로 베어링 마찰계수 μ와 관련이 있다. 마찰계수의 증가는 동력 손실과 발열의 원인이다.

(6) 좀머벨트 수(Sommerfeld number: S) : 좀머벨트 수 S는 베어링 특성 수(characteristic number)라고도 하며, 베어링이 지지할 수 있는 하중을 무차원으로 나타낸 값으로 다음 식(8.29)와 같다. 즉 무차원 하중지지력이라 할 수 있다.

$$S = \left(\frac{r}{h}\right)^2 \frac{\eta N}{p} \tag{8.29}$$

(7) 최소 유막 두께($h_{\min}$) : 축과 베어링 사이의 최소 거리이다. 최소 유막 두계 $h_{\min}$는 베어링을 사용하는 중에 눌러붙음을 방지하기 위한 설계값이다. 즉, 축과 베어링의 표면거칠기 합이 베어링의 최소 유막 두께보다 작아야 한다.

8.8 저널 슬라이더 베어링의 설계

저널 베어링(journal bearing)은 반경 방향의 하중을 지지하는 레이디얼(radial) 저널 베어링과 축 방향의 하중을 지지하는 스러스트(thrust) 저널 베어링으로 구분한다.

그림 8.11에 보인 바와 같이, 레이디얼 저널 베어링은 축 중간 부분을 지지하는 중간저널(counter journal), 축 끝부분을 지지하는 끝저널(end journal)이 있다. 스러스트 저널 베어링에는 축 끝부분에서 축 방향 하중을 지지하는 피벗저널(pivot journal), 축 중간 부분에서 축 방향 하중을 지지하는 칼라저널(collar journal) 등이 있다.

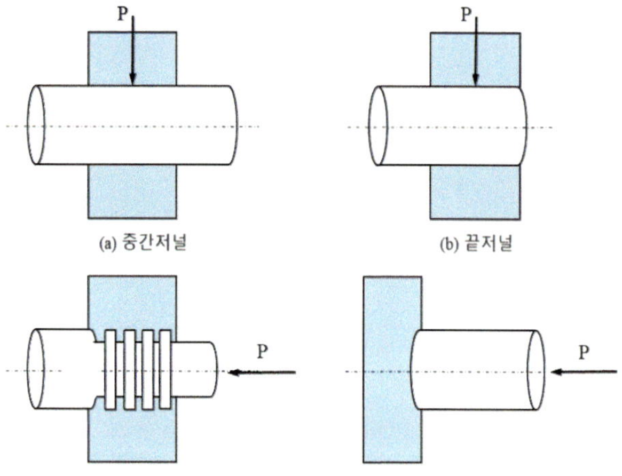

그림 8.12 미끄럼 베어링의 종류

8.8.1 레이디얼 저널 베어링

(1) 베어링 압력 : 그림 8.12(b)와 같이, 베어링 압력 p는 베어링에 가해지는 외부 힘 P을 투영면적으로 나눈 값으로 가정한다. 즉 $p = P/dL$이다.

(2) 축 강도에 따른 저널 설계 : 그림 8.12와 같이, 축과 베어링 사이에 평균압력 p가 베어링 중앙에 집중하중 P로 등가시키면, 이 하중에 견딜 수 있는 축지름을 계산한다. 보통 베어링 지름은 축지름에 따라 설계한다.

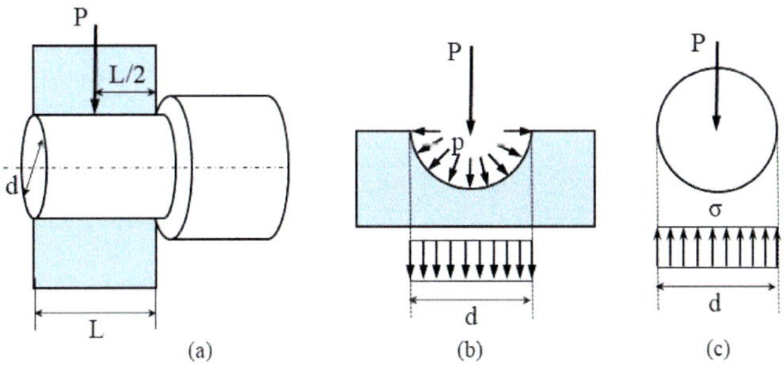

그림 8.13 저널 베어링 압력 및 하중

① 끝저널 설계 : 그림 8.12(a)와 같이, 베어링 폭 L, 집중하중 P가 작용하는 외팔보로 가정한다. 축지름 설계에서 굽힘응력식을 사용하여 굽힘모멘트 및 축지름을 계산하면 다음 식(8.31)과 같다. 여기서 σ_a는 허용응력이다.

$$M = \frac{PL}{2},\quad I = \frac{\pi d^3}{64},\quad c = \frac{d}{2} \quad \therefore\ \sigma = \frac{Mc}{I} = \frac{16PL}{\pi d^3} \tag{8.31}$$

$$\therefore\ d = \sqrt[3]{\frac{16PL}{\pi \sigma_a}} = \sqrt[3]{\frac{5.1PL}{\sigma_a}}$$

또한 폭 설계는 그림 8.12(b)와 같이, 평균압력 p를 사용하여 계산한 베어링 하중 P를 식(8.31)에 대입하면 다음 식(8.32)와 같다.

$$P = pdL \qquad \therefore\ \frac{L}{d} = \sqrt{\frac{\pi}{16}\frac{\sigma_a}{p}} = \sqrt{\frac{\sigma_a}{5.1p}} \tag{8.32}$$

② 중간저널 설계 : 그림 8.13(a)와 같이, 중간저널의 지름 설계는 단순보 또는 좌우대칭 외팔보로 가정하여, 축에 발생하는 최대 굽힘모멘트 M_b와 굽힘응력식을 적용하여 구하면 다음 식(8.33)과 같다.

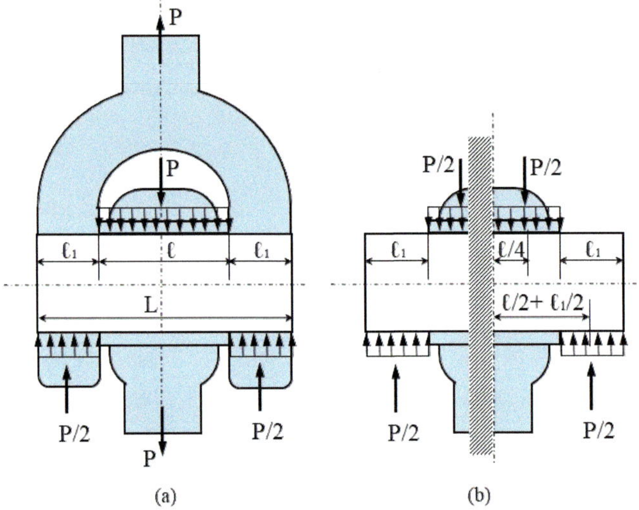

그림 8.14 중간 저널에 작용하는 하중

$$\because L = \ell + 2\ell_1 , \quad M_b = \frac{P}{2}\left(\frac{\ell}{2} + \frac{\ell_1}{2}\right) - \frac{P}{2}\left(\frac{\ell}{4}\right) = \frac{1}{8}PL \tag{8.33}$$

$$\sigma_a = \frac{M_b c}{I} = \frac{4PL}{\pi d^3} \qquad \therefore d = \sqrt[3]{\frac{4PL}{\pi \sigma_a}}$$

또한 폭 설계는 그림 8.12(b)와 같이, 평균압력 p를 사용하여 계산한 베어링 하중 P를 식(8.33)에 대입하면 다음 식(8.34)와 같다.

$$P = pdL, \quad L = e\ell = 1.5\ell \quad \therefore \frac{L}{d} = \sqrt{\frac{\pi}{4e}\frac{\sigma_a}{p}} = \sqrt{\frac{\sigma_a}{1.9p}} \tag{8.34}$$

(3) 마찰열에 따른 저널 설계 : 베어링에서 발생하는 마찰력은 다음 식(8.35)와 같다.

$$F = \mu P \tag{8.35}$$

① 마찰열 : 저널의 회전수 N(rpm), 원주속도 v(m/s)이면, 마찰에 의한 동력 손실은 다음 식(8.36)과 같다.

$$H[kW] = Fv = \frac{\mu P[N] \times v[m/s]}{1000}[kW] \tag{8.36}$$

여기서 마찰열량 Q는 다음 식(8.37)과 같다.

$$\therefore\ Q = \frac{\mu P\,[kg_f]\,v\,[m/s]}{427}[kcal/s] \tag{8.37}$$

$$\because 1\,kcal = 4186.8\,[Nm] = 427\,[kg_f\,m]$$

② 열방출 : 발생된 열량은 베어링을 통해 방출되며, 단위 면적당 마찰열은 다음 식(8.38)과 같다.

$$q = \frac{Q}{dL} = \frac{\mu P v}{dL} = \mu p v\,[kg_f/mm^2\ m/s] \tag{8.38}$$

여기서 pv를 발열계수라고 하며, 베어링의 온도 상승의 원인이 되므로 일정한 값으로 제한한다. 따라서 발열계수 pv를 제한값으로 저널의 길이 L을 계산하면 다음 식(8.39)와 같다.

$$pv = pr\omega = \left(\frac{P}{dL}\right)\left(\frac{d/2}{1000}\right)\left(\frac{2\pi N}{60}\right) = \left(\frac{P}{dL}\right)\left(\frac{\pi dN}{1000 \times 60}\right) = \frac{\pi PN}{60000} \tag{8.39}$$

$$\therefore L \fallingdotseq \frac{\pi PN}{60000\,pv}[mm]$$

[예제 8.2] 축이 500 rpm으로 1700 kg_f의 하중을 받는 끝저널 베어링을 설계하시오?

① 베어링의 발열계수 pv=1.25 $kg_f/mm^2 m/s$인 경우, 저널 길이를 구하시오?

② 축의 허용 굽힘응력 $\sigma_a = 6\,kg_f/mm^2$인 경우, 저널 지름을 구하시오?

③ 베어링에 작용하는 평균 압력을 구하시오?

[풀이 8.2] 그림 8.13의 자유물체도를 이용한다.

조건: pv=1.25 $kg_f/mm^2 m/s$, $\sigma_a = 6\,kg_f/mm^2$, P=1700 kg_f, N=500 rpm

① 저널 길이 : $L = \dfrac{\pi PN}{60000\,pv}[mm] = \dfrac{\pi(1700)(500)}{60000(1.25)} = 35.60\,mm$

② 저널 지름 : $d = \sqrt[3]{\dfrac{16PL}{\pi\sigma_a}} = \sqrt[3]{\dfrac{16(1700)(35.60)}{\pi(6)}} = 37.17\,mm$

③ 베어링 평균 압력 : $p = \dfrac{P}{dL} = \dfrac{1700}{(37.17)(35.60)} = 1.28\,kg_f/mm^2$

8.8.2 스러스트 저널 베어링

스러스트 베어링은 그림 8.14와 같이, 축 방향 하중을 지지하는 저널 베어링으로 축의 끝에서 하중을 지지하는 피벗 베어링과 축 중간에 한 개 또는 여러 개가 설치되어 하중을 지지하는 칼라 베어링이 있다.

(1) 피벗 베어링 :

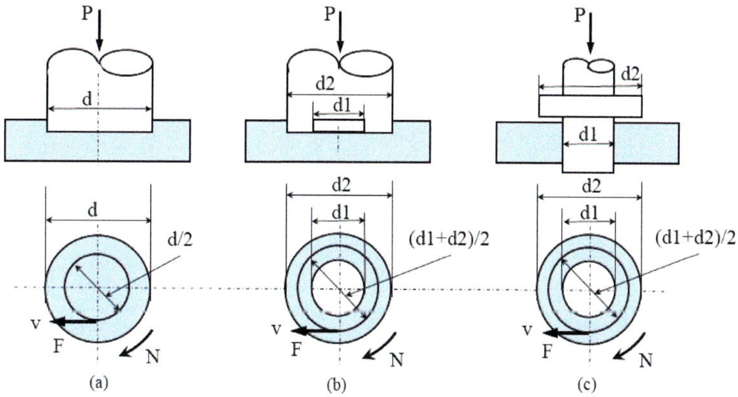

그림 8.15 스러스트 저널 베어링

① 베어링 압력 (p) : 피벗 베어링의 압력은 그림 8.14와 같이, 베어링에 가해지는 축 방향 하중 P를 베어링의 면적으로 나눈 값으로 다음 식(8.40)과 같다.

$$p = \frac{P}{(\pi/4)\left(d_2^2 - d_1^2\right)} \tag{8.40}$$

② 발열계수 (pv) : 발열계수는 그림 8.14와 같이, 평균 압력과 칼라 접촉면 평균 반지름의 원주 속도 v와의 곱이며, 다음 식(8.41)과 같다.

$$pv = \frac{P}{(\pi/4)\left(d_2^2 - d_1^2\right)}\left[\frac{(d_2+d_1)/4}{1000}\right]\left(\frac{2\pi N}{60}\right) \quad \therefore d_2 - d_1 = \frac{PN}{30000\,pv} \tag{8.41}$$

(2) 칼라 베어링 : 피벗 베어링에서 단일 또는 여러 개의 칼라가 있는 경우

① 베어링 압력 (p) : 칼라 베어링의 압력은 그림 8.14와 같이, 베어링에 가해지는 축 방향 하중 P를 베어링의 면적으로 나눈 값으로 다음 식(8.42)와 같다. 칼라의 수는 z이다.

$$p = \frac{P}{(\pi/4)\left(d_2^2 - d_1^2\right)z} \tag{8.42}$$

② 발열계수 (pv) : 발열계수는 그림 8.14와 같이, 평균 압력과 칼라 접촉면 평균 반지름의 원주 속도 v와의 곱이며, 다음 식(8.43)과 같다.

$$pv = \frac{P}{(\pi/4)\left(d_2^2 - d_1^2\right)z}\left[\frac{(d_2 + d_1)/4}{1000}\right]\left(\frac{2\pi N}{60}\right) \ \therefore d_2 - d_1 = \frac{PN}{30000\,pvz} \tag{8.43}$$

[예제 8.3] 바깥지름 550 mm, 안지름 450 mm, 회전 축 속도 500 rpm으로 2800 kg_f의 하중을 받는 칼라 저널 베어링에서 다음을 설계하시오?
여기서, 베어링의 발열계수 pv=0.15 $kg_f/mm^2\,m/s$인 경우, 칼라의 개수를 구하시오?

[풀이 8.3] 그림 8.14의 자유물체도를 이용한다.
조건: pv=0.15 $kg_f/mm^2\,m/s$, $d_2 = 550\,mm$, $d_1 = 450\,mm$, N=500 rpm, P=2800 kg_f

① $v = \frac{(d_2 + d_1)}{2(1000)}\left(\frac{\pi N}{60}\right) = \frac{(550 + 450)\pi(500)}{2(1000)(60)} = 13.1\,m/s$

$$p = \frac{0.15}{v} = \frac{0.15}{13.1} = 0.0115\,kg_f/mm^2$$

② $P = \frac{\pi}{4}\left(d_2^2 - d_1^2\right)pz$

$$z = \frac{4P}{\pi\left(d_2^2 - d_1^2\right)p} = \frac{4(2800)}{\pi\left(550^2 - 450^2\right)(0.0115)} = 3.1 \quad \therefore z = 4\text{개}$$

Chapter 9

구름 베어링

9.1 서론

구름 베어링(rolling bearing)은 미끄럼 베어링(sliding bearing)에 비해 구름 접촉을 하기 때문에 다음 그림 9.1과 같이, 마찰계수($F_1 > F_2 > F_3$)가 작고, 기동 저항도 작아서 발열도 적다. 표 9.1에는 미끄럼 베어링과 구름 베어링의 특성을 비교한 것이며, 앞으로는 구름 마찰이 미끄럼 마찰을 대체할 것으로 본다.

가장 간단한 베어링은 미끄럼 베어링이다. 보통 미끄럼 베어링의 마찰을 줄이기 위해 윤활제를 사용하면 더 긴 수명을 얻을 수 있다. 또한 기계장치에 내마모성 재료로 만들어진 베어링 표면에 의해 부하를 지지한다. 그러나 이 윤활제는 접촉하면 표면을 완전히 분리시키지 못하고 일부 접촉을 하게 된다. 한편 엔진 크랭크 축에 사용하는 미끄럼 베어링은 정상상태에서 유체윤활 상태가 된다. 접촉면에 오일 막(oil film)이 형성되어 이 표면을 완전히 분리시킨다. 따라서 구름 베어링에서는 축과 외부 부재들이 볼 또는 롤러에 의해 분리되어 있다.

구름 베어링은 레이디얼 베어링인 경우 내륜(inner ring 또는 race), 외륜(outer ring), 볼 또는 롤러가 기본 구성품이며, 추가로 리테이너(retainer) 또는 분리기(separator)가 있다. 이 요소는 볼 또는 롤러를 균등한 간격으로 분리 유지하게 한다.

표 9.1 미끄럼 베어링과 구름 베어링의 특성 비교

구분	미끄럼 베어링	구름 베어링
구조	간단하다.	상대적으로 복잡하다.
마찰	크다.	작다.
하중	레이디얼 및 스러스트 하중 등 2개 하중을 1개의 베어링으로 지지할 수 없다.	2개의 하중을 1개의 베어링으로 지지한다. 충격하중으로 인해 전동체(볼 또는 롤러)와 내외륜 접촉부에 자국이 만들어지기 쉽다.
소음	정숙하다.	상대적으로 소음이 크다.
설치	간편하다.	내외륜 끼워맞춤이 어렵다.
윤활	윤활장치가 필요하다.	점도의 영향이 거의 없으며, 그리스 윤활인 경우 윤활장치가 필요하다.
가격	저렴하다	비싸다.
규격화	자체 제작한다.	표준화 및 양산품으로 호환성이 좋다.

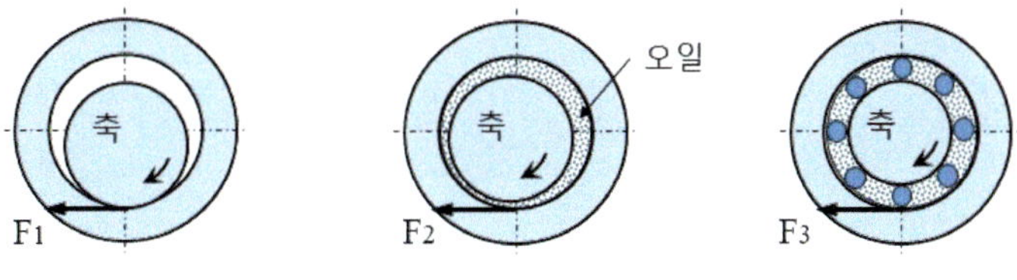

(a) 미끄럼 베어링 (b) 미끄럼 베어링(오일 윤활) (c) 구름 베어링

그림 9.2 미끄럼 베어링과 구름 베어링의 마찰력

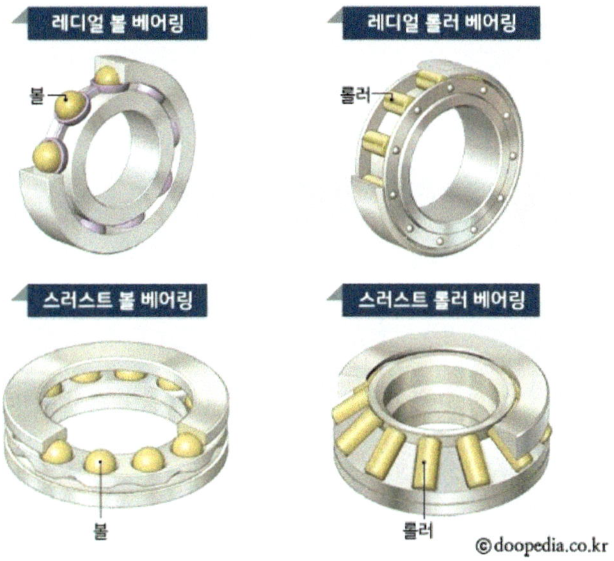

그림 9.3 구름 베어링 종류

표 9.2 볼 베어링과 롤러 베어링의 특성 비교

구 분	볼 베어링	롤러 베어링
전동체	볼	롤러
하중지지	비교적 작은 하중	충격흡수 및 비교적 큰 중하중
접촉	점 접촉	선 접촉
회전속도	고속	저속
마찰	적다	크다.

9.2 구름 베어링의 분류

그림 9.2에 보인 바와 같이, 구름 베어링은 전동체의 형상에 따라 볼(ball) 베어링과 롤러(roller) 베어링으로 구분한다. 그리고 롤러 베어링은 롤러의 형상에 따라 원통 롤러(cylinder roller), 테이퍼 롤러(tapered roller), 구면 롤러(spherical roller), 니들 롤러(needle roller)로 세분한다.

표 9.2에는 볼 베어링과 롤러 베어링의 특성을 비교한 것이며, 볼 베어링은 볼이 점 접촉을 하기 때문에 마찰저항이 적어 고속 및 고정밀 회전축에 사용된다. 롤러 베어링은 롤러가 선 접촉으로 인해 하중을 지지하는 면적이 커서 상대적으로 중하중 용도에 사용된다. 레이디얼 베어링에서 볼 또는 롤러의 배열수에 따라 1열 배열인 경우 단열 베어링, 2열인 경우 복렬 베어링이라 한다. 스러스트 베어링에서는 한쪽 방향의 축 방향 하중을 받는 경우 단식 스러스트 베어링, 양쪽 방향 하중을 받는 경우 복식 스러스트 베어링이라 한다. 그리고 궤도륜(내륜과 외륜)의 분리 가능 여부에 따라 분리형 베어링, 비분리형 베어링이라 한다.

9.3 구름 베어링의 종류

구름 베어링은 KS규격 또는 ISO규격에 따라 치수 및 부하용량이 정해진다. 그림 9.3 및 그림 9.4에는 레이디얼 및 스러스트 베어링의 종류를 각각 나타낸다. 그림 9.5에는 베어링의 특징을 나타내며, 주요 구름 베어링은 다음과 같다.

(1) 단열 깊은 홈 볼 베어링(deep groove ball bearings)

(2) 앵귤러 볼 베어링(angular contact ball bearing)

(3) 자동조심 볼 베어링(self aligning ball bearing)

(4) 매그니토 베어링(magneto ball bearing)

(5) 원통 롤러 베어링(cylindrical roller bearing)

(6) 자동조심 롤러 베어링(self aligning roller bearing)

(7) 테이퍼 롤러 베어링(tapered roller bearing)

(8) 니들 롤러 베어링(needle roller bearing)

(9) 스러스트 볼 베어링(thrust ball bearing)

(10) 스러스트 자동조심 롤러 베어링(self aligning thrust roller bearing)

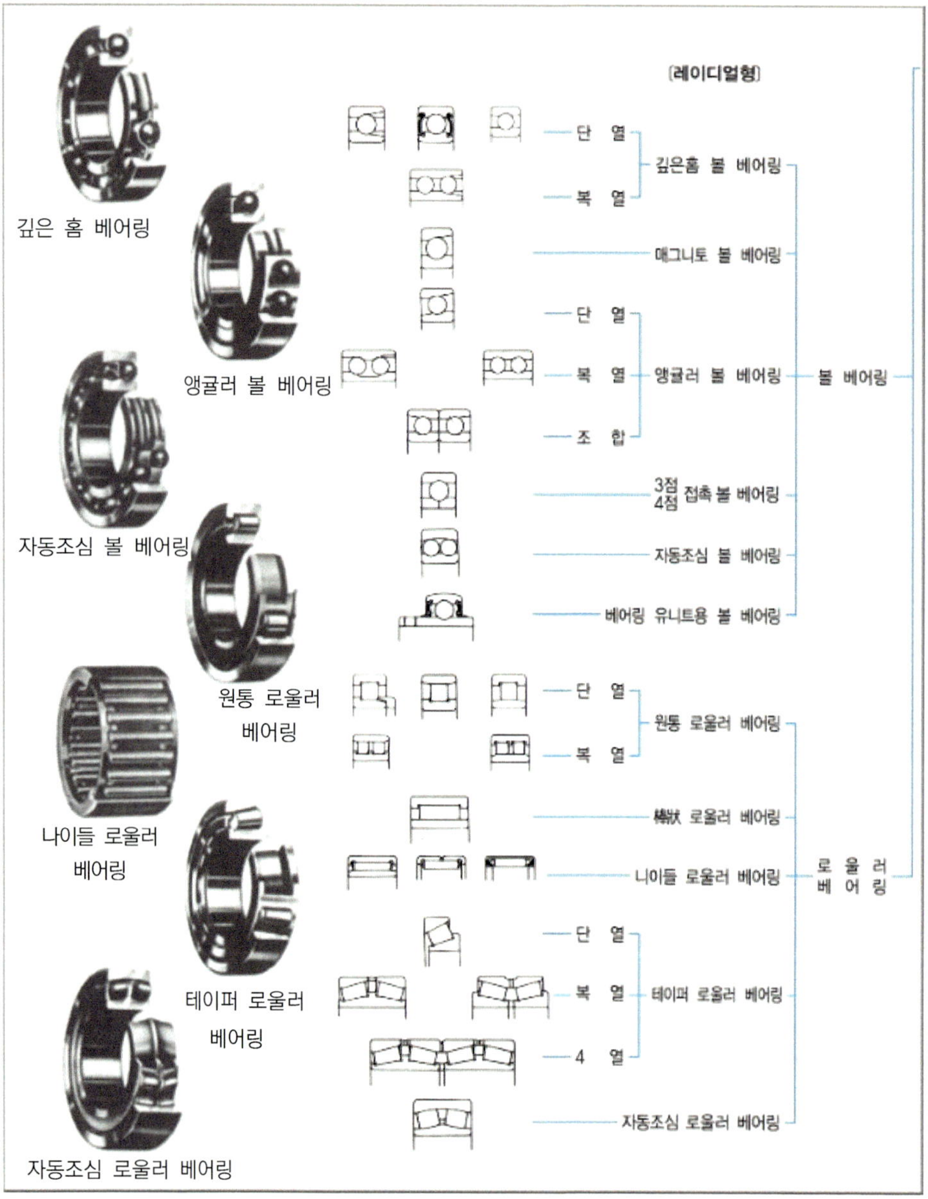

그림 9.4 구름 베어링의 분류-레이디얼 형식

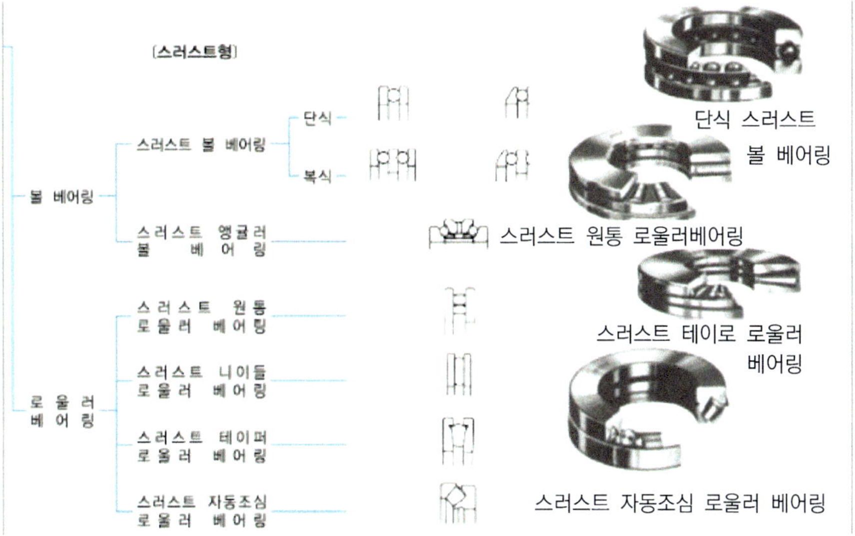

그림 9.5 구름 베어링의 분류-스러스트 형식

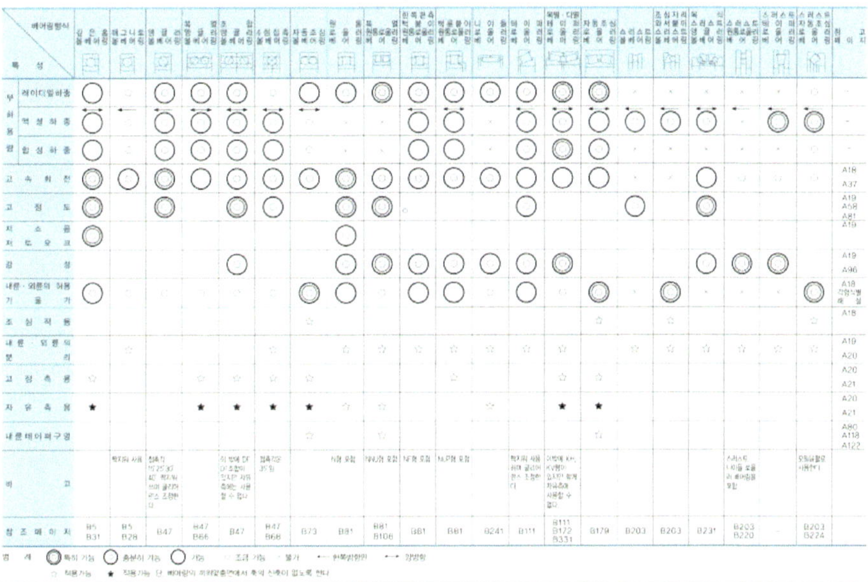

그림 9.6 구름 베어링의 종류 및 특징

9.4 구름 베어링의 규격 및 호칭 번호

표 9.3과 같이, 구름 베어링의 주요 치수는 호칭번호로 나타내며, 호칭번호에는 기본 기호와 보조 기호로 나타낸다. 기본 기호에는 베어링 계열 기호, 안지름 번호 및 접촉각 기호로 구성되어 있다. 보조 기호에는 인도·인수 당사자 간의 협의에 따라 기본 기호 전후에 붙일 수 있다.

표 9.3 베어링 호칭번호 구성

<table>
<tr><th colspan="5">기본 기호</th><th colspan="6">보조 기호</th></tr>
<tr><td colspan="3">베어링 계열 기호</td><td rowspan="3">안지름번호</td><td rowspan="3">접촉각기호</td><td rowspan="3">내부치수</td><td rowspan="3">실/실드</td><td rowspan="3">궤도륜모양</td><td rowspan="3">베어링조합</td><td rowspan="3">레이디얼내부틈새</td><td rowspan="3">정밀도등급</td></tr>
<tr><td rowspan="2">형식기호</td><td colspan="2">치수 계열 기호</td></tr>
<tr><td>폭(또는 높이) 계열 기호</td><td>지름 계열 기호</td></tr>
<tr><td colspan="5">□ - □ - □ - □ - □</td><td colspan="6"></td></tr>
</table>

KS B 2012:2019

표 1 — 베어링 계열 기호

베어링의 형식		단면도	형식 기호	치수 계열 기호	베어링 계열 기호
깊은 홈 볼 베어링	단열 홈 없음. 비분리형	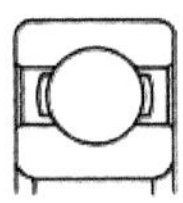	6	17 18 19 10 02 03 04	67 68 69 60 62 63 64
앵귤러 볼 베어링	단열 비분리형		7	19 10 02 03 04	79 70 72 73 74
자동 조심 볼 베어링	복렬 비분리형 외륜 궤도 구면	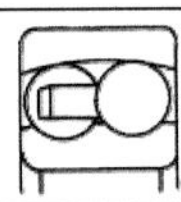	1	02 03 22 23	12 13 22 23

그림 9.7 베어링 계열 기호

9.4.1 기본 기호

(1) 베어링 계열 기호 : 그림 9.6에 보인 바와 같이, 베어링 계열 기호는 형식 기호와 치수 계열 기호로 되어 있다. 치수 계열 기호는 폭(또는 높이) 계열 기호와 지름 계열 기호로 되어 있다. 여기서 형식 기호가 6, 7인 경우는 복열, 1~4인 경우는 단열, N인 경우는 원통롤러 베어링이다.

(2) 치수 계열 기호 : 베어링의 치수 계열 기호는 폭계열 기호와 (스러스트 베어링인 경우 높이 계열 기호) 바깥지름 계열 기호와 조합한다. 즉, 치수계열 기호는 2개 자릿수로 나타내며, 폭(또는 높이)계열 수+지름계열 수로 나타낸다.

① 폭(또는 높이) 기호 : 내경에 대해 단계적으로 폭을 정한 것이다. 클수록 하중을 지지하는 힘의 크다.

② 지름 계열 기호 : 같은 안지름의 베어링에서 바깥지름의 크기를 나타낸 기호로 바깥지름이 클수록 하중을 지지하는 힘이 크다.

(3) 안지름 번호 : 안지름 번호는 구름 베어링의 내륜 안지름을 나타낸 것으로 다음 표 9.4와 같이 안지름 번호 부여 방식에 따라 부여한다.

(4) 접촉각 기호 : 볼 또는 롤러 베어링에서 하중이 가해지는 작용선이 반경방향과 이루는 각도를 접촉각이라고 한다. 이 각도에 따른 접촉각 기호부여는 다음 표 9.5와 같다.

표 9.4 베어링 안지름 번호 부여 방법

범위 (mm)	치수 (mm)	기호	예 (mm)
10 미만	정수인 경우	안지름	3이면 3
	정수 아닌 경우	/안지름	3.5이면 /3.5
10 이상~20 미만	10	00	
	12	01	
	15	02	
	17	03	
20 이상~500 미만	5의 배수	5로 나눈수 (두자리)	45이면 08
	5의 배수 아님	/안지름	28이면 /38
500 이상		/안지름	560이면 /560

표 2 — 안지름 번호

베어링 호칭 mm	안지름 번호	베어링 호칭 mm	안지름 번호	베어링 호칭 mm	안지름 번호
0.6	/0.6[a]	75	15	480	96
1	1	80	16	500	/500
1.5	/1.5[a]	85	17	530	/530
2	2	90	18	560	/560
2.5	/2.5[a]	95	19	600	/600
3	3	100	20	630	/630
4	4	105	21	670	/670
5	5	110	22	710	/710
6	6	120	24	750	/750
7	7	130	26	800	/800
8	8	140	28	850	/850
9	9	150	30	900	/900
10	00	160	32	950	/950
12	01	170	34	1 000	/1 000
15	02	180	36	1 060	/1 060
17	03	190	38	1 120	/1 120
20	04	200	40	1 180	/1 180
22	/22	220	44	1 250	/1 250
25	05	240	48	1 320	/1 320
28	/28	260	52	1 400	/1 400
30	06	280	56	1 500	/1 500
32	/32	300	60	1 600	/1 600
35	07	320	64	1 700	/1 700
40	08	340	68	1 800	/1 800
45	09	360	72	1 900	/1 900
50	10	380	76	2 000	/2 000
55	11	400	80	2 120	/2 120
60	12	420	84	2 240	/2 240
65	13	440	88	2 360	/2 360
70	14	460	92	2 500	/2 500

[a] 다른 기호를 사용할 수 있다.

그림 9.8 베어링 안지름 번호

표 9.5 베어링 접촉각 기호 (KS B 2012)

베어링 형식	호칭 접촉각	접촉각 기호	
단열 앵귤러 볼 베어링	10° 초과~22° 이하	C	기호생략 가능
	22° 초과~32° 이하	A	
	32° 초과~45° 이하	B	
테이퍼 롤러 베어링	17° 초과~24° 이하	C	중간 접촉각
	14° 초과~32° 이하	D	급 접촉각

9.4.2 보조 기호

베어링의 보조 기호는 KS B 2012:2019 규격에 따라 그림 9.8에 보인 바와 같이 표시한다.

표 4 — 보조 기호

시방	내용 또는 구분	보조 기호
내부 치수	주요 치수 및 서브유닛의 치수가 ISO 355와 일치하는 것.	J3 [b]
실·실드	양쪽 실붙이	UU [b]
	한쪽 실붙이	U [b]
	양쪽 실드붙이	ZZ [b]
	한쪽 실드붙이	Z [b]
궤도륜 모양	내륜 원통 구멍	없음
	플랜지붙이	F [b]
	내륜 테이퍼 구멍(기준 테이퍼 1/12)	K
	내륜 테이퍼 구멍(기준 테이퍼 1/30)	K30
	링 홈붙이	N
	멈춤 링붙이	NR
베어링의 조합	뒷면 조합	DB
	정면 조합	DF
	병렬 조합	DT
레이디얼 내부 틈새 [c]	C2 틈새	C2
	CN 틈새	CN [a]
	C3 틈새	C3
	C4 틈새	C4
	C5 틈새	C5
정밀도 등급 [d]	0급	없음
	6X급	P6X
	6급	P6
	5급	P5
	4급	P4
	2급	P2

[a] 생략할 수 있다.
[b] 다른 기호를 사용할 수 있다.
[c] KS B 2102 참조
[d] KS B 2014 참조

그림 9.9 베어링 보조 기호

9.4.3 베어링 호칭 부여 예

베어링의 호칭 부여 예는 KS B 2012:2019 규격의 부속서 A에 따라 그림 9.9에 나타내었다.

부속서 A
(참고)

명칭의 보기

이 부속서(참고)는 명칭의 보기를 나타내는 것으로 표준의 일부는 아니다.

보기 1 6204 — 62 04
- 베어링 계열 기호(폭 계열 0 지름 계열 2의 깊은 홈 볼 베어링) — 62
- 안지름 번호(베어링 호칭 20 mm) — 04

보기 2 F684C2P6 — F 68 4 C2 P6
- 궤도륜 모양 기호(플랜지붙이) — F
- 베어링 계열 기호(폭 계열 1 지름 계열 8의 깊은 홈 볼 베어링) — 68
- 안지름 번호(베어링 호칭 4 mm) — 4
- 레이디얼 내부 틈새 기호(C2 틈새) — C2
- 정밀도 등급 기호(6급) — P6

보기 3 6203ZZ — 62 03 ZZ
- 베어링 계열 기호(폭 계열 0 지름 계열 2의 깊은 홈 볼 베어링) — 62
- 안지름 번호(베어링 호칭 17 mm) — 03
- 실드 기호(양쪽 실드붙이) — ZZ

보기 4 6306NR — 63 06 NR
- 베어링 계열 기호(폭 계열 0 지름 계열 3의 깊은 홈 볼 베어링) — 63
- 안지름 번호(베어링 호칭 30 mm) — 06
- 궤도륜 모양 기호(멈춤 링붙이) — NR

보기 5 7210CDTP5 — 72 10 C DT P5
- 베어링 계열 기호(폭 계열 기호 0 지름 계열 2의 앵귤러 볼 베어링) — 72
- 안지름 번호(베어링 호칭 50 mm) — 10
- 접촉각 기호(호칭 접촉 10° 초과 22° 이하) — C
- 조합 기호(병렬 조합) — DT
- 정밀도 등급 기호(5급) — P5

보기 6 NU318C3P6 — NU3 18 C3 P6
- 베어링 계열 기호(폭 계열 0 지름 계열 3의 원통 롤러 베어링) — NU3
- 안지름 번호(베어링 호칭 90 mm) — 18
- 레이디얼 내부 틈새 기호(C3 틈새) — C3
- 정밀도 등급 기호(6급) — P6

그림 9.10 베어링 명칭 부여 예

9.5 구름 베어링의 정격 하중과 정격 수명 설계

9.5.1 기본 정격 하중

구름 베어링에 대한 정격 정하중(static load rating)은 소성변형 없이 축을 지지할 수 있는 최대 하중이다. 다음 표 9.6 및 표 9.7과 같이, 정격 하중에는 기본 정격 정하중 C_0와 기본 정격 동하중 C가 있다. 베어링이 정하중을 받거나 저속으로 회전하는 경우에는 정격 정하중으로 베어링을 선정하고, 일반적으로는 정격 동하중으로 선정한다.

(1) 기본 정격 정하중(C_0) : 기본 정적 부하용량이라고 한다. 구름 베어링이 정지상태에서 과도한 하중이나 충격하중을 받게 되면, 국부적으로 전동체, 내외륜에 영구변형이 발생해서 회전에 영향을 주게 된다. 즉, 접촉부에서 전체 변형량의 합이 전동체 지름의 0.0001이 되는 정지하중을 기본 정격 정하중 C_0이라고 한다. 여기서 레이디얼 베어링인 경우에 반경 방향 하중, 스러스트 베어링인 경우에 축 방향 하중만으로 정한다.

(2) 기본 정격 동하중(C) : 기본 동적 부하용량이라고 한다. 구름 베어링이 회전 중에 견딜 수 있는 최대 하중을 정격 동하중 C라고 한다. 즉, 베어링의 정격 수명이 100만 회전수가 되도록 한 방향과 크기가 일정한 하중이다. 여기서 수명을 시간으로 나타내면, 500시간을 기준으로 한다. 즉, 33.3 rpm으로 500시간을 견디는 하중이다. ($33.3 \times 60 \times 500 \approx 10^6$)

(3) 정격 등가정하중(P_0) : 그림 9.10과 같이, 베어링이 반경 방향 하중과 축 방향 하중이 동시에 받게 되는 경우에는 레이디얼 베어링인 경우 이에 상당하는 반경 방향의 정격 등가정하중으로, 스러스트 베어링인 경우 축 방향의 정격 등가정하중 P_0으로 대체하며, 다음 식 (9.1)과 같다.

$$P_r = P\cos\alpha,\ P_a = P\sin\alpha \quad \therefore P_o = X_o P_r + Y_o P_a \tag{9.1}$$

P_r은 베어링의 반경 방향 하중, P_a은 베어링의 축 방향 하중, 표 9.8과 같이, X_0는 레이디얼 하중 계수, Y_0는 스러스트 하중 계수이다.

표 9.6 구름 베어링의 부하용량(C와 C_0) 예(1)

형식		단열 레이디얼 볼 베어링				복열 자동 조심형 볼 베어링			
형식 번호		62XX		63XX		12XX		13XX	
번호	안지름 (mm)	$C(kg_f)$	$C_0(kg_f)$	$C(kg_f)$	$C_0(kg_f)$	$C(kg_f)$	$C_0(kg_f)$	$C(kg_f)$	$C_0(kg_f)$
00	10	400	195	620	365	420	140	555	190
01	12	535	295	800	430	480	150	740	250
02	15	600	355	875	515	575	205	750	270
03	17	750	445	1050	620	600	245	980	375
04	20	995	650	1250	770	785	320	980	400
05	25	1090	710	1630	1035	945	410	1410	600
06	30	1520	1000	2180	1450	1220	465	1630	770
07	35	2000	1358	2590	1725	1230	635	1950	960
08	40	2270	1565	3200	2180	1470	815	2310	1200
09	45	2540	1815	4150	2870	1660	910	2970	1550
10	50	2750	2110	4800	3540	1720	1015	3400	1700
11	55	3400	2590	5550	4220	2060	1270	4000	2175
12	60	4100	3220	6350	4810	2360	1450	4450	2600
13	65	4400	3540	7250	5450	2400	1600	4800	2860
14	70	4800	3920	8150	6220	2720	1750	5750	3470
15	75	5150	4220	8900	7260	2970	2000	6050	3765
형식		단열 테이퍼 롤러 베어링				단열 스러스트 볼 베어링			
형식 번호		302XX		303XX		512XX		513XX	
번호	안지름 (mm)	$C(kg_f)$	$C_0(kg_f)$	$C(kg_f)$	$C_0(kg_f)$	$C(kg_f)$	$C_0(kg_f)$	$C(kg_f)$	$C_0(kg_f)$
00	10	–	–	–	–	995	1405	–	–
01	12	–	–	–	–	1030	1540	–	–
02	15	–	–	1430	980	1220	2040	–	–
03	17	1180	850	1810	1250	1270	2180	–	–
04	20	1810	1300	2220	1560	1700	3100	–	–
05	25	1880	1560	2970	2160	2150	4150	2180	5080
06	30	2590	2060	3750	2860	2270	4810	3350	6480
07	35	3250	2650	4800	3770	3050	6350	4300	8620
08	40	3850	3100	5550	4500	3450	7710	5350	11100
09	45	4200	3630	3800	5700	3700	8620	6200	13600
10	50	4600	4080	7850	6700	3750	9100	7500	16300
11	55	5550	5200	8900	7850	5450	13150	9250	20400
12	60	6050	5600	10700	9100	5650	14500	9600	21800
13	65	7400	6550	12500	11000	5550	15400	9950	23600
14	70	7850	7100	14100	12250	5850	16100	11600	28100
15	75	8450	8170	15400	13850	6000	17000	13600	31000

표 9.7 구름 베어링의 부하용량(C와 C_0) 예(2)

형식		단열 앵귤러 볼 베어링				복열 자동 조심형 볼 베어링			
형식 번호		72XX		73XX		22XX		23XX	
번호	안지름 (mm)	$C(kg_f)$	$C_0(kg_f)$	$C(kg_f)$	$C_0(kg_f)$	$C(kg_f)$	$C_0(kg_f)$	$C(kg_f)$	$C_0(kg_f)$
00	10	475	225	865	385	750	165	950	215
01	12	760	370	1040	470	780	180	990	230
02	15	825	435	1280	660	785	190	1230	295
03	17	1040	560	1520	805	1000	245	1480	365
04	20	1480	855	1780	955	1280	335	1830	480
05	25	1560	970	2530	1470	1280	355	2490	670
06	30	2180	1390	3070	1930	1580	465	3200	895
07	35	2870	1900	3610	2240	2210	675	4020	1150
08	40	3430	2380	4410	2800	2290	750	4580	1380
09	45	3850	2710	5620	3780	2370	830	5550	1710
10	50	4020	2990	7150	4910	2380	865	6580	2060
11	55	4960	3790	8150	5760	2710	1010	7680	2450
12	60	6010	4660	9440	6690	3480	1290	8890	2890
13	65	6860	5520	10700	7680	4440	1670	9770	3310
14	70	7120	5670	12000	8750	4480	1750	11300	3850
15	75	8080	6650	13100	9800	4510	1820	12700	4400
형식		단열 테이퍼 롤러 베어링				복열 스러스트 볼 베어링			
형식 번호		320XX		322XX		522XX		523XX	
번호	안지름 (mm)	$C(kg_f)$	$C_0(kg_f)$	$C(kg_f)$	$C_0(kg_f)$	$C(kg_f)$	$C_0(kg_f)$	$C(kg_f)$	$C_0(kg_f)$
00	10	–	–	–	–	–	–	–	–
01	12	–	–	–	–	–	–	–	–
02	15	–	–	–	–	1690	2530	–	–
03	17	–	–	–	–	–	–	–	–
04	20	2540	2830	–	–	2270	3840	–	–
05	25	2840	3460	–	–	2820	5140	3640	6270
06	30	3600	4400	4680	5170	2860	5540	4360	8020
07	35	4300	5480	6140	6920	4150	8540	5660	10700
08	40	5080	6610	6850	7620	4780	10000	7060	13700
09	45	5980	8050	7310	8530	4870	10700	8160	16700
10	50	6290	8870	7620	9040	4950	11400	9340	19000
11	55	8080	11300	9630	11400	7070	16200	12200	25100
12	60	8250	11900	11800	14400	7500	18200	12600	27200
13	65	8660	13000	14100	17400	7630	19200	13000	29300
14	70	10400	15300	16000	20700	7700	19200	15100	34600
15	75	10600	16000	16400	21500	7890	21300	17400	40400

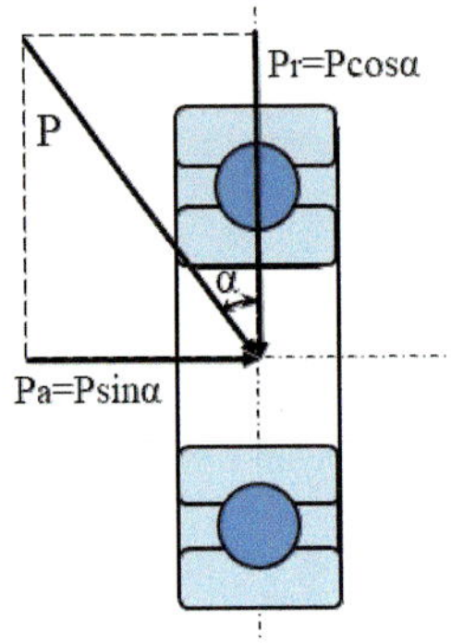

그림 9.11 베어링에 작용하는 조합하중

표 9.8 구름 베어링의 베어링 계수(X_0와 Y_0) 예

형식	접촉각 $\alpha(^\circ)$	단열		복열	
		X_0	Y_0	X_0	Y_0
깊은 홈 볼 베어링	-	0.60	0.50	0.60	0.50
앵귤러 볼 베어링	15	0.50	0.46	1.0	0.92
	20	0.50	0.42	1.0	0.84
	25	0.50	0.38	1.0	0.76
	30	0.5	0.33	1.0	0.66
	35	0.50	0.29	1.0	0.58
	40	0.50	0.26	1.0	0.52
	45	0.50	0.22	1.0	0.44

(4) 허용 정격 정하중에 대한 안전계수(S_s) : 허용 정격 정하중은 정치한 축이나 저속운전을 하는 베어링에 적용한다. 여기에 사용 조건 및 성능에 따라 표 9.9와 같이, 안전계수 S_s를 적용하며, 다음 식(9.2)와 같다.

$$S_s = \frac{C_0}{P_0} \tag{9.2}$$

표 9.9 정하중에 대한 안전계수(S_s) 예

베어링 사용 조건	볼 베어링	롤러 베어링
고 하중, 충격하중	1.5	2.0
중 하중	1.0	1.5
저 하중	0.7	1.0

9.5.2 하중 계수와 정격 등가 동하중

(1) 하중 계수(f_w) : 베어링에는 동적 하중이 가해지기 때문에 실제 베어링 하중을 알 수 없다. 따라서 베어링 설계 시, 이론 하중 P_{th}에 다음 표 9.10과 같이 베어링 하중계수 f_w를 곱하여 베어링 하중 P을 구하며 다음 식(9.3)과 같다.

$$P = f_w P_{th} \tag{9.3}$$

표 9.10 베어링 하중 계수(f_w) 예

베어링 운전 조건	f_w
충격이 없는 원활한 운전	1.0 ~ 1.2
일반적인 운전	1.2 ~ 1.5
심한 충격이 있는 운전	1.5 ~ 3.0

(2) 평균 유효 하중(P_m) : 베어링에 부하되는 하중이 변동하는 경우에는 하중 P 대신 평균 유효 하중 P_m으로 대체하여 계산한다.

① 하중이나 회전수가 시간적으로 변동하는 경우, 평균 유효 하중 P_m은 다음 식(9.4)와 같다. 여기서 r=3(볼 베어링), r=10/3(롤러 베어링)이다.

$$P_m = \sqrt[r]{\frac{t_1 N_1 P_1^r + t_2 N_2 P_2^r + \cdots + t_n N_n P_n^r}{t_1 N_1 + t_2 N_2 + \cdots + t_n N_n}} \tag{9.4}$$

② 하중이 직선적으로 최대 하중 $P_{\max}$에서 최소 하중 $P_{\min}$까지 반복 하중으로 작용하는 경우, 평균 유효 하중 P_m은 다음 식(9.5)와 같다.

$$P_m = \frac{2P_{\max} + P}{3} \tag{9.5}$$

표 9.11 베어링 계수(f_v, X, Y) 예

베어링 형식		내륜 회전 하중	외륜 회전 하중	단열 베어링 $\frac{P_a}{P_r} > e$		복열 베어링 $\frac{P_a}{P_r} \le e$		복열 베어링 $\frac{P_a}{P_r} > e$		e
	F_a/C_0	f_v		X	Y	X	Y	X	Y	
깊은 홈 볼 베어링	0.014	1.0	1.2	0.56	2.30	1.0	0	0.56	2.30	0.19
	0.028				1.99				1.90	0.22
	0.056				1.71				1.71	0.26
	0.084				1.55				1.55	0.28
	0.11				1.45				1.45	0.30
	0.17				1.31				1.31	0.34
	0.28				1.15				1.15	0.38
	0.42				1.04				1.04	0.42
	0.56				1.00				1.00	0.44
앵귤러 볼 베어링 $\alpha(^\circ)$	20	1.0	1.2	0.43	1.00	1.0	1.09	0.70	1.63	0.57
	25			0.41	0.87		0.92	0.67	1.41	0.68
	30			0.39	0.76		0.78	0.63	1.24	0.80
	35			0.37	0.56		0.66	0.60	1.07	0.95
	40			0.35	0.57		0.55	0.57	0.93	1.14
자동 조심 볼 베어링		1.0	1.0	0.40	(0.4) $\cot\alpha$	1.0	(0.45) $\cot\alpha$	0.67	(0.67) $\cot\alpha$	(1.5) $\tan\alpha$
매그니토 볼 베어링		1.0	1.0	0.50	2.5	–	–	–	–	0.2
스러스트 볼 베어링 $\alpha(^\circ)$	45	–	–	0.66	1.00	1.18	0.59	0.66	1.0	1.25
	60			0.92		1.90	0.54	0.92		2.17
	70			1.66		3.66	0.52	1.66		4.67
스러스트 롤러 베어링		–	–	$\tan\alpha$	1.00	(1.5) $\tan\alpha$	0.67	$\tan\alpha$	1.0	(1.5) $\tan\alpha$

(3) 정격 등가동하중(P) : 그림 9.10과 같이, 베어링이 반경 방향 하중과 축 방향 하중이 동시에 받게 되는 경우에는 레이디얼 베어링인 경우에 이에 상당하는 반경 방향의 정격 등가동하중으로, 스러스트 베어링인 경우에 축 방향의 정격 등가동하중 P로 대체하며, 다음 식 (9.6)과 같다.

$$P = f_v X P_r + Y P_a \approx X P_r + Y P_a \tag{9.6}$$

표 9.11과 같이, P_r은 베어링의 반경 방향 하중, P_a은 베어링의 축 방향 하중, X는 레이디얼 하중 계수, Y는 스러스트 하중 계수 및 f_v는 회전 계수이다. 최근에는 보통 f_v=1을 사용한다.

(4) 한계 속도지수 dN 값 : 구름 베어링을 연속적으로 사용하면 열이 발생하기 때문에 베어링의 형식, 윤활 방법 등에 의해 표 9.12와 같이, 일정한 허용 한계속도 dN 값이 있다. 여기서 d는 베어링 안지름, N은 분당 회전수 rpm이다.

표 9.12 한계 dN 값

베어링 형식	그리스 윤활 dN	기름 윤활 dN
단일 고정형 레이디얼 볼 베어링	200.000	300,000
자동 조심형 레이디얼 볼 베어링	150,000	250,000
단열 앵귤러 볼 베어링	200,000	300,000
원통 롤러 베어링	150,000	300,000
테이퍼 롤러 베어링	120,000	200,000
스러스트 베어링	100,000	150,000

(5) 벨트 계수(f_b) : 다음 표 9.13과 같이, 벨트 또는 체인 전동일 경우 벨트 계수 f_b를 사용한다. 즉, 벨트 장력 차이(인장측 장력 T_1, 이완측 장력 T_2)인 이론 하중 T_e에 벨트 계수 f_b을 곱하면 다음 식(9.7)과 같다.

$$\because T_e = T_1 - T_2\ ,\quad H_{PS} = \frac{T_e}{75} \qquad \therefore H_{PS} = \frac{f_b T_e}{75} \tag{9.7}$$

표 9.13 벨트 계수 f_b

전동 방식	벨트 계수 f_b
가죽 평벨트(인장 풀리 없음)	3.0 ~ 4.0
가죽 평벨트(인장 풀리 있음)	2.5 ~ 3.0
직물 벨트	3.5 ~ 4.5
V벨트	1.5 ~ 2.0
타이밍 벨트	1.1 ~ 1.3
체인	1.3 ~ 1.5

(6) 기어 계수(f_g) : 표 9.14와 같이, 평기어의 베어링에 작용하는 반경 방향 하중 P_R에 기어 계수 f_g를 곱하면 다음 식(9.8)과 같다.

$$H_{PS} = \frac{P_t v}{75}\ ,\quad P_R = \sqrt{P_t^2 + P_s^2} = \frac{P_t}{\cos\alpha} \qquad \therefore H_{PS} = \frac{f_g P_R v}{75} \tag{9.8}$$

표 9.14 기어 계수 f_g

기어 종류	기어 계수 f_g
정밀 기어	1.05 ~ 1.1
보통 기어	1.1 ~ 1.3

9.5.3 구름 베어링의 정격 수명 계산

(1) 회전수 단위 수명 (L_{10}) : 90% 신뢰도로 100만 회전 기준

베어링의 정격 수명(basic rating life)은 기본 정격 동하중의 크기에 해당하는 등가 하중이 작용해서 90% 신뢰도로 100만 회전할 수 있는 기준이다. 그리고 90% 신뢰도로 시간 수명을 기본 정격 수명 L_{10}이라 한다. 즉 정격 수명을 10^6 회전수 단위로 나타내며 다음 식(9.9)와 같다.

$$L_{10} = \left(\frac{C}{P}\right)^r [10^6 \text{회전}] : \quad r = 3(\text{볼 베어링}),\ r = 10/3(\text{롤러 베어링}) \tag{9.9}$$

(2) 시간 단위 수명 (L_h) : 90% 신뢰도로 500시간 기준

회전수 단위 수명 L_h을 시간 단위 수명 L_h으로 환산하면 다음 식(9.10)과 같다.

$$L_{10}(10^6)[\text{회전}] = L_h[\text{시간}] \times 60[\text{분/시간}] \times N[rpm] \tag{9.10}$$

$$\therefore L_h = \left(\frac{C}{P}\right)^r \times \frac{10^6}{60N}$$

(3) 수명 계수(f_n)와 속도 계수(f_h) : 회전 단위 수명 L_{10}과 시간 단위 수명 L_h으로부터 수명 계수 f_n와 속도 계수 f_h를 정의하면, 다음 식(9.11)과 같다.

$$10^6[\text{회전}] = 33.3[rpm] \times 500[\text{시간}] \times 60[\text{분/시간}] \tag{9.11}$$

$$L_h = 500\left(\frac{C}{P}\right)^r \times \frac{33.3}{N} = 500 f_h^r$$

$$f_h = \sqrt[r]{\frac{33.3}{N}}\left(\frac{C}{P}\right) = f_n\left(\frac{C}{P}\right)$$

$$\therefore f_n = \left(\frac{33.3}{N}\right)^{1/r}, \quad f_h = \left(\frac{L_h}{500}\right)^{1/r}, \quad C = \frac{f_h}{f_n} P$$

[예제 9.1] No 6215 단열 볼 베어링에 반경 방향 하중 P=300 kg_f가 작용한다.
여기서, 베어링의 동적 부하용량 C=5150 kg_f이다.
① 1200 rpm으로 회전시 베어링 수명시간을 구하시오?
② 1200 rpm으로 회전시 베어링 회전시간을 구하시오?
③ 여기서 베어링 속도 계수와 수명 계수를 구하시오?

[풀이 9.1] No 6215 단열 볼 베어링
조건: P=300 kg_f, C=5150 kg_f, r=3(볼)

① $L_h = 500\left(\frac{C}{P}\right)^r \times \frac{33.3}{N} = 500\left(\frac{5150}{300}\right)^3\left(\frac{33.3}{1000}\right) = 84231\,\text{시간}$

② $L_{10} = \left(\frac{C}{P}\right)^r = \left(\frac{5150}{300}\right)^3 = 5058.9 \times 10^6\,\text{회전}$

③ $f_n = \left(\frac{33.3}{N}\right)^{1/r} = \left(\frac{33.3}{300}\right)^{1/3} = 0.481$

$f_h = \left(\frac{L_h}{500}\right)^{1/r} = \left(\frac{84231}{500}\right)^{1/3} = 5.52$

[예제 9.2] No 7310 단열 앵귤러 볼 베어링($\alpha = 25°$)에 반경 방향 하중 P=2500 N, 축 방향 하중 3000 N가 동시에 작용한다. 이때 정격 수명을 구하시오?

[풀이 9.2] 앵귤러 볼 베어링($\alpha = 25°$)에 대해서, 표 9.11 및 표 9.7로부터
조건: $P_r = 2500\,kg_f$, $P_a = 3000\,kg_f$ X=0.41, Y=0.87, C=7150 kg_f

$P = XP_r + YP_a = (0.41)(2500) + (0.87)(3000) = 3635\,kg_f$

$L_{10} = \left(\frac{C}{P}\right)^r = \left(\frac{7150}{3635}\right)^3 = 7.61\,[10^6\,\text{회전}]$

Chapter 10

기어 이론 및 평기어

10.1 서론

동력전달 기계요소에서 기어(gear)는 효율이 높고 수명이 길며, 크기 대비 큰 토크를 전달할 수 있는 장점이 있어서 일반적으로 많이 사용한다. 동력전달을 하기 위해서는 최소한 2개의 기어 쌍을 사용하는데, 이 중에 상대적으로 더 큰 요소를 기어(gear), 더 작은 요소를 피니언(pinion)이라고 한다. 즉, 기어와 피니언이 서로 맞물려서 한 축에서 다른 축으로 회전 및 동력을 전달한다.

구동 기어가 종동 기어를 밀면 기어 주변부에 접선 방향 힘이 가해짐에 따라 기어가 회전하면서 토크(torque)와 동력(power)을 전달한다.

그러나 기어는 고효율 및 내구성이 우수하나, 체인 또는 벨트 장치와 같은 다른 동력전달 기계요소에 비해 가격이 고가이다. 본 장에서는 일반적인 기어 이론 및 평기어에 대해 설명한다.

평기어는 스퍼기어(super gear) 또는 평치차라고 한다. 평기어는 두 축간 동력을 전달하는 것이 주된 목적이며, 큰 회전력을 고효율로 전달할 수 있으며 두 축간 회전 각속도비가 일정하다. 동력을 전달하는 축을 원동축(구동축), 동력을 전달받는 축을 종동축(피동축)이라 한다. 또는 각각 구동기어(driving gear), 피동기어(driven gear)라고 한다.

10.2 기어의 분류

기어의 분류는 다양한 기어의 종류가 있지만, 평행 축 기어, 비평행 공면 기어 및 비평행 비공면 기어로 분류할 수 있다.

10.2.1 평행 축 기어

다음 그림 10.1에는 평행 축 기어로서 평기어, 헬리컬 기어 및 랙 기어의 외형을 나타낸다. 예로서 다음과 같은 기어가 있다.

① 평기어(super gears) : 축에 평행한 방향으로 이를 갖고 있는 기어이다.

② 헬리컬 기어(helical gears) : 원통 형상 둘레에 나선형 모양의 이를 갖고 있는 기어이다. 헬리컬 기어는 기어 이들이 점진적으로 맞물리기 때문에 평기어에 비해 부드럽게 구동된다. 즉, 구동 소음이 적고 더 큰 하중을 전달할 수 있다. 동일한 하중을 전달할 경우, 평기어와 비교해서 헬리컬 기어의 크기가 더 작아도 가능하다. 그러나 헬리컬 기어는 축 방향으로 스러스트 힘이 발생하는 단점이 있다. 즉, 축 방향 하중을 지지하기 위해서 스러스트 칼라(thrust collar), 볼 베어링 또는 테이퍼 롤러 베어링 등의 추가적인 베어링 기계요소 등이 필요하게 된다.

③ 랙 기어 : 원통기어의 잇수가 무한히 많아져 원통의 직경이 거의 무한대가 되어 기어가 직선으로 늘어선 형태의 기어이다.

(a) 평기어 (b) 헬리컬 기어 (c) 랙 기어

그림 10.2 평행 축 기어 예

10.2.2 비평행 공면 기어 : 교차 축 기어

평기어와 헬리컬 기어와는 달리 공면이지만 비평행 축을 가진 기어이며, 그림 10.2에는 베벨 기어, 스파이럴 베벨 기어 및 크라운 기어를 나타낸다. 예로서 다음과 같은 기어가 있다.

① 직선 베벨기어(spur bevel gear) : 원추형의 기어로 이 끝이 직선이다.

② 헬리컬 베벨기어(helical bevel gear) : 이 물림이 부드럽게 하기 위해 잇 줄이 직선이며 경사진 기어이다.

③ 스파이럴 베벨기어(spiral bevel gear) : 이 끝이 나선형으로 된 원추형 기어이다.

④ 제롤 베벨기어(zerol bevel gear) : 스파이럴 베벨기어 중에 이 너비의 중앙에 비틀림 각이 없는 기어이다.

(a) 베벨 기어 (b) 스파이럴 베벨기어 (c) 크라운 기어

그림 10.3 비평행 공면 축 기어 예

10.2.3 비평행 비공면 기어 : 엇갈림 축 기어

비평행 비공면 기어들은 평형 기어 및 비평행 공면 기어들에 비해 기하학적 형상 및 제조 공정이 복잡하기 때문에 상대적으로 가격이 고가이다. 그림 10.3에는 하이포이드 기어, 웜 기어 및 나사 기어를 나타낸다. 예로서 다음과 같은 기어가 있다.

① 하이포이드 기어(hypoid gear) : 스파이럴 기어와 비슷하나 축을 어긋나게 한 기어이다.

② 웜 기어(worm gear) : 원추형의 기어로 이 끝이 직선이다.

③ 나사 기어(screw gear) : 비평행, 비교차 하는 축 사이의 동력을 전달하는 기어이다.

(a) 하이포이드 기어 (b) 웜 기어 (c) 나사 기어

그림 10.4 비평행 비공면 축 기어 예

10.3 치형 곡선

10.3.1 기구학적 조건

치형 곡선의 기구학적 조건은 한 쌍의 기어가 모든 물림 위치에서 일정한 각속도 비를 유지해야 한다. 즉, 접선 방향에서는 미끄럼이 발생하여 속도 차이가 발생할 수 있지만, 치면의 법선 방향 속도는 같아야 된다.

그림 10.4에서, 두 기어의 접촉점 Q에서의 속도는 다음 식(10.1)과 같다.

$$v_1 = r_1\omega_1 \ , \quad v_2 = r_2\omega_2 \tag{10.1}$$

그리고 공통 법선 방향의 속도 성분은 같아야 하며, 식(10.2)와 같다.

$$\therefore v_1\cos\alpha_1 = v_2\cos\alpha_2 \tag{10.2}$$

따라서 두 기어 사이의 각속도 비는 다음 식(10.3)과 같다.

$$\epsilon = \frac{\omega_2}{\omega_1} = \frac{r_1\cos\alpha_1}{r_2\cos\alpha_2} = \frac{R_1}{R_2} \tag{10.3}$$

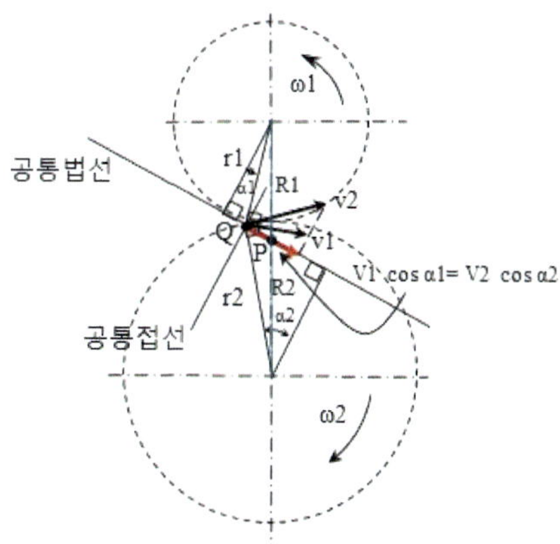

그림 10.5 치형곡선의 법선 방향 속도

10.3.2 치형 곡선의 종류

(1) 인벌류트 곡선(involute curve)

인벌류트 곡선은 그림 10.5와 같이, 원통면 위에 실을 감아서 잡아당겨 풀어 나가면서 한 점이 그리는 궤적이다. 여기서 원통면은 기초원이며, 인벌류트 곡선을 따라 만들어진 이를 인벌류트 치형이라 하며, 보통 많이 사용한다.

(2) 사이클로이드 곡선(cycloid curve)

사이클로이드 곡선은 그림 10.6과 같이, 원둘레의 외측 또는 내측에 구름원을 두고 구름원을 굴렸을 때, 구름원 위 한 점(E)이 그리는 궤적이다. 여기서 구름원이 구르고 있는 원은 피치원이며, 사이클로이드 곡선을 따라 만들어진 이를 사이클로이드 치형이라 한다. 표 10.1에는 2개 치형을 비교하였다.

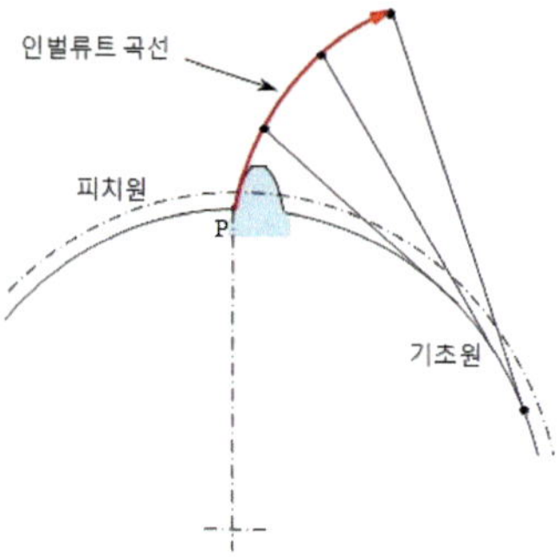

그림 10.6 인벌류트 곡선

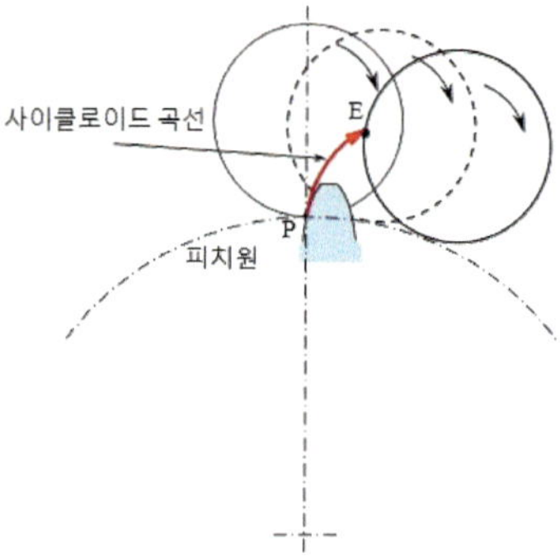

그림 10.7 사이클로이드 곡선

표 10.1 기어 치형의 비교

종 류	사이클로이드 치형	인벌류트 치형
제작방법	제작 가공이 어렵다.	제작 가공이 쉽다.
절삭공구	구름원에 따라 다양한 커터가 필요하다.	사다리 형태로 제작이 쉽고 저렴하다.
호환성	호환성이 낮다.	호환성이 좋다.
소음/마모	마모와 소음이 적다.	마모, 소음이 크고 불균일하다.
용도	정밀기계(시계 등)	일반기계(전동용 등)

10.4 기어 형상 및 용어

그림 10.7에는 한 쌍의 평기어(기어+피니언)의 기하학적 형상을 나타낸다. 또한 그림 10.8에는 평기어 이의 주요 세부 명칭을 나타낸다.

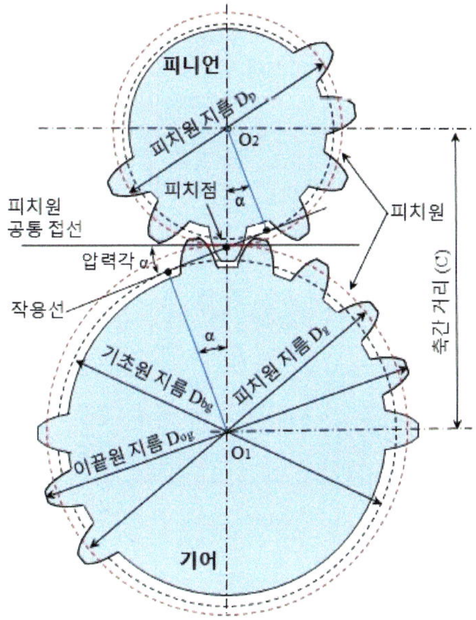

그림 10.8 평기어의 기본 명칭

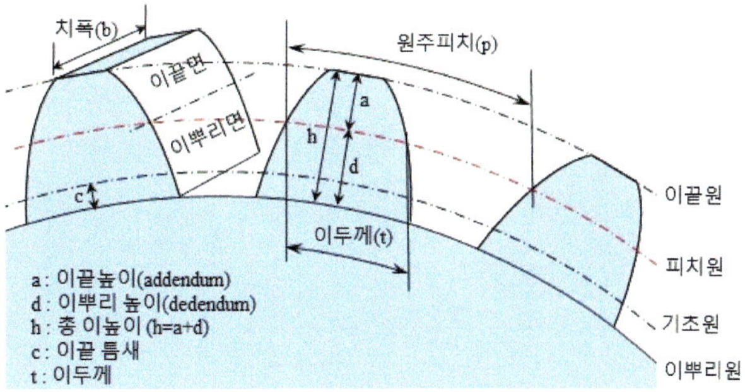

그림 10.9 평기어 이의 세부 명칭

10.4.1 기본 용어

① 피치원(pitch circle) : 기어는 마찰차에 요철 형상을 붙인 것으로, 원통 마찰차가 접촉하고 있는 원이 피치원임.

② 피치점(pitch point) : 두 기어의 피치원이 만나는 점

③ 압력각(pressure angle) : 한 쌍의 기어가 맞물렸을 때, 접점이 이동하는 궤적을 작용선이라고 함. 이 작용선과 피치원의 공통 접선과 이루는 각을 압력각 α라고 하며, 보통 압력각은 14.5°, 20°를 많이 사용함.

④ 이끝원(addendum circle) : 이의 끝을 연결하는 원

⑤ 이뿌리원(dedendum circle) : 이의 뿌리 부분을 연결하는 원

⑥ 총 이높이(height of tooth) : 이끝 높이+이뿌리 높이

⑦ 이두께(tooth thickness) : 피치원에서 측정한 이의 두께

⑧ 이끝 틈새(clearance) : 이끝원에서 맞물리는 기어의 이뿌리원까지의 길이

⑨ 백래시(back lash) : 한 쌍의 기어가 물렸을 때, 이 뒷면에 형성되는 간격

⑩ 첨자 : g=기어, p=피니언 또는 1=구동기어, 2=피동기어

예 : $\begin{pmatrix} D_g = \text{기어의 피치원지름}, & D_p = \text{피니언의 피치원지름} \\ D_1 = \text{구동기어의 피치원지름}, & D_2 = \text{피동기어의 피치원지름} \end{pmatrix}$

10.4.2 이의 크기

① 원주 피치 (p or p_c) : 그림 10.8에서, 원주 피치(circular pitch) $p(p_c)$는 피치원의 둘레를 잇수 Z로 나눈 값으로 다음 식(10.4)와 같다.

$$p = p_c = \frac{\pi D}{Z}\,[mm], \quad Z = \text{잇수}, \; D = \text{피치원지름} \tag{10.4}$$

② 지름 피치 (p_d) : 지름 피치(diametral pitch) p_d는 잇수 Z를 피치원 지름 D[inch]으로 나눈 값으로 [inch] 단위를 사용하며, 다음 식(10.5)와 같다.

$$p_d = \frac{Z}{D[\text{인치}]}, \qquad p = \frac{\pi}{p_d} = \frac{25.4\pi}{p_d}\,[mm] \tag{10.5}$$

③ 모듈 (m) : 피치원 지름 D를 잇수 Z로 나눈 값으로 식(10.6)과 같다.

$$m = \frac{D}{Z}\,[mm]\,, \qquad p = \pi m \tag{10.6}$$

다음 표 10.2에는 원주 피치, 모듈, 지름 피치(p, m, p_d)의 연관성을 나타낸다.

표 10.2 p, m, p_d의 연관성

항 목	기호	p 기준	m 기준	p_d 기준
원주 피치	p	$\pi D/Z$	πm	π/D_d
모듈	m	p/π	D/Z	$25.4/p_d$
지름 피치	p_d	π/p	$25.4/m$	Z/D

10.4.3 기초원 피치, 법선 피치

① 기초원 지름 (D_b) : 피치원 지름 D, 압력각 α로부터 식(10.7)과 같다.

$$D_b = D\cos\alpha, \qquad \alpha = \text{압력각} \tag{10.7}$$

② 기초원 피치 (p_b) : 기초원의 원둘레를 기어 잇수 Z로 나눈값으로 다음 식(10.8)과 같다.

$$p_b = \frac{\pi D_b}{Z} = \frac{\pi D \cos\alpha}{Z} = p\cos\alpha \tag{10.8}$$

③ 법선 피치 (p_n) : 피치원 공통법선 상에서 이 사이의 대응 거리이다. 인벌류트 치형에서는 기초원 피치 p_b와 같으며, 다음 식(10.9)와 같다.

$$p_n = p_b \tag{10.9}$$

10.4.4 기어의 주요 세부 명칭

① 이끝 높이 (a) : 그림 10.8에서, 이끝 높이 a(addendum)는 이끝면에서 피치원까지 거리이며, 다음 식(10.10)과 같다.

$$\begin{pmatrix} a = m & : \text{보통이} \\ a = 0.8m & : \text{낮은이} \\ a = 1.2m & : \text{높은이} \end{pmatrix} \quad m = \text{모듈} \tag{10.10}$$

② 이뿌리 높이 (d) : 그림 10.8에서, 이뿌리 높이 d(dedendum)는 치저면으로부터 피치원까지 거리이다. 맞물린 한 쌍의 기어인 경우, 다음 식(10.11)과 같다.

$$d_2 = a_1 + c\ , \quad d_1 = a_2 + c \tag{10.11}$$

③ 이끝 틈새 (c) : 이끝 틈새는 한 쪽 기어 이의 끝이 맞물린 기어의 바닥면과 접촉을 방지하기 위한 여유이며 다음 식(10.12)와 같다.

$$c = km, \quad k = 0.25 \sim 0.35, \quad m = \text{모듈} \tag{10.12}$$

④ 바깥 지름 (D_o) : 그림 10.8에서, 피치원 지름 D에 양쪽 이끝 높이 a를 합한 것으로 다음 식(10.13)과 같다.

$$D_o = D + 2a \tag{10.13}$$

⑤ 총 이높이 (h) : 그림 10.8에서, 이의 총 높이다. 이끝 높이 a와 이뿌리 높이 d의 합으로 다음 식(10.14)와 같다.

$$h = a + d \tag{10.14}$$

⑥ 유효 이높이 (h_w) : 그림 10.8에서, 물림 이높이라고 한다. 맞물리는 한 쌍의 기어에서 이끝 높이의 합으로 다음 식(10.15)와 같다.

$$h_w = a_1 + a_2 \tag{10.15}$$

⑦ 이너비 (b) : 그림 10.8에서, 기어의 축 방향 길이이며, 치폭 또는 이의 폭이라 하며, 다음 식(10.16)과 같다.

$$\begin{pmatrix} b \fallingdotseq 6m & : \text{보통너비} \\ b \fallingdotseq 10m & : \text{넓은너비} \end{pmatrix} \quad m = \text{모듈} \tag{10.16}$$

⑧ 중심 거리 (C) : 축간 거리라고도 하며, 그림 10.7에서 표준기어에서 회전하는 축 사이의 중심 거리 C는 다음 식(10.17)과 같다.

$$C = \frac{D_1 + D_2}{2} = \frac{m(Z_1 + Z_2)}{2} \tag{10.17}$$

10.4.5 표준이

표준이는 보통이의 이높이, 표준 모듈 및 표준 압력각으로 구성되어 있다. 보통이는 이끝높이 a가 모듈 m과 같다. 즉 보통이는 a=m이다. 표 10.3에는 일반용 평기어의 표준값을 나타내었다.

표준 압력각 α는 14.5°, 20° 를 주로 사용하며, 표 10.4에는 표준 압력각의 특성을 비교하였다.

표 10.3 일반용 평기어의 표준값(KS B 1414-1991)

구 분		표준값
모듈(m)		1.5 2 2.5 3 4 5 6
표준 이너비 (b) [mm]	잇수(Z) 32 이상	10 12 16 20 25 32 36 40 50 60
	잇수(Z) 30 이하	12 14 18 22 28 35 40 45 55 65
잇수(Z)		14 15 16 17 18 19 20 21 22 24 25 26 28 30 32 34 36 38 40 42 45 48 50 52 55 58 60 65 70 75 80 90 100

표 10.4 표준 압력각 비교

압력각(α)	이뿌리 강도	면압	물림률	미끄럼률	최소 치수
14.5°	작음	작음	큼	큼	32
20°	큼	큼	작음	작음	17

10.5 인벌류트 치형의 특징

10.5.1 인벌류트 함수(involute function)

그림 10.9에서 인벌류트 곡선 PP' 상의 P'점에서 기초원에 접선을 그리면 직각 삼각형 Δ

OB'P'가 만들어진다. 여기서 인벌류트 곡선의 특성에 따라 다음 식(10.18)과 같다.

$$PB' = R_b(\theta + \alpha), \quad P'B' = R_b \tan\alpha, \quad P'B' = PB' \tag{10.18}$$

$$\because R_b(\theta + \alpha) = R_b \tan\alpha \qquad \therefore (\theta + \alpha) = \tan\alpha$$

따라서 각 θ를 각 α의 인벌류트 함수라고 하며, 기호는 invα으로 표기하며 다음 식(10.19)와 같다.

$$\theta = \tan\alpha - \alpha = \mathrm{inv}\,\alpha \tag{10.19}$$

그리고 다음 표 10.5에는 인벌류트 함수표를 나타낸다.

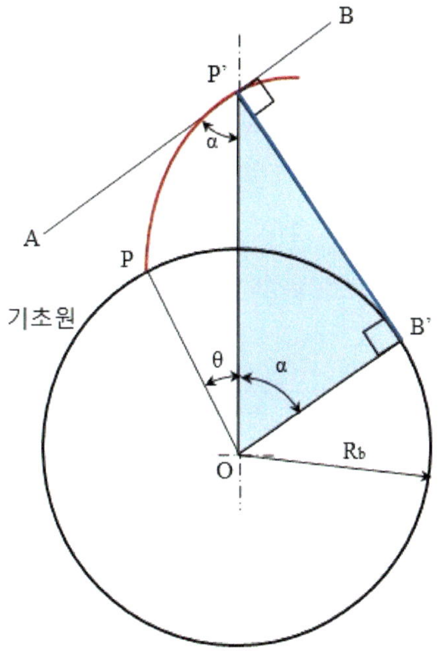

그림 10.10 인벌류트 함수

표 10.5 인벌류트 함수표 예

θ	0.0	0.2	0.4	0.6	0.8	0.9
10	0.00179	0.00191	0.00202	0.00214	0.00227	0.00233
11	0.00239	0.00253	0.00267	0.00281	0.00296	0.00304
12	0.00312	0.00328	0.00344	0.00362	0.00379	0.00388
13	0.00398	0.00416	0.00436	0.00456	0.00477	0.00487
14	0.00498	0.00520	0.00543	0.00566	0.00590	0.00603
15	0.00615	0.00640	0.00667	0.00693	0.00772	0.00735
16	0.00749	0.00778	0.00808	0.00839	0.00870	0.00886
17	0.00903	0.00936	0.00969	0.01004	0.01040	0.01058
18	0.01076	0.01113	0.01152	0.01191	0.01231	0.01251
19	0.01272	0.01313	0.01356	0.01400	0.01445	0.01467
20	0.01490	0.01537	0.01585	0.01634	0.01684	0.01709
21	0.01735	0.01787	0.01840	0.01894	0.01949	0.01977

10.5.2 물림률(contact ratio)

기어가 미끄럼 없이 회전하기 위해서는 최소한 한 쌍의 이가 물림이 끝나기 전에 다음 한 쌍의 이가 물리기 시작해야 한다. 그림 10.10과 같이, 한 쌍의 기어 이끝원이 작용선을 자른 길이를 물림 길이가 되며, 이를 법선 피치 p_n로 나눈 값이 물림률 ε이며, 다음 식(10.20)과 같다.

$$\epsilon = \frac{\text{물림 길이}}{\text{법선 피치}} = \frac{ab}{p_n} = \frac{ab}{p\cos\alpha} \tag{10.20}$$

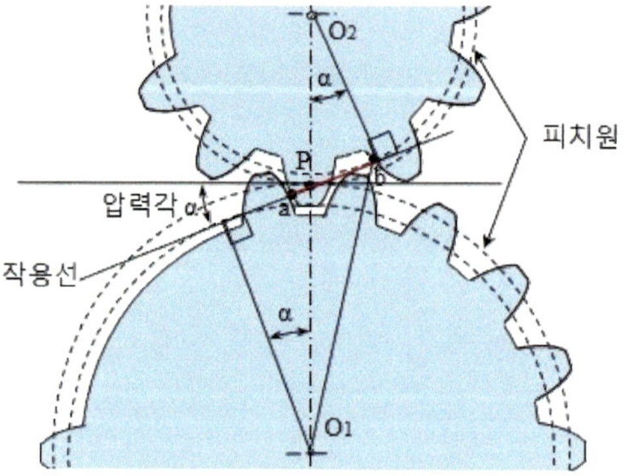

그림 10.11 이의 물림 길이

10.5.3 이의 간섭과 언더컷

(1) 이의 간섭

인벌류트 기어에서 한 쌍의 기어 잇수비가 크게 차이가 나거나, 잇수가 작은 경우에 한쪽 기어의 끝이 상대편 기어의 이뿌리에 닿아서 회전하지 못하는 경우가 발생하며 이를 이의 간섭이라 한다.

(2) 이의 간섭을 방지하는 방법

① 압력각을 크게 한다.

② 이의 높이를 줄인다.

③ 기어의 잇수를 한계 잇수 이하로 한다.

④ 치형의 이끝면을 깎아낸다.

⑤ 피니언의 잇수를 최소 치수 이상으로 한다.

(3) 언더컷

인벌류트 기어에서는 이의 간섭에 의해 상대편 이뿌리면 아래를 깎아내는 현상이 발생하며 이를 언더컷(under cut)이라 한다. 언더컷 현상이 발생하면, 이뿌리가 가늘어져 약하게 되고 치면의 유효부분이 적어져서 물림 길이가 감소되어 부드러운 동력전달이 어렵다. 따라서 언더컷이 발생하지 않는 범위에서 사용해야 한다. 언더컷이 발생하지 않는 기어의 한계 잇수 Z_g는 다음 식(10.21)과 같다. 그리고 표 10.6에는 언더컷의 한계 잇수를 나타낸다.

$$Z_g = \frac{2}{\sin^2 \alpha} \tag{10.21}$$

표 10.6 언더컷의 한계 잇수

압력각 (α)	한계 잇수(이론값)	한계 잇수(실용값)
14.5°	32	26
20°	17	14

10.6 표준 기어와 전위 기어

10.6.1 표준 기어(standard gear)

표준기어는 기준 랙 공구의 기준 피치선과 이것에 물리는 기어의 기준 피치원이 접하면서 미끄럼 없이 회전하는 기어이다.

표 10.7 표준 평기어의 치수

명칭	기호	기어(gear)	피니언(pinion)
피치원 지름	D	$D_1 = mZ_1$	$D_2 = mZ_2$
중심거리	C	$C = (D_1 + D_2)/2 = m(Z_1 + Z_2)/2$	
바깥지름	D_o	$D_{o1} = D_1 + 2m$	$D_{o2} = D_2 + 2m$
이끝 높이	a	m	
이뿌리 높이	d	$(a + c) \geq 1.25m$	
기어 틈새	c	$c \geq 0.25m$	
총 이높이	h	$h \geq 2.25m$	
원주피치	p	πm	
이두께	t	$\pi m/2$	

10.6.2 전위 기어(profile shifted gear)

그림 10.11에 보인 바와 같이, 전위 기어는 표준 기어의 치형 곡선을 이동시켜 이끝원과 이뿌리원을 크게 또는 작게 만든 기어이다.

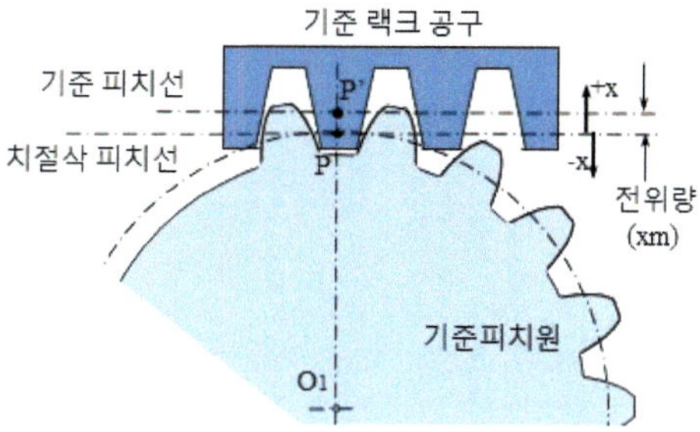

그림 10.12 전위 기어의 전위량

기어의 치형 곡선을 바깥쪽으로 이동시켜 이끝원과 이뿌리원을 크게 한 것을 양(+) 전위라고 하며, 반대로 안쪽으로 이동시킨 상태를 음(-) 전위라고 한다. 전위량은 xm으로 표시하며, x=전위계수, m=기어의 모듈이다.

10.6.3 전위 기어 설계

(1) 전위 기어의 물림 방정식 : 기본 설계 공식에서 백래시를 무시하면 간편하게 다음 식(10.22)와 같다.

$$\mathrm{inv}\,\alpha_w = 2\tan\alpha\frac{x_1 + x_2}{Z_1 + Z_2} + \mathrm{inv}\,\alpha \tag{10.22}$$

α_w : 물림압력각, α : 공구 압력각
Z_1, Z_2 : 기어 잇수, x_1, x_2 : 기어 전위 계수

(2) 전위 기어의 중심거리 증가계수 (y) : 다음 식(10.23)과 같다.

$$y = \frac{Z_1 + Z_2}{2}\left(\frac{\cos\alpha}{\cos\alpha_w} - 1\right) \tag{10.23}$$

(3) 중심 거리 (C_w) : 중심 거리 C_w는 다음 식(10.24)와 같다.

$$C_w = \left(\frac{Z_1 + Z_2}{2} + y\right)m = C + ym \tag{10.24}$$

(4) 이끝원 지름 (D_w) : 이끝원 지름 D_w는 다음 식(10.25)와 같다.

$$D_{w1} = (Z_1 + 2)m + 2(y - x_2)m \tag{10.25}$$

$$D_{w2} = (Z_2 + 2)m + 2(y - x_1)m$$

(5) 총 이높이 (h) : 총 이높이 h는 다음 식(10.26)과 같다.

$$h = \frac{D_{o2} - D_{r2}}{2} = (2 + k)m - (x_1 + x_2 - y)m \tag{10.26}$$

(6) 이뿌리원 지름 (D_r) : 이뿌리원 지름 D_r은 다음 식(10.27)과 같다.

$$D_{r1} = (Z_1)m - 2\{(m + km) - x_1 m\} \tag{10.27}$$

$$D_{r2} = (Z_2)m - 2\{(m + km) - x_2 m\} \quad \because\ c = km$$

10.6.4 언더컷 방지를 위한 전위계수 산정

그림 10.12에 보인 바와 같이, 전위를 양(+) 방향으로 전위량 xm만큼 전위시킨 경우, 래크 공구의 이끝 높이는 랙크 공구의 이끝 높이에서 전위량을 뺀 길이가 되며 다음 식(10.28)과 같다.

$$\overleftrightarrow{Pb} = (1-x)m\ , \quad \overleftrightarrow{Pb} = \overleftrightarrow{OP}sin^2\alpha = \frac{mZ}{2}sin^2\alpha \tag{10.28}$$

언더컷을 방지하려면 래크 공구의 이끝선이 전위기어의 기초원 외부에 있어야 한다. 따라서 전위계수 x는 다음 식(10.29)와 같다.

$$\because (1-x)m\ \leq \frac{mZ}{2}sin^2\alpha \quad \therefore x \geq 1 - \frac{Z}{2}sin^2\alpha = 1 - \frac{Z}{Z_g} \tag{10.29}$$

그리고 다음 표 10.8에는 공구 압력각에 따른 언더컷을 방지하기 위한 한계 전위계수를 각각 나타내었다.

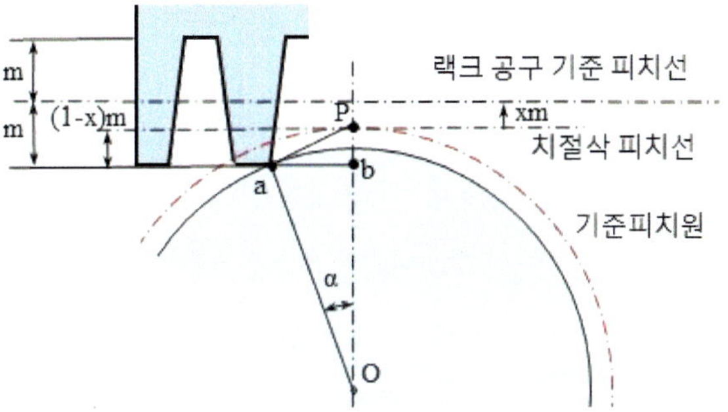

그림 10.13 언더컷 방지를 위한 전위계수

표 10.8 언더컷 방지를 위한 한계 전위계수(x)

공구 압력각(α)	Z_g	이론식 적용		실용적 적용 (DIN-870)
14.5°	32	$x \geq 1 - \frac{Z}{2}sin^2\alpha$	$x = \frac{32-Z}{32}$	$x = \frac{26-Z}{32}$
20°	17	$x \geq 1 - \frac{Z}{Z_g}$	$x = \frac{17-Z}{17}$	$x = \frac{14-Z}{17}$

[예제 10.1] 기어 잇수가 각각 $Z_1 = 15$, $Z_2 = 30$, 공구압력각이 14.5° 인 전위 기어에서 언더컷을 방지하기 위한 전위계수를 구하시오?

[풀이 10.1] $Z_1 = 15$, $Z_2 = 30$는 표 10.8의 한계 잇수 $Z_g = 32$보다 작아서 언더컷이 발생한다.
조건: $Z_1 = 15$, $Z_2 = 30$, α=14.5° , $Z_g = 32$

① 전위량 : $x_1 = \dfrac{32 - Z_1}{32} = \dfrac{32 - 15}{32} = 0.5313$

② 전위량 : $x_2 = \dfrac{32 - Z_2}{32} = \dfrac{32 - 30}{32} = 0.0625$

[예제 10.2] 기어 잇수가 각각 $Z_1 = 14$, $Z_2 = 24$, 공구압력각이 20° , 모듈 4인 전위 기어에서 언더컷을 방지하기 위한 전위 기어를 설계하시오?

[풀이 10.2] $Z_1 = 14$, $Z_2 = 24$는 한계 잇수 $Z_g = 17$보다 작으면 언더컷이 발생함
조건: $Z_1 = 14$, $Z_2 = 24$, α=20° , $Z_g = 17$, m=4

① 전위 계수 : $x_1 = \dfrac{17 - Z_1}{17} = \dfrac{17 - 14}{17} = 0.1765$, $x_2 = 0$

② 전위량 : $x_1 m = 0.1765(4) = 0.7060\,mm$, $x_2 m = 0$

③ 중심거리 증가계수 :

$$\mathrm{inv}\,\alpha_w = 2\tan\alpha \frac{x_1 + x_2}{Z_1 + Z_2} + \mathrm{inv}\,\alpha = 2\,(\tan 20)\left(\frac{0.1765 + 0}{14 + 24}\right) + \mathrm{inv}(20^\circ)$$

$$= 2(0.3640)(0.0046) + 0.0149 = 0.0182$$

표 10.5로부터 $\therefore \alpha_w = 21.33°$

④ 중심거리 증가계수 :

$$y = \frac{Z_1 + Z_2}{2}\left(\frac{\cos\alpha}{\cos\alpha_w} - 1\right) = \frac{14 + 24}{2}\left(\frac{\cos 20}{\cos 21.33} - 1\right) = 0.1671$$

⑤ 이끝원 지름 :

$$D_{w1} = (Z_1 + 2)m + 2(y - x_2)m = (14 + 2)4 + 2(0.1671 - 0)4 = $$
$$= 65.34\,mm$$
$$D_{w2} = (Z_2 + 2)m + 2(y - x_1)m = (24 + 2)4 + 2(0.1671 - 0.1765)4 = $$
$$= 103.92\,mm$$

⑥ 중심거리 :

$$C_w = \left(\frac{Z_1 + Z_2}{2} + y\right)m = \left(\frac{14 + 24}{2} + 0.1671\right)4 = 76.67\,mm$$

⑦ 총 이높이 :

$$h = (2 + k)m - (x_1 + x_2 - y)m$$
$$= (2 + 0.25)4 - (0.1765 + 0 - 0.1671)4 = 8.96\,mm$$

10.7 기어 설계

평기어에서 한 쌍의 이가 맞물려 있을 때, 이에 작용하는 응력은 굽힘응력과 접촉면의 면압이 발생한다. 굽힘응력은 이의 이뿌리 부분이 파손의 원인이 되며, 면압은 마모와 피팅(pitting)의 원인이 된다. 따라서 굽힘 강도와 면압력으로 전달되는 회전력을 구하여 작은 쪽의 회전력으로 전달 동력을 구한다.

10.7.1 굽힘 강도 공식(루이스 식)

그림 10.13과 같이, 기어 이뿌리 부분의 손상에 대해 기어의 모양을 치형 안쪽에 내접하는 균일강도 포물선 모양 외팔보로 가정하여 응력을 계산하는 식을 루이스(W. Lewis) 굽힘 강도 공식이라 한다.

기어에 작용하는 외력 P를 반경 방향 P_r과 접선 방향 P_t로 분리하고, P와 P_t가 이루는 각도 β는 압력각 α와 같다고 가정하면, 그림 10.13(b)와 같이, 포물선 외팔보의 굽힘모멘트 M은 다음 식(10.30)과 같다.

$$\alpha \approx \beta, \quad P_t = P\cos\alpha, \quad P_r = P\sin\alpha \tag{10.30}$$

$$M = P_t h = P\cos\alpha$$

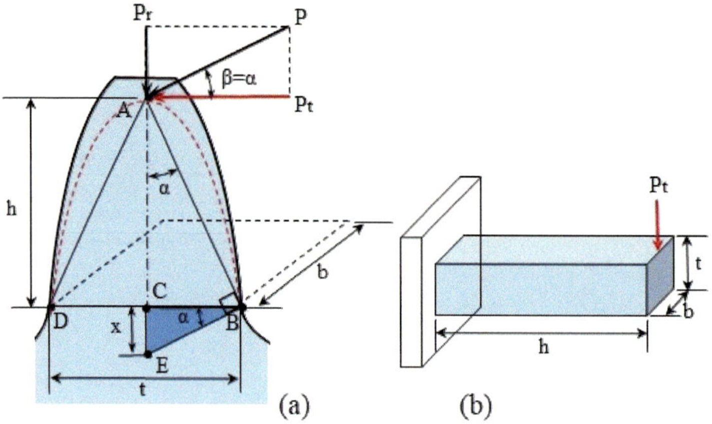

그림 10.14 기어 이의 굽힘강도

따라서 이뿌리에서 최대 굽힘응력 σ_b는 다음 식(10.31)과 같다.

$$\sigma_b = \frac{Mc}{I} = \frac{(F_t h)(t/2)}{bt^3/12} = \frac{6F_t h}{bt^2} \tag{10.31}$$

또한, 삼각형 ⊿ABC와 ⊿BCE의 닮은꼴로부터 다음 식(10.32)와 같다.

$$t/2 : x = h : t/2 \qquad \therefore t^2/h = 4x \tag{10.32}$$

식(10.32)를 식(10.31)에 대입하면 다음 식(10.33)과 같고, 이를 원주피치 p로 나타낸 기본 Lewis식이다.

$$\sigma_b = \frac{3P_t}{2bx}, \quad y = \frac{2x}{3p} = Y/\pi, \quad \sigma_b = \frac{P_t}{b\,py} \tag{10.33}$$

$$\therefore P_t = \sigma_b b p y$$

여기서 y는 Lewis 형상계수(form factor)라고 한다. 또 기어는 지름피치 p_d의 표준값으로 만들어지는 경우, 모듈 m으로 나타내면 다음 식(10.34)와 같다.

$$\sigma_b = \frac{P_t\, p_d}{b\,Y}\ [인치\ unit] \quad \text{or} \quad \sigma_b = \frac{P_t}{m\,b\,Y}\ [SI\ unit] \tag{10.34}$$

$$p = \frac{\pi}{p_d}, \qquad Y = \pi y = \frac{2x}{3m} \qquad \therefore P_t = \sigma_b b m Y$$

여기서, p_d는 지름 피치, m은 모듈, Y는 Lewis 치형계수 또는 강도계수라고 한다. 다음 표 10.9에는 치형계수 Y를 나타낸다.

표 10.9 치형계수 Y (Y=πy)

잇수	α=14.5° 표준기어		α=20° 표준기어		α=20° 낮은이 표준기어	
	Y	Y'(α=β)	Y	Y'(α=β)	Y	Y'(α=β)
12	0.237	0.355	0.277	0.415	0.338	0.496
13	0.249	0.377	0.292	0.443	0.350	0.515
14	0.261	0.399	0.308	0.468	0.365	0.540
15	0.270	0.415	0.319	0.490	0.374	0.556
16	0.279	0.430	0.325	0.503	0.386	0.578
17	0.289	0.446	0.330	0.512	0.391	0.587
18	0.293	0.459	0.335	0.522	0.399	0.603
19	0.299	0.471	0.340	0.534	0.409	0.616
20	0.305	0.481	0.346	0.543	0.415	0.628
21	0.311	0.490	0.352	0.553	0.420	0.638
22	0.313	00496	0.354	0.559	0.426	0.647
24	0.313	0.509	0.359	0.572	0.434	0.663
26	0.327	0.522	0.367	0.587	0.443	0.679
28	0.332	0.534	0.372	0.597	0.448	0.688
30	0.334	0.540	0.377	0.606	0.453	0.697
34	0.342	0.553	0.388	0.628	0.461	0.713
38	0.347	0.565	0.400	0.650	0.469	0.729
43	0.352	0.575	0.411	0.672	0.474	0.738
50	0.357	0.587	0.422	0.694	0.486	0.757
60	0.365	0.603	0.433	0.713	0.493	0.773
75	0.369	0.613	0.443	0.735	0.504	0.792
100	0.374	0.622	0.454	0.757	0.512	0.807
150	0.378	0.635	0.646	0.779	0.523	0.829
300	0.385	0.650	0.474	0.801	0.536	0.855
래크	0.390	0.660	0.484	0.823	0.550	0.880

10.7.2 굽힘 강도 수정식(루이스 수정식)

앞 식(10.34)는 일반적으로 이상적인 조건으로 정하중이 작용하는 조건에서 유도된 루이스 식이다. 그러나 실제로는 동하중이 작용하기 때문에 식(10.34)의 결과는 실제값과 잘 일치하지 않는다. 따라서 바스(C.G.Barth)가 동하중에 따른 속도계수, 하중계수 등 여러 영향 인자를 반영시킨 수정된 루이스 식을 제안하였다.

즉, 기존 식(10.34)에 속도의 영향 및 충격의 영향 등을 반영하여 수정된 루이스 식을 제안하였다. 즉, 접선력 P_t는 다음 식(10.35)와 같다.

$$P_t = f_v f_w \sigma_b b m Y \tag{10.35}$$

여기서 f_v는 속도계수, f_w는 하중계수(충격계수), b는 이너비, Y는 모듈기준 치형계수이다. 표 10.10에는 하중계수 f_w, 표 10.11에는 속도계수 f_v, 표 10.12에는 허용 굽힘응력 σ_b를 각각 나타낸다.

표 10.10 하중계수(충격계수) f_w

하중 작용 상태	하중계수 f_w
f_w 값이 없거나 무조건일 경우	1
비교적 조용한 경우	0.80
변동이 심한 경우	0.74
충격하중이 작용하는 경우	0.67

표 10.11 속도계수 f_v

원주속도 $v[m/s]$		속도계수 f_v	기어의 다듬질 상태	적용 예
저속	0.5 ~ 10	$\frac{3.05}{3.05+v}$	거친면	크레인, 권상기 등
중속	10 ~ 20	$\frac{6.1}{6.1+v}$	기계 다듬질	전동기, 일반기계 등
고속	20 ~ 50	$\frac{5.55}{5.55+\sqrt{v}}$	정밀 다듬질	증기터빈, 송풍기 등
비철금속	$v < 20$	$\frac{0.75}{1+v}+0.25$		경하중 소형기계

표 10.12 기어 재료의 허용 굽힘응력

재료 종류	기호	인장강도 $\sigma\,[kg_f/mm^2]$	경도 H_B	허용 굽힘응력 $\sigma_b\,[kg_f/mm^2]$
주철	GC15	〉13	140~160	7
주철	GC20	〉17	160~180	9
주철	GC25	〉22	180~240	11
주철	GC30	〉27	190~240	13
주강	SC42	〉42	140	12
주강	SC46	〉46	160	19
주강	SC49	〉49	190	20
기계구조용 탄소강	SM25C	〉45	111~163	21
기계구조용 탄소강	SM35C	〉52	121~235	26
기계구조용 탄소강	SM45C	〉58	163~269	30
니켈 크롬강	SNC236	75 이상	〉200	35~40
니켈 크롬강	SNC415	85 이상	〉230	40~60
니켈 크롬강	SNC815	95 이상	〉260	40~60
건메탈(gun metal)		〉18	85	〉5
델타메탈		35~60	–	10~20
인청동(주물)		19~30	70~100	5~7
니켈청동		64~90	160~260	20~30
베이클라이트		–	–	3~5

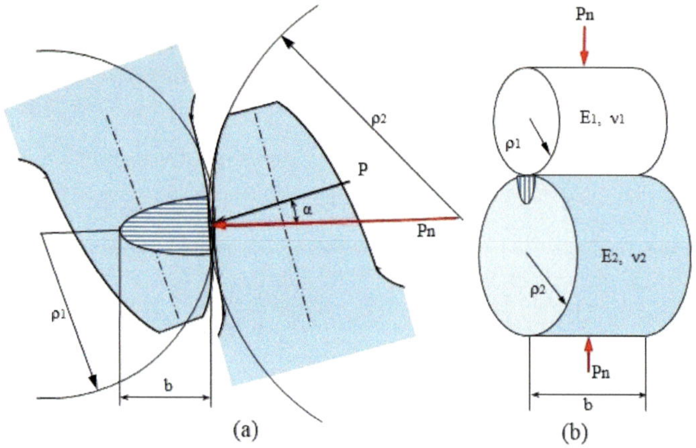

그림 10.15 기어 이의 접촉 응력

10.7.3 면압 강도

그림 10.14(b)와 같이 서로 접촉하는 2개의 원통에 대한 헤르츠(Hertz) 접촉이론으로부터 최대 압축응력은 다음 식(10.36)과 같다.

$$\sigma_c^2 = \frac{P_n\left(\frac{1}{\pi\rho_1} + \frac{1}{\pi\rho_2}\right)}{b\left(\frac{1-\nu_1}{E_1} + \frac{1-\nu_2}{E_2}\right)} \tag{10.36}$$

여기서 b는 접촉 길이, ρ는 곡률 반경, E는 탄성계수, ν는 푸아송 비이다.

따라서 그림 10.14(a)와 같이, 한 쌍의 기어에서 접촉해서 피팅이 발생하는 위치가 피치점 인근이다. 이 피치점 인근에 대한 면압강도를 계산한다. 곡률 반경 ρ와 회전력(접선력) P와의 관계는 다음 식(10.37)과 같다.

$$\rho_1 = \frac{D_1}{2} sin\,\alpha = \frac{mZ_1}{2} sin\,\alpha \tag{10.37}$$
$$\rho_2 = \frac{D_2}{2} sin\,\alpha = \frac{mZ_2}{2} sin\,\alpha$$
$$P_n = \frac{P}{\cos\alpha}$$

그리고 식(10.37)식을 식(10.36)에 대입하고, 속도계수 f_v를 적용하면 면압강도 P는 다음 식(10.38)과 같다.

$$P = f_v\,k\,m\,b\,\frac{2Z_1Z_2}{Z_1 + Z_2} \tag{10.38}$$

$$k = \frac{\pi}{8}\sigma_c^2 \sin(2\alpha)\left(\frac{1-\nu_1^2}{E_1} + \frac{1-\nu_2^2}{E_2}\right)$$

여기서 σ_c는 허용압축응력, α는 압력각, b는 이폭, k는 접촉면 응력계수라고 한다. 접촉면 응력계수 k는 다음 표 10.13과 같다.

표 10.13 기어 재료의 접촉면 응력계수 k

기어 재료 경도 $[H_B]$		$\sigma\,[kg_f/mm^2]$	$k\,[kg_f/mm^2]$	
작은기어	큰기어		α=14.5°	α=20°
강(150)	강(150)	35	0.020	0.027
강(200)	강(150)	42	0.029	0.039
강(250)	강(150)	49	0.040	0.053
강(200)	강(200)	49	0.040	0.053
강(250)	강(200)	56	0.052	0.069
강(300)	강(200)	63	0.056	0.086
강(250)	강(250)	63	0.066	0.086
강(300)	강(200)	70	0.081	0.107
강(350)	강(250)	77	0.098	0.130
강(300)	강(300)	77	0.098	0.130
강(350)	강(300)	84	0.116	0.154
강(400)	강(300)	88	0.127	0.168
강(350)	강(350)	81	0.137	0.182
강(400)	강(350)	99	0.159	0.210
강(450)	강(350)	102	0.170	0.226
강(400)	강(400)	120	0.234	0.311
강(500)	강(400)	123	0.248	0.329
강(600)	강(400)	127	0.262	0.348
강(500)	강(500)	134	0.243	0.389
강(600)	강(600)	162	0.430	0.569
강(150)	주철	45	0.030	0.039
강(200)	주철	49	0.059	0.079
강(250)	주철	63	0.098	0.130
강(300)	주철	65	0.105	0.139
강(150)	인청동	35	0.031	0.041
강(200)	인청동	49	0.062	0.082
강(250)	인청동	60	0.092	0.135
주철	주철	63	0.132	0.188
니켈주철	니켈주철	65	0140	0.186
니켈주철	인청동	58	0116	0.155

[예제 10.3] 다음 한 쌍의 표준 평기어의 전달 동력을 구하시오?

기어1(재질 SM35C($H_B = 250$), 잇수 $Z_1 = 30$, 회전수 $N_1 = 500\,rpm$),

기어2(재질 GC25, 잇수 $Z_2 = 60$, 회전수 $N_2 = 300\,rpm$),

모듈 m=5, 압력각 α=14.5°, 이너비 b=45 mm

[풀이 10.3] 굽힘강도와 면압강도를 계산한다.

조건: m=5, α=14.5°, b=45 mm,

$Z_1 = 30$, $N_1 = 500\,rpm$, $Z_2 = 60$, $N_2 = 300\,rpm$

기어1 재료 SM35C($H_B = 250$) : 허용굽힘응력 $\sigma_b = 26\,kg_f/mm^2$

기어2 재료 GC25($H_B = 200$) : 허용굽힘응력 $\sigma_b = 11\,kg_f/mm^2$

① 굽힘강도 : 기어1

원주속도 $v = \dfrac{\pi m Z_1 N_1}{1000(60)} = \dfrac{\pi(5)(30)(500)}{1000(60)} = 3.93\,m/s$

속도계수 $f_v = \dfrac{3.05}{3.05 + v} = \dfrac{3.05}{3.05 + 3.93} = 0.437$

기어1 재료 SM35C($H_B = 200$) : 허용굽힘응력 $\sigma_b = 26\,kg_f/mm^2$

α=14.5°, $Z_1 = 30$: 치형계수 Y=0.334

$P_t = f_v f_w \sigma_b b m Y = 0.437(1)(26)(45)(5)(0.334) = 853.8\,kg_f$

② 굽힘강도 : 기어2

원주속도 $v = \dfrac{\pi m Z_2 N_2}{1000(60)} = \dfrac{\pi(5)(60)(300)}{1000(60)} = 4.71\,m/s$

속도계수 $f_v = \dfrac{3.05}{3.05 + v} = \dfrac{3.05}{3.05 + 4.71} = 0.393$

기어2 재료 GC25 : 허용굽힘응력 $\sigma_b = 11\,kg_f/mm^2$

α=14.5°, $Z_2 = 60$: 치형계수 Y=0.365

$P_t = f_v f_w \sigma_b b m Y = 0.393(1)(11)(45)(5)(0.365) = 355.0\,kg_f$

③ 면압강도

기어1 재료 SM35C($H_B = 250$) - 기어2 재료 GC25

접촉면 응력계수 $k = 0.098\ kg_f/mm^2$

$$P = f_v k m b \frac{2Z_1 Z_2}{Z_1 + Z_2} = 0.393(0.098)(5)(45)\frac{2(30)(60)}{30+60} = 346.6\ kg_f$$

④ 전달동력 : 가장 적은 면압강도 P=346.6 kg_f를 적용한다.

$$H = \frac{Pv}{102} = \frac{(346.6)(3.93)}{102} = 13.4\ kW$$

[예제 10.4] 다음 한 쌍의 표준 평기어에서 15 kW, 400 rpm을 전달할 수 있는 기어 모듈 m을 구하시오?
기어 재질은 주철(GC25), 피치원 지름 D=250 mm
압력각 α=20°, 이너비 b=12 m

[풀이 10.4] 주어진 조건에서 전달 가능 하중으로 루이스 식으로부터 모듈 m을 계산한 후, 이 계산된 모듈을 사용해서 굽힘강도와 면압강도를 계산해서 검증한다.
조건: 동력 15 kW, N=400 rpm, D=250 mm, α=20°, b=12 m

① 원주속도 : $v = \frac{\pi D N}{1000(60)} = \frac{\pi(250)(400)}{1000(60)} = 5.24\,m/s$

② 속도계수 : $f_v = \frac{6.1}{6.1+v} = \frac{6.1}{6.1+5.24} = 0.538$

③ 전달하중 : $P = \frac{102H}{v} = \frac{102(15)}{5.24} = 292\,kg_f$

④ 치형계수 : α=20°, 치형계수 평균값 추정 Y=0.346

⑤ 기어 재질은 주철(GC25) : 허용굽힘응력 $\sigma_b = 11\ kg_f/mm^2$

⑥ $P_t = f_v f_w \sigma_b b m Y = f_v f_w \sigma_b (12m) m Y$

$$m = \sqrt{\frac{P}{f_v f_w \sigma_b 12 Y}} = \sqrt{\frac{292}{0.538(1)(11)(12)(0.346)}} = 3.45$$

⑦ 검증 : m=3.5로 가정하여 검증한다.

$Z = D/m = 250/3.5 = 71.4 = 72$개 $(Y = 0.436)$
$D = mZ = 3.5(72) = 252\,mm$
$b = 12m = 12(3.5) = 42\,mm$

$P_t = f_v f_w \sigma_b b m Y = 5.24(1)(11)(42)(3.5)(0.436) = 3694\ kg_f$

기어 재료 GC25 접촉면 응력계수 $k = 0.188\ kg_f/mm^2$

$$P = f_v k m b \frac{2Z_1 Z_2}{Z_1 + Z_2} = 0.538(0.188)(3.5)(42)\frac{2(72)(72)}{72+72} = 1070.5\,kg_f$$

Chapter 11

결합용 요소

11.1 서론

본 장에서는 결합용 기계요소로서 나사(screw) 구조 및 역학 등을 이해한다. 나사를 사용하면 부품을 체결하고 분해할 수 있다. 그리고 리벳(rivet) 구조 및 역학 특성 등을 이해한다. 리벳 체결은 가격이 저렴하지만 체결 후 분해가 불가하다. 그리고 용접(welding) 구조 및 역학 등을 이해한다. 용접 체결은 영구적인 체결에 많이 사용한다.

11.2 나사

11.2.1 나사의 원리 및 종류

나사(screw)는 결합용 및 운동용 기계요소이다. 나사 모양이 삼각나사는 체결용이며, 사각 또는 사다리꼴 나사는 회전운동을 직선운동으로 변경하는 운동용 기계요소이다.

그림 11.1과 같이, 나사는 나선곡선(helix)의 궤적을 원통으로 펼쳐서 그리면, 나선곡선(ac') 이 직선(ac)으로 표시된다. 즉, 원통에 직각 삼각형의 종이를 감았을 때, 삼각형 빗변이 원통상 면에서 곡선을 그리며 이를 나선이라 한다.

삼각형 abc에서 L은 리드(lead)이며, 원통을 따라 1회 회전하면 축방향으로 L만큼 움직이게 된다. 또 나선의 경사각을 리드각(lead angle) α라고 하면 다음 식(11.1)과 같다.

$$\tan\alpha = \frac{bc}{ad} = \frac{L}{\pi d} \tag{11.1}$$

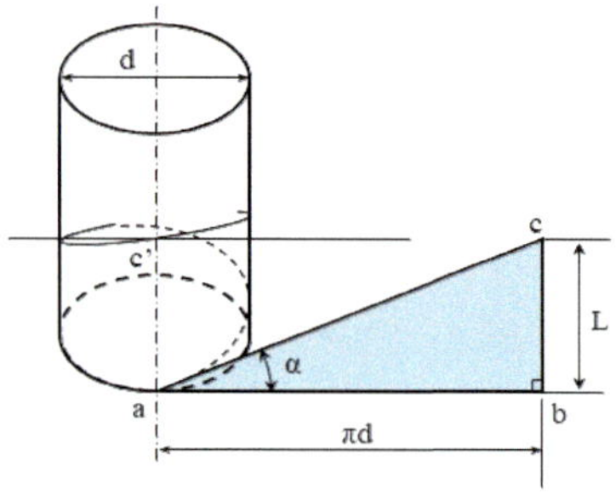

그림 11.2 나선 곡선

나사에는 나선이 오른쪽으로 감긴 것을 오른나사, 왼쪽으로 감긴 것을 왼나사라고 한다. 또 1개 나선으로 곡선으로 된 것을 1줄 나사, 2개 나선으로 된 것을 2줄 나사라고 한다. 나사의 줄수를 n, 서로 접하고 있는 나사산 거리를 피치(pitch) p라고 하면 다음 식(11.2)와 같다.

$$L = np \tag{11.2}$$

나사산이 원통의 외면에 감긴 것을 수나사, 원통의 내면에 감긴 것을 암나사라고 한다. 표 11.1과 같이, 나사의 지름 표시는 수나사는 소문자, 암나사는 대문자로 표시한다.

표 11.1 나사의 지름 표기

나사	최대	최소
수나사(bolt)	바깥지름 (d)	골지름 (d_1)
암나사(nut)	골지름 (D)	안지름 (D_1)

그림 11.2에서, 수나사에서 원기둥(축)의 지름을 바깥지름(d), 골지름(d_1), 유효지름(d_1)이 있으며, 다음 식(11.3)과 같다. 그리고 나사의 호칭 지름은 바깥지름(d)으로 한다.

$$d_2 = \frac{d + d_1}{2} \tag{11.3}$$

나사는 나사산의 형태에 따라 삼각나사, 미터나사(mertric thread), 유니파이 나사(unified thread), 관용 나사(pipe thread), 사각 나사, 사다리꼴 나사, 톱니 나사, 둥근 나사, 볼 나사 등이 있다.

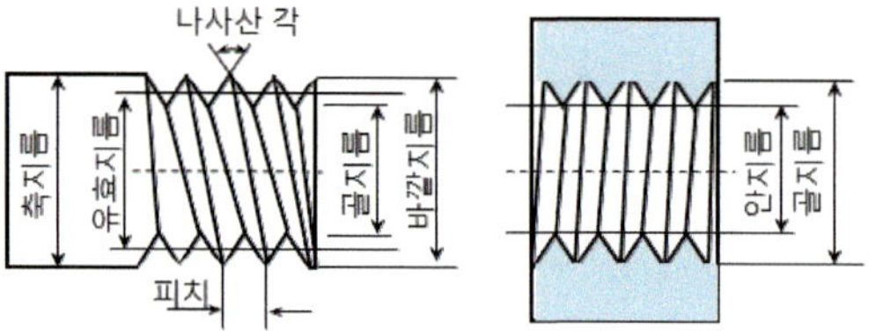

(a) 수나사　　(b) 암나사

그림 11.3 나사의 명칭

11.2.2 나사 역학

(1) 사각 나사 : 나사를 죌 때

① 회전력 (P) : 그림 11.3에서, 접선 방향 회전력 P, 축 방향 하중 Q, 나사 리드각 α라고 가정하면 나사면에 수직 방향 힘, 나사면에 평행 방향 힘으로 분리할 수 있으며, 다음 식 (11.4)와 같다.

$$P_{\text{나사면에 수직}} = P\sin\alpha + Q\cos\alpha \tag{11.4}$$

$$P_{\text{나사면에 평행}} = P\cos\alpha - P\sin\alpha$$

나사면 마찰계수 μ, 마찰각 ρ를 적용하면 다음 식(11.5)와 같다.

$$P_{\text{나사면에 평행}} = \mu P_{\text{나사면에 수직}} \tag{11.5}$$

$$P\cos\alpha - P\sin\alpha = \mu(P\sin\alpha + Q\cos\alpha)$$

$$\tan\rho = \mu \qquad \therefore \tan(a \pm b) = \frac{\tan a \pm \tan b}{1 \mp \tan a \tan b}$$

따라서 회전력 P와 축 방향 하중 Q의 관계는 다음 식(11.6)과 같다.

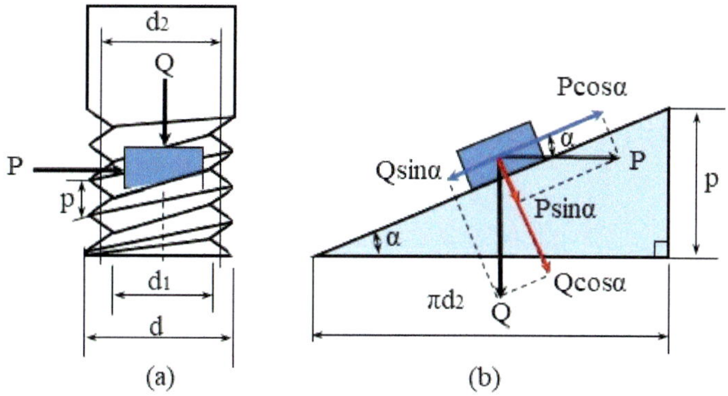

그림 11.4 사각 나사 역학 자유물체도

$$P = Q\frac{\mu + \tan\alpha}{1 - \mu\tan\alpha} = Q\tan(\rho + \alpha) \tag{11.6}$$

$$\tan\alpha = \frac{p}{\pi d_2} \qquad \therefore\ P = Q\frac{\mu\pi d_2 + p}{\pi d_2 - \mu p}$$

② 회전 토크 (T) : 나사를 죌 때 회전 토크는 다음 식(11.7)과 같다.

$$T = \left(\frac{d_2}{2}\right)P = \left(\frac{d_2}{2}\right)Q\tan(\rho + \alpha) \tag{11.7}$$

$$T = \left(\frac{d_2}{2}\right)Q\frac{\mu\pi d_2 + p}{\pi d_2 - \mu p}$$

③ 회전 토크 (T_2) : 너트와 와셔가 있는 경우, 회전 토크는 다음 식(11.8)과 같다. 여기서 μ_n 은 너트 자리면 마찰계수, r_n은 너트와 와셔의 접촉면 평균 반경이다.

$$T_2 = T + T_1 = \left(\frac{d_2}{2}\right) Q\tan(\rho+\alpha) + Q\mu_n r_n = Q\left(\frac{d_2}{2} tan(\rho+\alpha) + \mu_n r_n\right) \quad (11.8)$$

(2) 사각 나사 : 나사를 풀 때

① 회전력 (P') : 나사를 풀 때는 축 방향 하중 Q의 작용 상태에서 접선 방향으로 회전력 P'를 작용하는 것으로 다음 식(11.9)과 같다.

$$P' = Q\tan(\rho-\alpha) = Q\frac{\mu\pi d_2 + p}{\pi d_2 - \mu p} \quad (11.9)$$

② 회전 토크 (T') : 나사를 죌 때 회전 토크는 다음 식(11.10)과 같다.

$$T' = \left(\frac{d_2}{2}\right)P = \left(\frac{d_2}{2}\right)Q\tan(\rho-\alpha) = \left(\frac{d_2}{2}\right)Q\frac{\mu\pi d_2 - p}{\pi d_2 + \mu p} \quad (11.10)$$

(3) 나사의 자립조건 : 나사를 풀 때는 축 방향 하중 Q와 회전력 P'와의 관계로부터 다음 식(11.11)을 만족할 때, 나사의 자립조건(self locking)이다.

$$P' = Q\tan(\rho-\alpha) \geq 0 \qquad \therefore \rho \geq \alpha \quad (11.11)$$

(4) 삼각 나사 : 나사를 죌 때

① 상당 마찰계수 (μ') : 그림 11.4 자유물체도에서, 삼각 나사의 플랭크각 β는 나사산각 2β의 절반이다. 프랭크각 β인 삼각 나사에서 기하학적으로 다음 식(11.12)와 같다.

$$R = R_1\cos\beta, \quad S = R_1\sin\beta, \quad R_1 = R/\cos\beta \quad (11.12)$$

$$R = Q\cos\alpha + P\sin\alpha$$

삼각 나사면에 수직 힘 R_1에 의한 마찰저항은 다음 식(11.13)과 같다. 여기서 μ'은 상당 마찰계수, ρ'는 상당 마찰각이라고 한다.

$$\mu R_1 = \mu R/\cos\beta = \frac{\mu}{\cos\beta} R = \mu' R \tag{11.13}$$

$$\therefore \mu' = \frac{\mu}{\cos\beta} = \tan\rho'$$

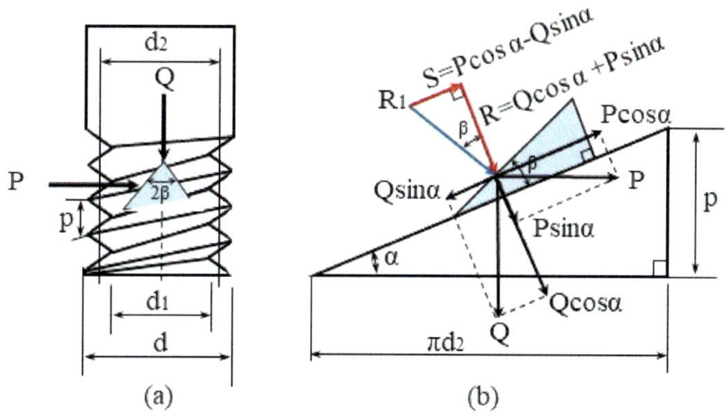

그림 11.5 삼각 나사면의 자유물체도

② 회전력 (P) : 사각 나사에서 회전력 P인 앞 절 식(11.6)에 마찰계수 μ대신 식(11.10)의 상당 마찰계수 μ'를 대체, 마찰각 ρ대신 상당마찰각 ρ'를 대체하면 삼각 나사의 회전력을 구할 수 있으며 다음 식(11.14)와 같다.

$$\therefore P = Q\frac{\mu' + \tan\alpha}{1-\mu'\tan\alpha} = Q\tan(\rho' + \alpha) \tag{11.14}$$

$$\because \tan\alpha = \frac{p}{\pi d_2}, \quad P = Q\frac{\mu'\pi d_2 + p}{\pi d_2 - \mu' p}$$

③ 회전력 (T) : 사각 나사에서 회전 토크 T인 앞 절 식(11.7)에 마찰계수 μ대신 식(11.10)의 상당 마찰계수 μ'를 대체, 마찰각 ρ대신 상당마찰각 ρ'를 대체하면 삼각 나사의 회전 토크를 구할 수 있으며 다음 식(11.15)와 같다.

$$T = \left(\frac{d_2}{2}\right)P = \left(\frac{d_2}{2}\right)Q\tan(\rho' + \alpha) \tag{11.15}$$

$$T = \left(\frac{d_2}{2}\right)Q\frac{\mu'\pi d_2 + p}{\pi d_2 - \mu' p}$$

11.2.3 나사 효율

나사 효율(efficiency of thread)은 입력한 일에 대한 출력의 비이다. 즉, 입력한 일은 외력 P가 나사를 회전시키면서 한 일이며, 출력일은 축 방향 하중을 축 방향으로 이동시킨 일이다. 나사가 1회전 하는 동안 입력한 일과 출력된 일은 다음 식(11.16)과 같다.

$$\eta = \frac{\text{축방향이동에 사용된 일}}{\text{나사를 회전하는데 소요된 일}} = \frac{\text{마찰이 없는 경우 회전력}}{\text{마찰이 있는 경우 회전력}} \tag{11.16}$$

$$\eta = \frac{Qp}{P\pi d_2} = \frac{\tan\alpha}{\tan(\rho + \alpha)}$$

삼각 나사인 경우, 효율은 다음 식(11.17)과 같다.

$$\eta = \frac{\tan\alpha}{\tan(\rho' + \alpha)} \tag{11.17}$$

나사가 스스로 풀리지 않는 한계인 자립 상태를 유지하는 나사의 효율은 다음 식(11.18)과 같다. 즉, $\rho = \alpha$인 경우이며, 나사 효율은 50% 이하여야 한다.

$$\eta = \frac{\tan\alpha}{\tan(\rho+\alpha)} = \frac{\tan\rho}{\tan(2\rho)} = \frac{\tan\rho(1-\tan^2\rho)}{2\tan\rho} \quad (11.18)$$
$$= \frac{1}{2} - \frac{1}{2}tan^2\rho < 0.5$$

[예제 11.1] M24 볼트에 축 하중 $Q = 2500\,kg_f$이 작용할 때, 다음 주어진 조건에서 너트에 가해줄 체결 토크 및 나사 효율을 구하시오?
(마찰계수 $\mu = 0.17$, 유효지름 $d_2 = 20\,mm$, 피치 $p = 4\,mm$)

[풀이 11.1] 미터 나사의 나사산은 삼각형이며, 나사산각 2β는 $60°$ 이다.

$$\tan\alpha = \frac{p}{\pi d_2} = \frac{4}{\pi(20)} = 0.0637, \quad \alpha = 3.645°$$

$$\tan\rho' = \mu' = \frac{\mu}{\cos\beta} = \frac{0.17}{\cos 30} = 0.1963, \quad \rho' = 11.11°$$

$$T = \left(\frac{d_2}{2}\right)Q\tan(\rho'+\alpha) = \frac{20}{2}(2500)\tan(11.11+3.645) = 6584.3\ kg_f mm$$

$$\eta = \frac{\tan\alpha}{\tan(\rho'+\alpha)} = \frac{\tan(3.645)}{\tan(11.11+3.645)} = 0.242 = 24.2\%$$

11.3 리벳

11.3.1 리벳의 종류

리벳(rivet)은 판재 등을 연결하는데 사용하는 결합용 기계요소이다. 구조가 간단하고 잔류 변형이 없으며, 기밀이 필요한 압력용기, 보일러 등에 사용되고, 힘을 전달하는 철제 구조물 등에도 사용된다. 리벳은 머리의 형상에 따라 둥근 머리, 접시 머리, 납작 머리 등이 있다. 리벳은 제조 방법에 따라 냉간에서 성형된 냉간 리벳, 열간에서 성형된 열간 리벳이 있다.

11.3.2 리벳 이음

리벳 이음 작업의 순서는 다음과 같다.

① 강판에 리벳 구멍을 가공한다.(편치, 드릴 사용)

② 가공된 구멍을 리머로 정밀 다듬질을 한다.

③ 리벳 구멍에 리벳을 넣어 스냅을 대고 머리 부분을 만든다. 지름이 10 mm 이상은 열간 리벳, 그 이하는 냉간 리벳 작업을 한다.

④ 기밀 유지를 위해 코킹(caulking)과 풀러링(fullering)을 한다.

11.3.3 리벳 이음 용어

그림 11.5와 같이, 리벳 이음의 기본 용어는 다음과 같다.

① 피치 p : 같은 줄에 있는 이웃한 리벳의 중심선간 거리

② 뒷피치 (e_1) : 여러 줄 리벳이음에서 리벳의 줄과 줄 사이 거리

③ 마진 (e) : 판재의 가장자리에서 가장 가까운 리벳의 중심까지 거리

④ 모재 두께 (t) : 판재의 두께

⑤ 맞대기 판재 두께 (t_1) : 덮개판의 두께

⑥ 판두께의 합 (t_2) : 리벳팅 판재의 총 두께

⑦ 지름 (d) : 리벳 지름

⑧ 리벳 길이 (L) : 머리부분을 제외한 자루 길이

$$L = t_2 + \left(1\frac{1}{3} \sim 1\frac{1}{4}\right)d, \quad L < 5d$$

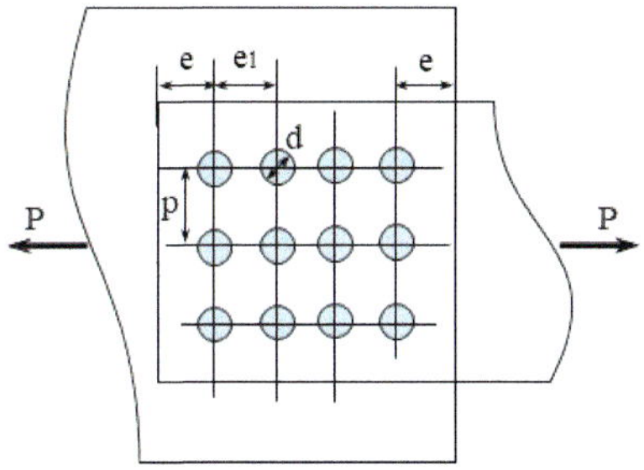

그림 11.6 리벳 용어

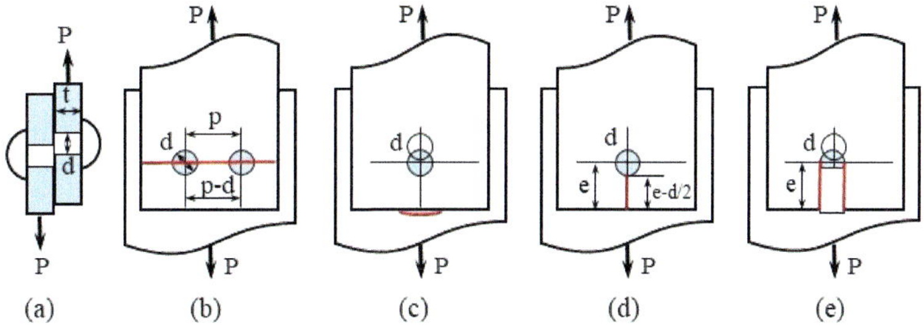

그림 11.7 리벳 이음 강도

11.3.4 리벳 이음 강도 및 효율

(1) 리벳 이음 강도 :

① 리벳의 전단 파괴되는 경우 : 그림 11.6(a) 참조

$$P = \frac{\pi d^2}{4}\tau_r f_s \tag{11.19}$$

$$f_s = 1(\text{단일 전단면}),\ f_s = 1.8(\text{복 전단면})$$

② 리벳의 구멍 사이에서 파괴되는 경우 : 그림 11.6(b) 참조

$$P=(p-d)t\sigma_t \tag{11.20}$$

③ 리벳 구멍의 벽이 압축 파괴되는 경우 : 그림 11.6(c) 참조

$$P=dt\sigma_c \tag{11.21}$$

④ 판재의 가장자리가 갈라져서 파괴되는 경우 : 그림 11.6(d) 참조

$$\sigma_b=\frac{Mc}{I}=\frac{\left(\frac{P}{2}\frac{d}{4}\right)\frac{e-d/2}{2}}{\frac{t(e-2/d)^3}{12}} \quad \therefore P=\frac{1}{3d}(2e-d)^2t\,\sigma_b \tag{11.22}$$

⑤ 판재가 리벳의 폭으로 전단 파괴되는 경우 : 그림 11.6(e) 참조

$$P=2et\tau_s \tag{11.23}$$

(2) 리벳 지름 및 피치 :

① 리벳의 전단, 압축 파괴되는 경우 지름(d) : 전단응력=압축응력

$$d=\frac{4t\sigma_c}{\pi\tau_r} \tag{11.24}$$

② 리벳의 전단, 판이 전단 파괴되는 경우 피치(p) : 전단응력=인장응력

$$p = d + \frac{\pi d^2 z \tau_r}{4t\sigma_t} \qquad \because z = \text{전단면수} \tag{11.25}$$

(3) 리벳 이음 효율(η_1) :

① 판재 효율 : 판재의 강도와 리벳 구멍이 있을 경우의 강도 비를 판재 효율 η_1이라고 한다.

$$\eta_1 = \frac{(p\ \ d)t\sigma_t}{pt\sigma_t} = \frac{p-d}{p} \tag{11.26}$$

② 리벳 효율 (η_2) : 리벳의 전단 강도에 대한 구멍이 없는 판재의 강도와의 비를 리벳 효율 η_2라고 한다.

$$\eta_2 = \frac{f_s \pi d^2 \tau_r}{4pt\sigma_t} \tag{11.27}$$

$$f_s = 1\,(\text{단일 전단면}),\ f_s = 1.8\,(\text{복 전단면})$$

11.3.5 편심하중을 받는 구조용 리벳

그림 11.7의 자유물체도에서, 리벳은 외력 P에 의해 직접 전단력 F_d와 모멘트에 의한 전단력 F_m을 동시에 받게 된다.

① 1개당 직접 전단하중 (F_d) : N개의 리벳에서 리벳 1개가 받는 하중 F_d는 다음과 같다.

$$F_d = \frac{P}{N} \tag{11.28}$$

② 편심 하중 (F_m) : N개의 리벳에서 리벳 1개가 받는 하중 F_m은 힘의 중심점(G)에서 거리에 비례(k)한다.

$$\sum_{1}^{N} F_{mi} = k \sum_{1}^{N} r_r\,, \qquad F_{m1} = k r_1 \tag{11.29}$$

$$Pe = \sum_{1}^{N} F_{mi} r_i = k \sum_{1}^{N} r_i^2 \quad \therefore\ k = \frac{Pe}{\sum_{1}^{N} r_i^2} = \frac{Pe}{r_1^2 + r_2^2 + \cdots + r_N^2}$$

③ 합성력 (R_i) :

$$\overrightarrow{R_i} = \overrightarrow{F_d} + \overrightarrow{F_{mi}} \tag{11.30}$$

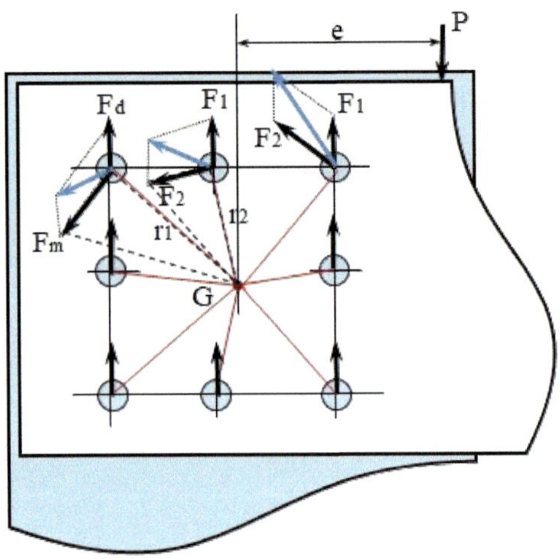

그림 11.8 편심 하중을 받는 리벳 이음

[예제 11.2] 다음 그림 11.8과 같이, 외력 편심 하중 P=5000 kg_f이 작용할 때, 리벳에 발생되는 최대 응력을 구하시오? (단, 리벳 지름 $d = 21\,mm$, $L_1 + L_2 = 10\,cm$, $L_3 = 8\ cm$, $L_4 = 16\ cm$, $e = 17\ cm$)

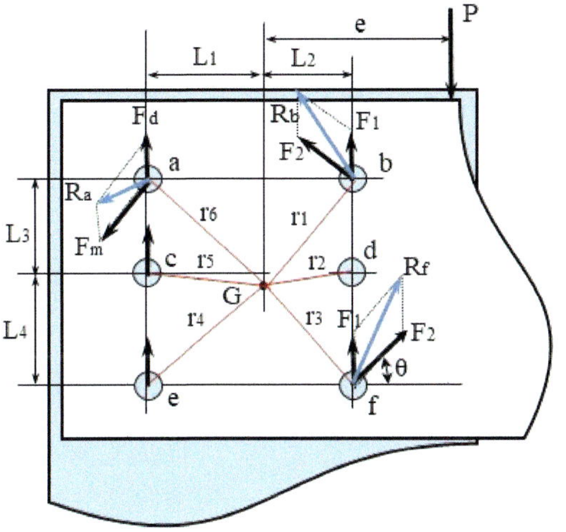

그림 11.9 예제 11.2

[풀이 11.2]

조건: 하중 P=5000 kg_f. 리벳 수 N=6, $L_1 + L_2 = 10\,cm$, $L_3 = 8\ cm$, $L_4 = 16\ cm$, 리벳 지름 $d = 21\,mm$, $e = 17\ cm$)

① 리벳 1개가 받는 직접 전단 하중 :

$$F_d = \frac{P}{N} = \frac{5000}{6} = 833.3\ kg_f$$

② 무게중심점 :

$$y_G = \frac{2(L_3 + L_4) + 2(L_4)}{6} = \frac{2(80 + 160) + 2(160)}{6} = 133.3\,mm$$

$$x_G = \frac{2(L_1 + L_2)}{6} = \frac{2(100)}{6} = 33.3\ mm$$

③ 무게중심점에서 각 리벳까지 거리 :

$$r_1 = \sqrt{(240-133.3)^2+(100-33.3)^2} = 125.8\,mm$$
$$r_2 = \sqrt{(160-133.3)^2+(100-33.3)^2} = 71.8\,mm$$
$$r_3 = \sqrt{(133.3)^2+(100-33.3)^2} = 149.1\,mm$$

$$r_4 = \sqrt{(133.3)^2+(33.3)^2} = 137.4\,mm$$
$$r_5 = \sqrt{(160-133.3)^2+(33.3)^2} = 42.7\,mm$$
$$r_6 = \sqrt{(240-133.3)^2+(33.3)^2} = 111.8\,mm$$

④ 비례상수 k 계산 :

$$k = \frac{Pe}{\sum_1^6 r_i^2} = \frac{5000(170)}{125.8^2+71.8^2+149.1^2+137.4^2+42.7^2+111.8^2} = 11.1$$

⑤ 리벳에 작용하는 모멘트에 의한 전단력 F_m:

$$F_{mb} = kr_1 = 11.1(125.8) = 1396\,kg_f$$
$$F_{md} = kr_2 = 11.1(71.8) = 797\,kg_f$$
$$F_{mf} = kr_3 = 11.1(149.1) = 1655\,kg_f$$

$$F_{me} = kr_4 = 11.1(137.4) = 1525\,kg_f$$
$$F_{mc} = kr_5 = 11.1(42.7) = 474\,kg_f$$
$$F_{ma} = kr_6 = 11.1(111.8) = 1241\,kg_f$$

⑥ 최대 전단응력 합력이 작용하는 리벳 결정 R:

리벳(f) : $\cos\theta = \frac{133.3}{149.1} = 0.894 \quad \therefore \theta = 26.6^\circ$

$$R_f = \sqrt{F_1^2+F_2^2+2F_1F_2\cos(90-\theta)} =$$
$$= \sqrt{833.3^2+1655^2+2(833.3)(1655)\cos(90-26.6)} = 2161\,kg_f$$

⑦ 리벳에 발생하는 최대 전단응력 :

$$\therefore \tau_r = \frac{R_f}{A} = \frac{4R_f}{\pi d^2} = \frac{4(2161)}{\pi(21)^2} = 6.2\,kg_f/mm^2$$

11.4 용접

용접(welding)은 2개 이상의 금속을 가열 및 가압하여 국부적으로 접합하는 방법이다. 용접부는 가열에 따른 열팽창, 냉각에 따른 수축 과정을 거치면서 변형이 되며, 또한 잔류응력이 남게 된다.

11.4.1 용접법의 종류

용접은 가열 방법, 처리 방법에 따라 융접, 압접 및 납접 등으로 분류한다.

(1) 융접 : 모재의 접합부를 용융 상태로 가열하여 모재와 용가제가 융합되게 한다. 용접부에 변형 및 잔류응력이 남는다.

(2) 압접 : 모재의 이음부를 냉간 또는 반용융 상태로 가열하고, 압력을 가해 접합한다.

(3) 납땜 : 모재의 용융 없이 융점이 낮은 금속을 첨가제를 사용하여 접합한다.

11.4.2 용접부의 구성

그림 11.9와 같이, 2개 모재가 용가제에 의해 접합된다. 용접부는 순수 용가제로 구성된 용착부, 열에 의해 조직이 변환된 모재의 열영향부(HAZ, heat affected zone)로 구성되어 있다. 그리고 용접부에서 치수 이상으로 표면을 높게 덧붙여진 용접금속을 덧붙임이라 한다.

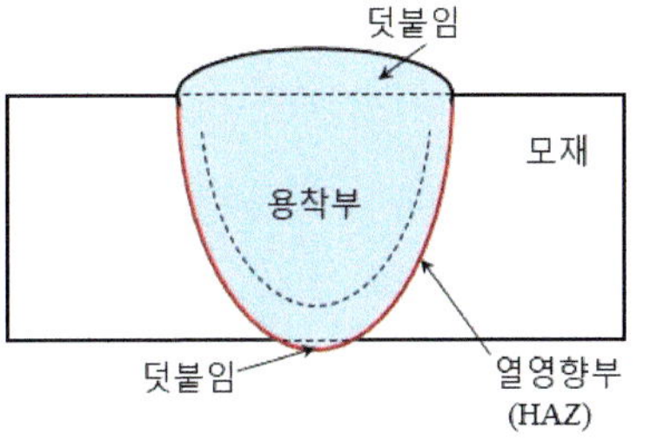

그림 11.10 용접부 구성

11.4.3 용접부의 모양

(1) 홈 용접(groove weld) : 접합하고자 하는 모재 사이에 홈(groove)을 만들어 접합하는 용접이다. 홈의 형상은 I형, U형, V형 및 K형 등이 있다.

(2) 필릿 용접(fillet weld) : 거의 수직인 2개 면을 접합하는 용접이다. 그림 11.10과 같이, 이음에서 삼각형의 빗변으로부터 이음 루트까지 거리를 이론 목두께 a라고 한다. 용접선의 방향이 힘의 방향과 직각인 것을 전면 필릿 용접(front fillet weld), 평행인 것을 측면 필릿 용접(side fillet weld)이라 한다.

(3) 플러그 용접(plug weld) : 접합할 모재의 한쪽에 구멍을 뚫고, 판의 표면까지 비드를 가득 쌓으면서 접합하는 용접이다.

(4) 비드 용접(bead weld) : 모재에 홈을 만들지 않고 맞대어 접합하는 용접이다.

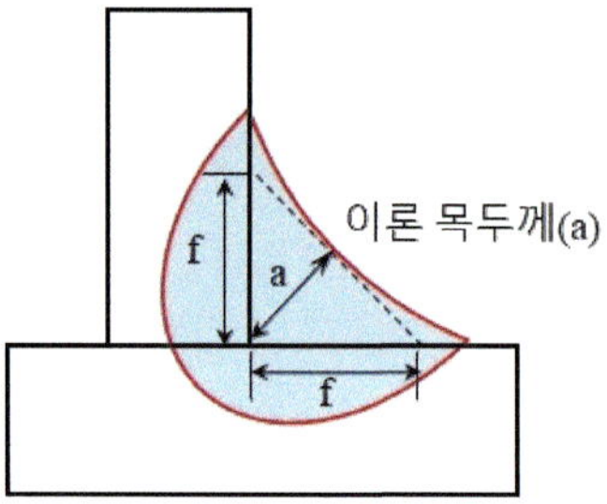

그림 11.11 필릿 용접의 단면

11.4.5 용접 이음의 강도 설계

(1) 맞대기 용접 이음 : 그림 11.11과 같이, 외력 P, 판재 두께 t, 용접길이 L, 용접부 인장응력 σ_t, 굽힘 강도 M이 작용하면 다음 식(11.31)과 같다.

$$P = \sigma_t A = \sigma_t t L, \qquad M = \frac{\sigma_t t^2 L}{6} \tag{11.31}$$

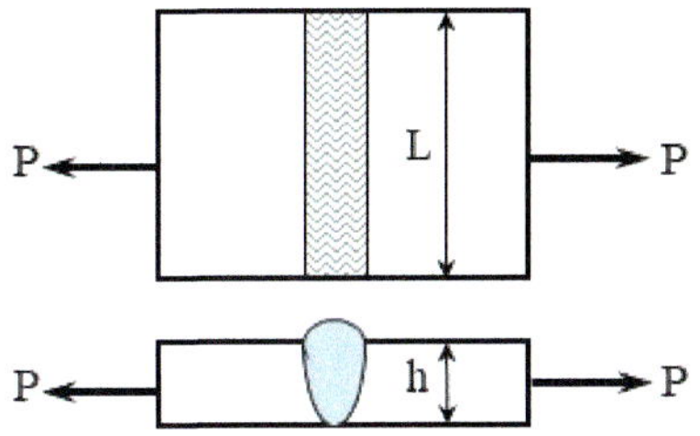

그림 11.12 맞대기 이음

(2) 필릿 용접 이음 : 그림 11.12와 같이, 외력 P, 판재 두께 t, 용접길이 L, 용접부 인장응력 σ_t, 굽힘 강도 M이 작용하면 다음 식(11.32)와 같다.

$$a = h\cos 45^\circ = 0.707h \qquad \therefore \sigma = \frac{P}{2aL} = \frac{P}{2(0.707h)L} \tag{11.32}$$

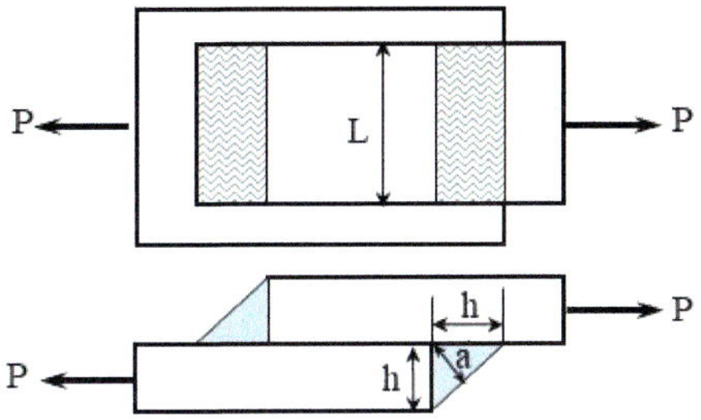

그림 11.13 전면 필릿 용접 이음

[예제 11.3] 다음 그림 11.13과 같이, 측면 필릿 용접이음에서 허용 전단응력 $\tau_a = 5\ kg_f/mm^2$일 경우, 최대 하중 P 값을 구하시오?
(단, $L_1 = 55\,mm$, $L_2 = 40\ cm$, $h = 6\,mm$)

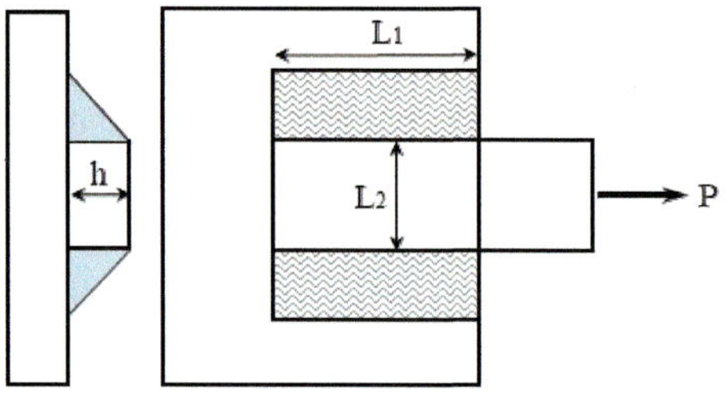

그림 11.14 예제 11.3

[풀이 11.3] 조건: $\tau_a = 5\ kg_f/mm^2,\ L_1 = 55\,mm,\ L_2 = 40\ cm,\ h = 6\,mm)$

$$\tau_a = \frac{P}{A} = \frac{P}{2aL} = \frac{P}{2(0.707\,h)L_1}$$

$$\therefore P = \tau_a 2(0.707\,h)L_1 = (5)(2)(0.707)(6)(55) = 2333\ kg_f$$

[예제 11.4] 다음 그림 11.14와 같이, 용접 사이즈 h로 온둘레 필릿 용접을 하고 지름 D인 원형봉에 토크 T가 작용한다. 이때 용접부에 발생되는 전단응력을 구하는 식을 구하시오?

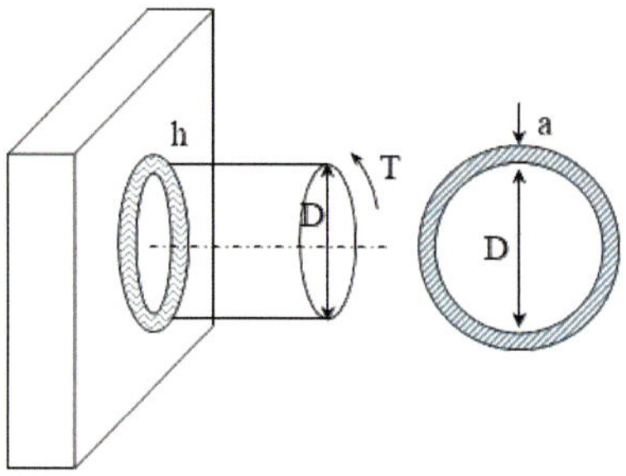

그림 11.15 예제 11.4

[풀이 11.4] 조건: 필릿 용접 크기 h, 축지름 D, 외부 토크 T

$$T = P\frac{D}{2},\quad a = 0.707\,h$$

$$\therefore \tau = \frac{P}{A} = \frac{P}{\pi D a} = \frac{2T}{\pi D^2 a} = \frac{2.83\,T}{\pi D^2 h}$$ [BLAN

Chapter 12

스프링

12.1 서론

스프링(spring)은 탄성이 큰 재료로 제작되었으며, 하중의 작용에 따라 변형한다. 스프링에 외력이 작용하면 변형하기 때문에 일을 하게 된다. 만일 에너지 손실이 없다고 가정하면, 이 일은 결국 스프링 변형에너지로 저장된다. 그리고 가해진 외력을 제거하면, 변형은 원래대로 되돌아가고 저장된 변형에너지는 방출한다. 이와 같이 스프링의 특성을 이용하여 다양한 용도로 사용한다.

스프링의 사용 목적은 다음과 같다.

① 하중과 변위 상관관계를 이용(스프링 저울, 안전밸브 등)

② 에너지를 축적하여 서서히 동력으로 이용(기계식 태엽 시계)

③ 스프링의 복원력을 이용(밸브 스프링, 와셔 등)

④ 진동, 충격 완화에 이용(자동차 현가장치, 기계 방진 시스템 등)

12.2 스프링 특성 및 종류

12.2.1 스프링 작용

(1) 하중과 변위 : 스프링에 하중 P(T)가 작용할 때, 변형 $\delta(\theta)$의 관계는 각각 다음과 같다. 여기서 k는 스프링 상수, k_t는 비틀림 스프링 상수이다.

$$P = k\delta\,, \quad T = k_t\theta \tag{12.1}$$

직렬 및 병렬로 n개 조합을 하면, 합성 등가 스프링 계수 k_e는 다음과 같다.

$$\text{직렬연결} : P = k_e \delta, \quad \frac{1}{k_e} = \frac{1}{k_1} + \frac{1}{k_2} + \cdots + \frac{1}{k_n} \tag{12.2}$$

$$\text{병렬연결} : P = k_e \delta, \quad k_e = k_1 + k_2 + \cdots + k_n$$

(2) 에너지 흡수 : 하중이 스프링에 한 일은 스프링 내부에 탄성에너지로 저장한다.

$$U = \frac{P\delta}{2} = \frac{k\delta^2}{2} \tag{12.3}$$

(3) 충격 완화 : 무게 W인 물체가 속도 v(m/s)로 스프링 상수 k인 스프링에 충돌할 때, 스프링의 반력으로 최대 충격력 $P_{\max}$은 다음과 같다.

$$P_{\max} = \sqrt{\frac{W}{g}}\, kv \tag{12.4}$$

(4) 스프링 진동 : 무게 W인 물체를 지지하고 있는 스프링을 자유진동을 하게 되면, 일정한 진동수를 가지고 진동하게 된다. 이때 고유진동수 f 는 다음과 같다.

$$f = \frac{1}{2\pi}\sqrt{\frac{kg}{W}} = \frac{1}{2\pi}\sqrt{\frac{k}{m}} \tag{12.5}$$

12.2.2 스프링 종류

스프링은 각종 강, 구리 합금 등을 사용한 금속 스프링과 고무, 플라스틱 등을 사용한 비금속 스프링이 있다. 금속 스프링의 재료는 큰 변형을 지지하기 위하여 인장 강도, 탄성 한계 및 피로강도 등이 높은 스프링 강을 주로 사용한다. 내열성, 내식성을 위해서는 스테인리스강을 사용한다. 또한 전기기기, 계측기기에서는 비자성, 내식성이 강한 구리 합금 등을 사용한다.

스프링을 형상으로 구분하면, 코일 스프링(coil spring), 판 스프링(leaf spring), 스파이럴 스프링(spiral spring), 접시 스프링, 벌류트 스프링(volute spring) 및 토션바(torsion bar) 등이 있다.

12.3 스프링 설계

12.3.1 코일 스프링의 강도

코일 스프링은 원통 형상에 가공이 쉽고, 효율이 높고, 가격이 저렴해서 가장 널리 사용된다. 코일 스프링에는 압축 코일 스프링, 인장 코일 스프링 및 비틀림 코일 스프링 등이 있다.

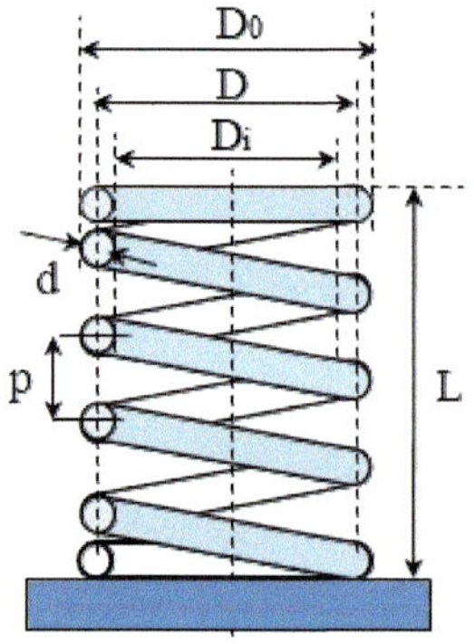

그림 12.2 코일 스프링 명칭

(1) 코일 스프링의 명칭 : 그림 12.1에는 코일 스프링의 구조를 나타낸다.

① 스프링 소선 지름(d)

② 코일의 평균 지름(D) : 바깥지름 D_o와 안지름 D_i의 평균, $D = (D_i + D_0)/2$

③ 피치(p) : 코일 길이 방향으로 소선의 중심간 거리

④ 자유길이(L) : 힘이 가해지지 않은 상태에서 스프링의 전체 길이

⑤ 총감김수(N) : 소선의 총 감긴수

⑥ 스프링 지수(C) : 소선 지름에 대한 스프링의 평균 지름의 비, $C = D/d$

(2) 압축 코일 스프링의 전단 응력

그림 12.2와 같이, 코일 스프링에 작용하는 축 방향 하중 P에 의해서 소선의 중심에 비틀림 변형이 발생한다고 가정하면, 비틀림 모멘트 T와 비틀림 응력 τ_t는 다음과 같다.

$$T = \frac{D}{2}P, \quad \tau_t = \frac{T(d/2)}{J}, \quad J = \frac{\pi d^4}{32}, \quad C = \frac{D}{d} \tag{12.6}$$

$$\therefore \tau_t = \frac{8DP}{\pi d^3} = \frac{8C}{\pi d^2}P = \frac{8C^3}{\pi D^2}P \tag{12.7}$$

그리고 축 하중 P에 의해 소선에 작용하는 직접 전단응력 τ_s는 다음과 같다.

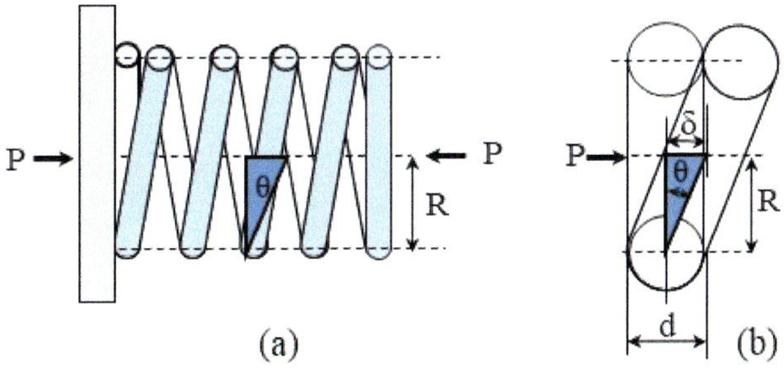

그림 12.3 코일 스프링의 강도

$$\tau_s = \frac{4P}{\pi d^2} \tag{12.8}$$

따라서 비틀림 전단응력과 직접 전단응력을 합하면 소선에 작용하는 총 전단응력 τ_a는 다음 식(12.9)와 같다.

$$\therefore \tau_a = \tau_t + \tau_s = \frac{8PD}{\pi d^3}\left(1 + \frac{d}{2D}\right) \tag{12.9}$$

(3) 왈(Wahl)의 응력 수정계수

코일 스프링에서 식(12.9)의 소선에 작용하는 2개의 전단응력에서 비틀림 전단응력보다 직접 전단응력이 매우 적기 때문에 보통 직접 전단응력은 무시하고 비틀림 전단응력만 고려한다. 그러나 소선의 응력은 비틀림은 불균일하기 때문에 매우 복잡하다. 따라서 왈의 응력 수정계수 K(Wahl's coefficient)를 적용해서 소선의 전단응력을 계산하며, 다음과 같다.

$$K = \frac{4C-1}{4C-4} + \frac{0.615}{C}, \qquad C = \frac{D}{d} \tag{12.10}$$

따라서 최대 비틀림 전단응력은 다음과 같다.

$$\because \tau_s = 0\,,\ \ \tau_t \gg \tau_s \qquad \therefore \tau_a = \tau_t + \tau_s = K\tau_t = \frac{8KPD}{\pi d^3} \tag{12.11}$$

(4) 코일 스프링의 처짐

그림 12.2의 자유물체도에서 소선의 유효길이 L, 처짐 $\delta = R\theta$를 적용하면 처짐량 δ는 다음과 같다.

$$L \fallingdotseq \pi DN,\ \ \theta = \frac{TL}{GJ}\,,\ J = \frac{\pi d^3}{32}\,,\ \ \delta = R\theta \tag{12.12}$$

$$\therefore \delta = \frac{8ND^3P}{Gd^4}$$

(5) 코일 스프링의 스프링 상수 및 스프링 저장 에너지

식(12.12)에서 스프링 상수 k는 다음과 같다.

$$k=\frac{P}{\delta}=\frac{Gd^4}{8ND^3} \tag{12.13}$$

또한 스프링에 저장되는 탄성에너지 U는 다음 식과 같다.

$$U=\frac{P\delta}{2}=\frac{4ND^3P^2}{Gd^4} \tag{12.14}$$

(6) 비틀림 코일 스프링 :

비틀림 코일 스프링은 압축 코일 스프링에 비해 주로 굽힘 응력을 받는다.
비틀림 코일 스프링에서 비틀림 각과 처짐은 각각 다음과 같다.

$$M=PL,\ \delta=L\theta,\ L\fallingdotseq\pi DN,\ \delta=\frac{PL}{AE},\ \sigma=\frac{My}{I},\ I=\frac{\pi d^3}{64} \tag{12.15}$$

$$\therefore\ \theta=\frac{64NPDL}{Ed^4}[rad],\qquad \therefore\ \delta=L\theta=\frac{64NPDL^2}{Ed^4}$$

비틀림 코일 스프링에 대한 왈의 응력 수정계수(Wahl's coefficient) K_b는 다음과 같다.

$$K_b=\frac{4C^2-C-1}{4C(C-1)},\quad C=\frac{D}{d} \tag{12.16}$$

따라서 식(12.15)에 보정계수 식(12.16)을 곱하면, 비틀림각 θ_a은 다음과 같다.

$$\therefore\ \theta_a=\frac{K_b64NPDL}{Ed^4}[rad]=\frac{K_b64NDT}{Ed^4}[rad] \tag{12.17}$$

[예제 12.1] 압축 코일 스프링에 하중 100 kg_f로 압축한다. 다음과 같은 조건일 때, 압축 스프링의 처짐과 최대 비틀림 응력을 구하시오?
(단, 감김수 9, 소선 지름 7 mm, 코일의 바깥지름 60 mm, 스프링 지수 8, 횡탄성계수 $G=8\times10^3\ kg_f/mm^2$이다.)

[풀이 12.1] 조건: $P=100\,kg_f$, N=9, d=7 mm, $D_o=60\,mm$, C=8,
$G=8\times10^3\ kg_f/mm^2$

① 코일의 평균지름 : $D=Cd=8(7)=56\ mm$

② 스프링의 처짐량 :

$$\therefore \delta=\frac{8ND^3P}{Gd^4}=\frac{8(9)56^3(100)}{8000\,(7)^4}=65.8\,mm$$

③ 응력 수정계수 :

$$K=\frac{4C-1}{4C-4}+\frac{0.615}{C}=\frac{4(8)-1}{4(8)-4}+\frac{0.615}{8}=1.184$$

④ 최대 비틀림 응력 :

$$\therefore \tau_a=K\tau_t=\frac{8KPD}{\pi d^3}=\frac{8(1.184)(100)(56)}{(\pi)7^3}=49.2\ kg_f/mm^2$$

[예제 12.2] 압축 코일 스프링이 다음과 같은 조건일 때, 코일 스프링에서 50° 비틀림각을 표시할 경우, 최대 비틀림 모멘트를 구하시오?
(단, 유효 감김수 12, 소선 지름 15 mm, 코일의 유효지름 65 mm, 탄성계수 $E=21\times10^3\ kg_f/mm^2$이다.)

[풀이 12.2] 조건: N=12, d=15 mm, $D=65\,mm$, $E=21\times10^3\ kg_f/mm^2$,
$\theta=50^\circ=0.873\,rad$

① 응력 수정계수 :

$$C = \frac{D}{d} = \frac{65}{15} = 4.33\,,\quad K_b = \frac{4C^2 - C - 1}{4C(C-1)} = \frac{4(4.33)^2 - (4.33) - 1}{4(4.33)(4.33-1)} = 1.208$$

② 모멘트 :

$$\theta_a = \frac{K_b 64NDT}{E\,d^4}\,[rad]$$

$$\therefore T = \frac{\theta E\,d^4}{K_b 64ND} = \frac{0.873(21)10^3\,15^4}{1.208(64)(12)65} = 15390.7\ kg_f mm$$

Chapter 13

브레이크

13.1 서론

브레이크는 운전 중 기계의 속도를 줄이거나 제동을 하는 장치이다. 이 장치에는 기계적 마찰을 이용하여 운동에너지를 열에너지로 변환하는 마찰 브레이크(friction brake)가 있다.

13.2 블록 브레이크

13.2.1 평블록

블록 브레이크는 회전하는 브레이크 드럼(drum)에 브레이크 블록(block)을 반지름 방향으로 눌러서 제동한다. 그림 13.1과 같이, 브레이크 레버 조작력 F, 브레이크 드럼을 누르는 힘 P, 브레이크 드럼과 블록 사이의 마찰계수 μ이면, 제동 토크 T는 다음 식(13.1)과 같다.

$$Q = \mu P \qquad \therefore T = Q\frac{D}{2} = \frac{\mu PD}{2} \tag{13.1}$$

힘의 평형, 모멘트 평형 조건에서 외력 F와 제동력 Q와의 관계는 다음 식(13.2)와 같다. 여기서, ±부호는 우회전$(-\mu Pc)$, 좌회전$(+\mu Pc)$인 경우이다.

$$\sum M = 0 : \quad Fa - Pb \pm \mu Pc = 0 \tag{13.2}$$

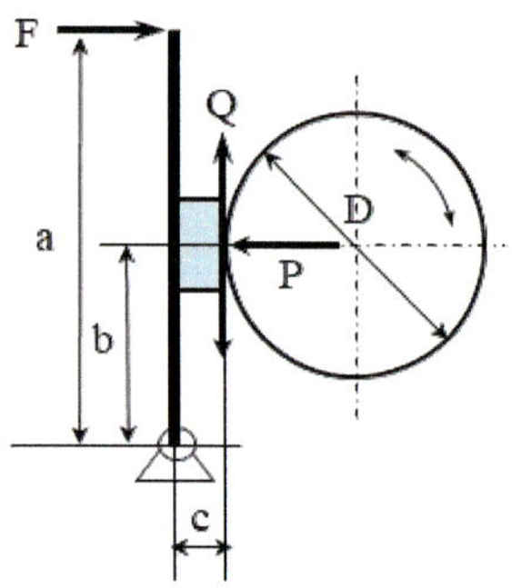

그림 13.2 단식 블록 브레이크

13.2.2 V블록

그림 13.2와 같이, V블록은 마찰면의 제동력을 평블록 제동력보다 더 크게 하기 위해서 브레이크 드럼에 V형 홈을 파놓은 것이다.

외력 하중 P에 의해 경사면에 수직한 힘 N은 다음 식(13.3)과 같다.

$$N = \frac{P}{2\left(\sin\frac{\alpha}{2} + \mu\cos\frac{\alpha}{2}\right)} \tag{13.3}$$

제동력 Q는 다음과 같다. 여기서 μ'를 V블록 마찰계수라고 한다.

$$Q = 2\mu N = \frac{\mu P}{\left(\sin\frac{\alpha}{2} + \mu\cos\frac{\alpha}{2}\right)} = \mu' P \qquad \therefore \mu' = \frac{\mu}{\left(\sin\frac{\alpha}{2} + \mu\cos\frac{\alpha}{2}\right)} \tag{13.4}$$

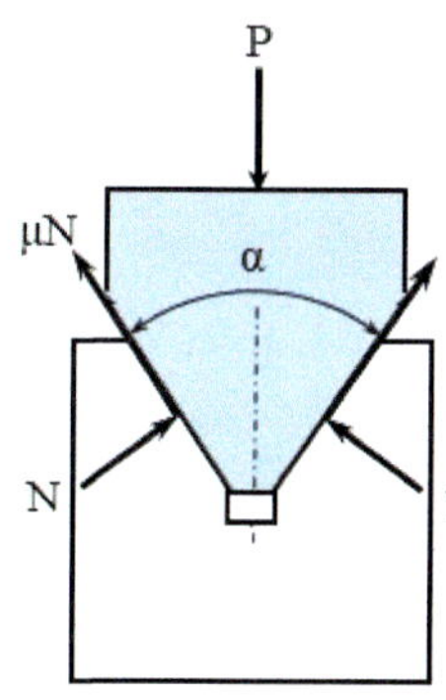

그림 13.3 V블록 브레이크

13.3 내부 확장식 브레이크

내부 확장식 브레이크(internal expansion shoe brake)는 자동차용 제동장치로 많이 사용한다. 그림 13.3의 자유물체도에서, 브레이크 슈를 누르는 힘 F_1, F_2, 브레이크 슈가 브레이크 드럼을 누르는 힘 P_1, P_2이며, 드럼이 우회전 또는 좌회전을 할 경우에 힘의 관계는 다음 식(13.5)와 식(13.6)과 같다.

$$\text{우회전 : } F_1 = \frac{P_1}{L_1}(L_2 - \mu L_3),\ F_2 = \frac{P_2}{L_1}(L_2 + \mu L_3) \tag{13.5}$$

$$\text{좌회전 : } F_1 = \frac{P_1}{L_1}(L_2 + \mu L_3),\ F_2 = \frac{P_2}{L_1}(L_2 - \mu L_3) \tag{13.6}$$

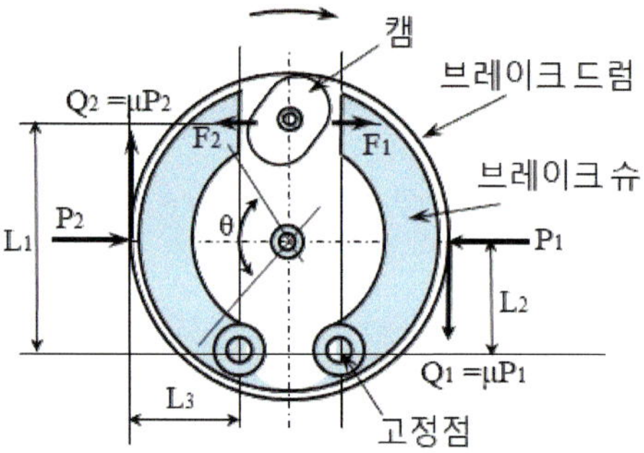

그림 13.4 내부 확장 브레이크

[예제 13.1] 그림 13.3과 같이, 내부 확장식 브레이크에 가해지는 유압이 $50\,kg_f/cm^2$이며, 브레이크 드럼이 우회전 600 rpm 속도일 때, 몇 kW를 제동할 수 있는가? (단, $L_1 = 130\,mm$, $L_2 = 65\,mm$, $L_3 = 55\,mm$, 유압 실린더 안지름 20 mm, 드럼 지름 160 mm, 마찰계수는 0.3이다.)

[풀이 13.1] 조건: $a = L_1 = 130\,mm$, $b = L_2 = 65\,mm$, $c = L_3 = 55\,mm$,

N=600 rpm, d=20 mm, $p = 50\,kg_f/cm^2$ μ=0.3, D=160 mm

① 압력에 의해 슈에 가해지는 힘 F :

$$F_1 = F_2 = \frac{\pi d^2}{4} p = \frac{\pi (2)^2}{4}(50) = 157.1\,kg_f$$

② 브레이크 드럼을 누르는 힘 : 우회전인 경우

$$\text{우회전 : } F_1 = \frac{P_1}{a}(b - \mu c),\ F_2 = \frac{P_2}{a}(b + \mu c),\ F_1 = F_2$$

$$\therefore P_1 = \frac{F_1 a}{b - \mu c} = \frac{157.1(130)}{65 - (0.3)(55)} = 421.1\,kg_f$$

$$\therefore P_2 = \frac{F_2 a}{b + \mu c} = \frac{157.1(130)}{65 + (0.3)(55)} = 250.6\,kg_f$$

③ 브레이크 슈에 의한 제동 토크 :

$$T = (Q_1 + Q_2)\frac{D}{2}$$

$$= \mu(P_1 + P_2)\frac{D}{2} = 0.3(421.1 + 250.6)\frac{160}{2} = 16121\,kg_f mm$$

$$H = \frac{TN}{974000} = \frac{16121(600)}{974000} = 9.93\,kW$$

13.4 밴드 브레이크

그림 13.4와 같이, 밴드 브레이크는 브레이크 드럼에 밴드를 감아 이 밴드에 장력을 가해서 밴드의 마찰에 의해 제동하게 된다.

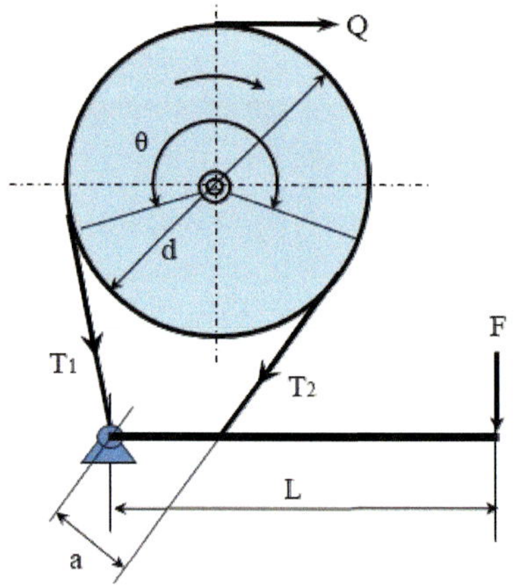

그림 13.5 밴드 브레이크 제동력

브레이크 레버에 가해지는 조작력 F, 브레이크 드럼 원주상의 제동력을 Q, 밴드의 양쪽 끝에서 장력 T_1, T_2, 고정점에서 조작력이 가해지는 지점까지 거리 L, 밴드와 드럼과의 접촉각을 θ(rad), 마찰계수 μ, 자연대수 밑 e라고 하면 장력 T_1, T_2은 다음과 같다.

그림 13.5(b)의 자유물체도에서, 밴드의 미소 요소에 작용하는 수직력 P와 마찰력 F라고 하면, 힘의 평형조건에서 반경 방향 힘의 합은 영(zero)이 되어야 하며 다음 식(13.7)과 같다.

$$(T+dT)\sin\left(\frac{d\theta}{2}\right)+T\sin\left(\frac{d\theta}{2}\right)-dP=0 \tag{13.7}$$

$$dP=2T\sin\left(\frac{d\theta}{2}\right)+dT\sin\left(\frac{d\theta}{2}\right)\approx 2T\sin\left(\frac{d\theta}{2}\right) \quad \because dT \ll T$$

$$dP=2T\sin\left(\frac{d\theta}{2}\right)\approx T\,d\theta \qquad \because \sin\left(\frac{d\theta}{2}\right)\approx\left(\frac{d\theta}{2}\right)$$

또한 접선 방향 힘의 합은 영(zero)이 되어야 하며 다음 식(13.8)과 같다.

$$(T+dT)\cos\left(\frac{d\theta}{2}\right)-T\cos\left(\frac{d\theta}{2}\right)-\mu dP=0 \tag{13.8}$$

$$dT\cos\left(\frac{d\theta}{2}\right)-\mu dP=0$$

$$dT-\mu dP=0 \quad \because \cos\left(\frac{d\theta}{2}\right)=1$$

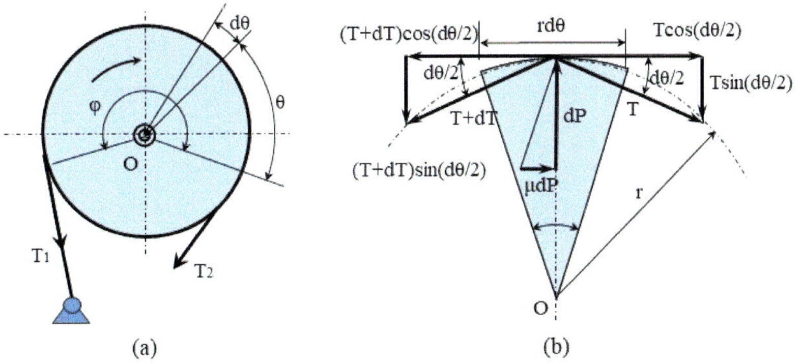

그림 13.6 밴드에 작용하는 장력

따라서 식(13.8)과 식(13.7)으로부터 다음 식(13.9)와 같다.

$$dT-\mu Td\theta=0, \quad \int_{T_2}^{T_1}\frac{dT}{T}=\mu\int_0^{\phi}d\theta \tag{13.9}$$

$$\ln\left(\frac{T_1}{T_2}\right)=\frac{\mu\phi\pi}{180^\circ} \qquad \therefore \frac{T_1}{T_2}=e^{\mu\phi\pi/180^\circ}$$

여기서 드럼에 가해지는 토크 T는 다음 식(13.10)과 같다.

$$T=r(T_1-T_2) \tag{13.10}$$

[예제 13.2] 그림 13.4와 같이, 단동식 밴드 브레이크 장치에서 최대 제동 토크를 구하시오? (단, 밴드 두께 3 mm, 허용인장응력 $\sigma_a = 70\,N/mm^2$, 마찰계수 0.3, 밴드 접촉각 260° , 드럼 지름 400 mm, 레버 길이 800 mm, 레버 작용력 250 N, 레버 점 길이 a=55 mm 이다.)

[풀이 13.2] 조건: $a = 55\,mm$, F=250 N, d=400 mm, L=800 mm, θ=260°
$\sigma_a = 70\,N/mm^2$ μ=0.3, D=160 mm, 두께 t=3 mm, 우회전 상태

① 우회전 :

$$FL - aT_2 = 0\,,\quad F = \frac{aT_2}{L} = \frac{aQ}{L(e^{\mu\theta} - 1)}$$

$$e^{\mu\theta} = e^{0.3(260\pi/180)} = 3.9$$

② 브레이크 제동력 :

$$Q = F\frac{L}{a}(e^{\mu\theta} - 1) = 250\frac{800}{55}(3.9 - 1) = 10545.5\,N$$

③ 최대 제동 토크 :

$$T = Q\frac{D}{2} = 10545.5\frac{0.160}{2} = 843.6\,Nm$$

④ 긴장측 장력 :

$$T_1 = Q\frac{e^{\mu\theta}}{e^{\mu\theta} - 1} = (10545.5)\frac{3.9}{3.9 - 1} = 14182\,N$$

⑤ 밴드 너비 :

$$w = \frac{T_1}{\sigma_a t} = \frac{14182}{70(3)} = 67.53 \fallingdotseq 68\,mm$$

Chapter 14

감아걸기 전동요소

14.1 서론

벨트 전동은 구동축과 피동축 사이가 먼 경우에 양쪽 축에 풀리를 달고 벨트를 감아서 동력을 전달하는 기계요소 장치이다. 풀리가 벨트를 회전시키는 쪽을 구동측, 벨트가 풀리를 회전시키는 측을 피동측이 된다.

벨트 전동에는 일부 미끄럼이 발생하여 일정한 속도비가 다소 변화되는 단점이 있지만, 피동측에 부하가 작동할 때, 충격을 흡수할 수 있는 장점도 있다.

14.2 평벨트 전동

평벨트는 벨트 단면이 보통 직사각형이다. 벨트에는 가죽, 직물, 고무, 및 강 등의 재료로 제작하며, 사용한 소재에 따라 가죽벨트, 고무벨트 등으로 분류한다.

14.2.1 벨트의 접촉각

(1) 접촉각

그림 14.1에 보인 바와 같이, 평행한 2축 사이에 벨트를 거는 경우 평행 걸기와 십자 걸기가 있다. 여기서 벨트가 풀리와 접촉하고 있는 부분의 접촉각을 θ_1, θ_1, 축간 거리를 C라고 하면 다음 식(14.1)과 식(14.2)와 같다.

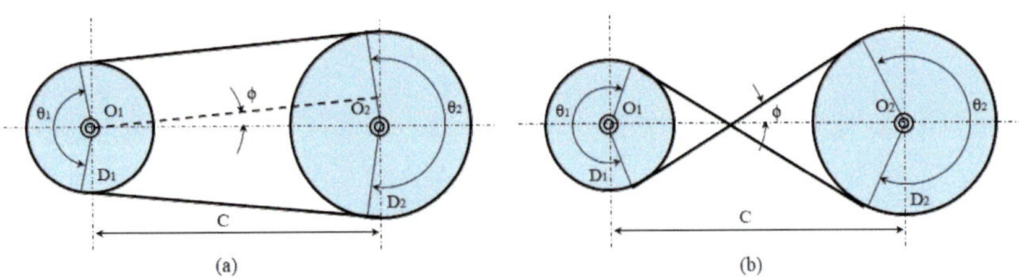

그림 14.2 벨트를 거는 방식

① 평행 걸기 :

$$\theta_1 = 180^\circ - 2\sin^{-1}\frac{D_2 - D_1}{2C} \tag{14.1}$$

$$\theta_2 = 180^\circ + 2\sin^{-1}\frac{D_2 - D_1}{2C}$$

② 십자 걸기 :

$$\theta_1 = \theta_2 = 180^\circ + 2\sin^{-1}\frac{D_2 + D_1}{2C} \tag{14.2}$$

(2) 벨트 길이 :

벨트의 길이 L을 근사식으로 나타내면 다음 식(14.3)과 식(14.4)와 같다.

① 평행 걸기 :

$$L = 2C + \frac{\pi}{2}(D_1 + D_2) + \frac{(D_2 - D_1)^2}{4C} \tag{14.3}$$

② 십자 걸기 :

$$L = 2C + \frac{\pi}{2}(D_1 + D_2) + \frac{(D_2 + D_1)^2}{4C} \tag{14.4}$$

14.2.2 벨트의 장력과 전달 동력

(1) 속도비 : 벨트 전동에서 원동 풀리의 지름 D_1과 회전수 N_1, 종동 풀리의 지름 D_2과 회전수 N_2, 벨트 속도 v, 두 풀리의 속도비 i 이라고 하면, 다음 식(14.5)와 식(14.6)과 같다.

$$v = \frac{\pi D_1 N_1}{1000 \times 60} = \frac{\pi D_2 N_2}{1000 \times 60} \tag{14.5}$$

$$i = \frac{N_2}{N_1} = \frac{D_1}{D_2} \tag{14.6}$$

(2) 벨트 장력 : 벨트 전동에서 풀리가 회전하면 벨트는 긴장측과 이완측이 발생하는데, 또한 벨트를 초기에 감았을 때 초기장력(T_o)이 발생한다. 긴장측을 인장측 장력(T_1), 이완측을 이완측 장력(T_2)이라고 한다. 그리고 인장측 장력과 이완측 장력의 차이를 유효 장력(P)이라고 하면, 다음 식(14.7)과 같다. 벨트 전동시에는 유효 장력으로 전동한다.

$$T_o = \frac{T_1 + T_2}{2}, \qquad P = T_1 - T_2 \tag{14.7}$$

(3) 벨트 전달 동력($v = 10\,m/s$ 이하) : 벨트 전동에서 마찰계수 μ, 접촉각 θ 이라고 하면 다음 식(14.8)~식(14.10)과 같다.

$$\frac{T_1}{T_2} = e^{\mu\theta} \quad : \quad v = 10\,m/s \text{ 이하} \tag{14.8}$$

$$T_1 = \frac{P e^{\mu\theta}}{e^{\mu\theta} - 1}, \qquad T_2 = \frac{P}{e^{\mu\theta} - 1} \tag{14.9}$$

$$H = \frac{Pv}{102} = \frac{T_1 v}{102}\left(\frac{e^{\mu\theta} - 1}{e^{\mu\theta}}\right) \tag{14.10}$$

(4) 벨트 전달 동력($v = 10m/s$ 이상) : 원심력을 고려한다. 벨트 단위 길이당 질량 m, 벨트의 속도 v이라고 하면 다음 식(14.11)~식(14.13)과 같다.

$$\frac{T_1 - mv^2}{T_2 - mv^2} = e^{\mu\theta} \quad : \quad v = 10m/s \text{ 이상} \tag{14.11}$$

$$T_1 = \frac{Pe^{\mu\theta}}{e^{\mu\theta} - 1} + mv^2, \qquad T_2 = \frac{P}{e^{\mu\theta} - 1} + mv^2 \tag{14.12}$$

$$H = \frac{Pv}{102} = \frac{v}{102}\left(T_1 - mv^2\right)\left(\frac{e^{\mu\theta} - 1}{e^{\mu\theta}}\right) \tag{14.13}$$

(5) 벨트 이음 효율 : 벨트 허용 인장응력 σ_a, 벨트 두께 t, 너비 b, 벨트이음 효율 η은 다음 식(14.14)와 같다.

$$\sigma_a = \frac{T_1}{bt\eta} \tag{14.14}$$

[예제 14.1] 그림 13.4와 같이, 전달 동력 8 kW, 1500 rpm의 모터를 사용하여 종동축에 400 rpm의 속도를 전달하고자 한다, 축간 거리는 3 m, 평행 걸기 방식으로 전달할 때, 벨트의 치수를 구하시오? (여기서 원동 풀리의 지름은 350 mm, 마찰계수는 0.35, 벨트의 허용응력은 $0.4kg_f/mm^2$, 이음 효율은 85%, 벨트의 두께는 5 mm이며, 원심력은 무시한다.)

[풀이 14.1] 조건: H=8 kW, N_1=1500 rpm, C=3 m, $\sigma_a = 0.4\, kg_f/mm^2$, μ=0.35, η=85%, 두께 t=5 mm, N_2=400 rpm, D_1=350 mm, 평행걸기 조건

① 종동차 지름 : $D_2 = D_1 \dfrac{N_1}{N_2} = 350 \dfrac{1500}{400} = 1313\, mm$

② 벨트 속도 : $v = \dfrac{\pi D_1 N_1}{1000(60)} = \dfrac{\pi(350)(1500)}{1000(60)} = 27.5\, m/s$

③ 회전력 : $P = \dfrac{102H}{v} = \dfrac{(102)(8)}{27.5} = 29.7\, kg_f$

④ 벨트 접촉각 :

$$\theta_1 = 180^\circ - 2\sin^{-1}\left(\frac{D_2 - D_1}{2C}\right) = 180^\circ - 2\sin^{-1}\left(\frac{1313 - 350}{2 \times 3000}\right) = 161.5^\circ$$

$$e^{\mu\theta} = e^{(0.35)(161.5)(\pi/180)} = 2.68$$

⑤ 인장측 장력 : $T_1 = \dfrac{Pe^{\mu\theta}}{e^{\mu\theta} - 1} = \dfrac{(29.7)(2.68)}{2.68 - 1} = 47.4\, kg_f$

$$T_2 = T_1 - P = 47.4 - 29.7 = 17.7\, kg_f$$

⑥ 벨드 단면적 : $bt = \dfrac{T_1}{\sigma_a \eta} = \dfrac{47.4}{(0.4)(0.85)} = 139.4\, mm^2$

⑦ 벨트 길이 : $L = 2C + \dfrac{\pi}{2}(D_1 + D_2) + \dfrac{(D_2 - D_1)^2}{4C}$

$$= 2(3000) + \frac{\pi}{2}(350 + 1313) + \frac{(1313 - 350)^2}{4(3000)}$$

$$= 8689.52\, mm$$

참고문헌

[1] 이종선외 5명, 기계요소설계, 사이텍미디어, 2002.
[2] 황종대, 실무중심 기계설계 기술, 광문각, 2021.
[3] FAG한화베어징주식회사, 구름 베어링 카탈로그, WL 41 520/2 KA
[4] 이원평, 기계설계연습, 원화, 2002.
[5] 정선모, 신편기계설계학, 동명사, 2002.
[6] 서창민, 이문환, 오상엽, 알기쉬운 재료역학, 원창출판사, 2000.
[7] 이환우 외 공역, Ansel C. Ugural 저, 재료역학, ㈜사이텍미디어, 2009.
[8] 서창민 외 공역, 신편 재료역학, 청문각, 1998.
[9] 유주식, 쉽게 배우는 기본 재료역학, 경문사, 2020.
[10] 황충렬 외 공역, Gere & Timoshenko 저, 재료역학, 반도출판사, 1999.
[11] 오충석, 개념이 보이는 고체역학, 시그마프레스, 2019.
[12] S. P. Timoshenko, James M. Gere, Mechanics of Materials, Tower press, 1977.
[13] 홍장표, 기계설계 이론과 실제, ㈜북스힐, 2004.
[14] 서창민, 오상엽, 피로 및 파괴역학, 원창출판사, 2009.
[15] 김영탁 외 공역, William F. Riley, Leroy D. Sturges 원저, 사이텍미디어, 1998.
[16] 신종계 외 공역, Daryl L. Logan 원저, Logan의 유한요소법 첫걸음, 시그마프레스, 1997.
[17] James W. Dally, William F. Riley, Experimental Stress Analysis, McGRAW HILL, 1978.
[18] 김두만, 오대석 공저, 핵심 재료역학, 복두출판사, 2008.
[19] 임현준외 9면, 기계요소설계, 홍릉출판사, 2017.

찾아보기

지능 기계요소설계

2024년 2월 25일 인쇄 발행

저 자	오상엽
발 행 인	송기수
발 행 처	도서출판 GS인터비전
편 집 인	송진우, 한아름
표지디자인	디자인 붐
인 쇄 처	트윈벨미디어
등 록 번 호	제 25100-2016-000050호
I S B N	979-11-5576-467-1(93550)

주 소 서울 은평구 증산로 15길 69, 2층
전 화 02-976-7898, 02-3272-7898.
팩 스 02-6468-7898
홈페이지 gsintervision.kr
E-Mail gsinter7@gmail.com

정 가 32,000원